U0015799

目 次

陶文與甲骨文中的一些科學知識 ……………………… 程貞一　　1

從科技史觀點談易數 ………………………………… 何丙郁　　19

關於中國古代黃銅存在問題的商榷 ………………… 萬家保　　35

試論西周政治社會的演變對中國用銅文化發展的影響 ……… 張世賢　　49

秦始皇 " 車同軌 " 問題的再檢討 …………………… 韓復智　　69

從單表到雙表——重差術的方法論研究 …………… 李國偉　　85

我國古代對環境保護的認識 ………………………… 劉昭民　　107

極星與古度考 ………………………………………… 黃一農　　127

司南是磁勺嗎？ ……………………………………… 劉秉正　　153

試探北宋天文儀器製作技術的發展 ………………… 葉鴻灑　　177

元代以前中國蒸餾酒的問題 ………………………… 劉廣定　　195

南懷仁爲什麼沒有製造望遠鏡 ……………………… 席澤宗　　217

墨海書館時期(1852－1860)的李善蘭 ……………… 洪萬生　　223

雷俠兒與《 地學淺釋 》 ……………………………… 龍村倪　　237

歸國留學生 1949 年以後在中國科學、技術發展中的地位

　與作用 ……………………………………………… 李佩珊　　267

陶文與甲骨文中的一些科學知識

聖地亞哥加州大學物理系和爲公研究院　**程貞一**

一、前言

　　在十九世紀末期與廿世紀初期，許多歷史家與漢學家幾乎否認了周朝之前的中華歷史，也就是在這疑古高潮之際，大批甲骨文在安陽出土，確定了《史記》中〈殷本紀〉的歷史可靠性①。甲骨文之出土，不但給歷史不可否認的實證，增加了對商代文化的認識，同時也給探考古代科技可貴的線索。跟著近來考古探掘的發展，出土文物逐漸增多，而且發現了更古遠的文化層，給上古史提供了極爲重要的實物資料，推廣了中華上古史。在上古文物中，值得注意的是陶文。這些比甲骨文更原始的文字，不但給上古文化提出更進一步的認識，並給科學萌芽之前的過程，提出有意義的線索。本文的計劃是探索陶文與甲骨文中的一些科學知識。

二、符號陶文與象形陶文

　　出土陶器上有刻畫符號早在三十年代就已有發現②，但自六十年代以來這類發現逐漸增多，地域也增廣。現把陝西西安半坡及臨潼姜寨仰韶文化層在 1954 至 1957 與在 1972 到 1974 所出土的陶器符號③以其結構分列

---

①　見王國維，《殷卜辭中所見先公先王考》及《續考》（1917）；孫詒讓，《契文舉例》（1917）。其他著作見董作賓，《甲骨學五十年》（台北：大陸雜誌社，1955）。

②　見李濟等，《城子崖——中國考古報告之一》（1934）。此報告中記有 1928 年在山東龍山鎮城子崖龍山文化層出土的三片刻有符號的陶片。

③　陝西省西安半坡博物館，《西安半坡》（文物出版社，1963）圖版 169－171；臨潼縣文化館，〈臨潼姜寨新石器時代遺址的新發現，文博簡訊〉，《文物》，1975（8）：82－86。

於表 1。C－14 測定刻有這些符號的陶片標本的年代是在 4800 B. C. 到
4200 B. C. 之間。

表 1　在陝西西安半坡與臨潼姜寨仰韶文化層出土的符號陶文
（ 4800 B.C 到 4200 B.C ）

是否這些抽象符號是漢字的起源？學者們意見不一④~⑥。但這些符
號是一種早期文字是無疑的，它在陶器上的出現不是偶然而是有意義的。
不論是記人、記事、記物或記時，這些符號應有它獨有的指定涵意。現簡
稱這類在陶器上的符號為符號陶文。由表 1 可見這些陶文可能有其內在構
造典型與相互關係。考釋符號陶文的工作已有初步進行⑤、⑥。雖然符號
陶文出土的地區已逐漸增廣，數量也增多⑦，但重複或合組出土

④　郭沫若，〈古代文字之辨證的發展〉，《考古學報》，1972（1）：2－13；裘錫圭，
　　〈漢字形成問題的初步探索〉，《中國語文》，1978（3）：162－171；王志俊，〈關
　　中地區仰韶文化刻劃符號綜述〉，《考古與文物》，1980（3）；楊建芳，〈漢字起源
　　二元說〉，《中國語文研究》（香港中文大學）1981（3）；高明，〈論陶符兼談漢字
　　起源〉，《北京大學學報》，1984（6）：47－60；Cheung Kwong－yue（張光
　　裕），"Recent Achaeological Evidence Relating to the Origin of Chinese
　　Characters", *The Origin of Chinese Civilization* (Berkeley: University of
　　California Press, 1983), Ed. David N. Keightley, pp. 323－391.
⑤　于省吾，〈關於古文字研究的若干問題〉，《考古》，1973（2）：32－35。
⑥　陳偉湛，〈漢字起源試論〉，《中山大學學報》（哲學社會科學版），1978（1）：69
　　－76。
⑦　見如，上海市文物管理委員會，〈上海市青浦縣崧澤遺址的試掘〉，《考古學
　　報》，1962（2）：1－30；〈上海馬橋遺址第一、二次發掘〉，《考古學
　　報》，1978（2）：109－136；甘肅省博物館文物工作隊等，〈永昌鴛鴦池新石器時代

的符號仍然很少，考釋工作甚為困難。值得注意的是這些符號陶文與雲南和四川的普米族至今還使用的刻畫符號甚為類似⑧。典型（二）的符號（見表1）在不同遺址重複出現的比率較高，可能與數字符號有關，在研究甲骨文中數字體系時再予討論。

除了符號陶文之外，在陶器上也發現象形陶文。現有最早象形陶文出土於山東莒縣陵陽河的大汶口晚期文化層，據 C—14 測定大汶口文化年代是由 4300 B. C. 到 1900 B. C.。圖1 中的四個象形陶文是在陵陽河1959 年出土的四個陶罇上分別出現⑨。陶罇出土的文化層的年代大約是2500 B. C.。這四個象形陶文中的和似乎已超出圖示象形而涵有會意的意思。

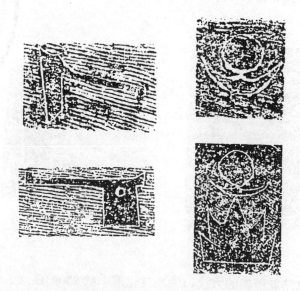

圖1 1959 年由山東莒縣陵陽河的大汶口晚期文化層（約 2500 B.C.）出土的四個分別刻在四個陶罇上的象形陶文

(續) 墓地的發掘〉，《考古》，1974（5）；季雲，〈藁城台西商代遺址發現的陶器文字〉，《文物》，1974（8）：50-53；青海省文物管理處考古隊等，〈青海樂都柳灣原始社會墓地反映的主要問題〉，《考古》，1976（6）：365-377。

⑧ 嚴汝嫻，〈普米族的刻劃符號〉，《考古》，1985（3）：312-315。

⑨ 山東省文物管理處和濟南市博物館，《大汶口》（北京：文物出版社，1974），頁117，圖版九四。

　　于省吾認爲這兩陶文均爲原始的「且」字，一爲繁體⑤，他的解釋是
"這個字上部的○，象日形，中間的△，象雲氣形，下部的ա象山有五峰
形"。即"山上的雲氣承托著初出山的太陽，其爲早晨旦明的景象，宛然
如繪"。唐蘭也認爲這兩陶文相同，一爲繁體。但釋意爲"靈"⑩。值得
注意的是這四個象形陶文是分別刻畫在四個陶罇上而且是在同一遺址同一
文化層出土的。那麼，爲什麼要有兩個罇刻同一字，其唯一不同的只是一
爲簡體另一爲繁體？除了莒縣陵陽河遺址之外，在諸城前寨遺址也出土了
一個這類陶罇。雖這罇出土時已破裂，但所剩破片的陶文仍可認出爲
⚠（見圖2）⑪。同一陶文在不同遺址出現，表示在當時陶文已定形而且普
遍應用了。雖然這兩象形陶文的釋意有其難處，但考慮到陶罇的功用，適
當的解釋可能與當時的祭禮有關⑫。

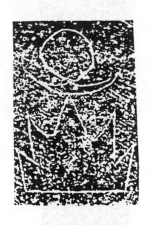

圖 2　由山東諸城前寨的大汶口晚期文化層（約 2500 B. C.）出土的陶罇
　　　　破片上的象形陶文

三、陶文中的科學知識

⑩　唐蘭，〈關於江西吳城文化遺址與文字的初步探索〉，《文物》，1975（7）：
　　　72–76。
⑪　任日新，〈山東諸城前寨遺址調查〉，《文物》，1974（1）：75–79。
⑫　邵望平，〈遠古文明的火花——陶罇上的文字〉，《文物》，1978（9）：74–76。

（一）數學方面的知識

　　仰韶文化彩陶的的一特徵是極大多數彩陶採用幾何圖形作主題（見圖3）。值得注意的是在這些彩陶圖形中所重複出現的是一些基本幾何圖形。如點、直線、曲線、三角形、方形和圓形。在仰韶文化時代，幾何學當然是無影無踪，那麼為什麼基本幾何圖形重複的在這些彩陶上出現？一個可能性是這些幾何圖形就如圖示陶文已涵有指定的意義。那就是說在仰韶文化時代，人們對這些基本幾何圖形已有抽象的認識，這認識絕不僅是在審美方面，也不僅是在崇仰方面，必涵有對自然知識方面的認識。這與後來所謂的數學知識是有關係的。除了與幾何很明顯的圖形關係之外，這些基本圖形也涵有數的概念。

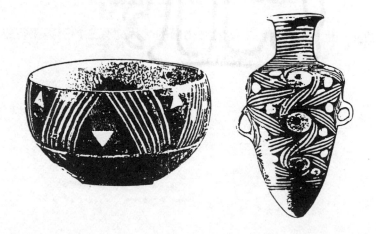

圖3　（左）1955年陝西西安半坡仰韶文化層出土的陶盆畫有三角形與平行線。（右）甘肅馬家窰仰韶文化層出土的尖底缾畫有圓形、點與曲線。

　　確定仰韶文化的基本幾何圖形涵有數的知識，我們可分析圖4中的一塊刻有三角形與平行線的陶片⑬。這三角形和平行線與圖3中的設計甚類似但不是以顏色畫出而是以點排列出來的。用36點排列組合成一等邊三

_____
⑬　此陶片的照像由陝西省對外科技交流中心劉明先生在1985年提供，作者在此致謝。

角形並非是一個簡單的數學問題。這三角形是由三個同中心的等邊三角形組合而成（見圖5）。最裡面是一個每邊兩點的等邊三角形，共用三點；中間是一個每邊五點的等邊三角形，共用十二點；最外是一個每邊八點的等邊三角形，共用二十一點。因此這三個同中心的等邊三角形共用 $3+12+21=36$ 點。

圖4　出土於陝西西安仰韶文化層的陶片刻有三角形與平行線
（ 4800 B.C.到 4200 B. C. ）

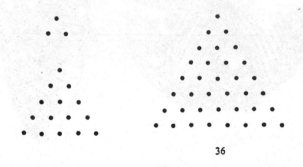

36

圖5　仰韶文化三十六點等邊三角形的構造分析

我們所應考察的問題是創作這三十六點等邊三角形的創作人是否體會到這排列中的數學知識，雖然現有資料無法給這問題作一個完整的回答，但我們知道其他基本幾何圖形也有用點排列的出土實物，例如一百點的正方形⑭。這正方形是用五個同中心的正方形排列組合而成（見圖6）。

⑭　平均分爲一百點的正方形幾何圖案陶片出土於西安半坡，由科學院自然科技史研究所梅榮照先生在 1985 年告知。作者在此致謝。

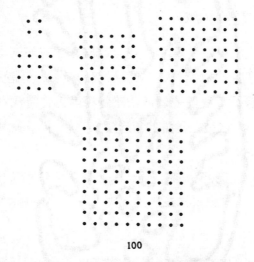

100

圖 6　仰韶文化一百點正方形的構造分析

　　這說明，在仰韶文化時代用點排列不同幾何圖形的不同規律已有相當的認識。這認識是無法脫離基本數的觀念。事實上，圖 5 與圖 6 中以點排列的幾何圖形與 Pythagorean 學派的幾何形數字 figurate numbers （或多邊形數字 polygonal numbers）不但是形象相同而且在概念上也有類似之處（見圖 7）。Pythagoras（生約 570 B. C., 卒約 497 B. C.）是公元前六世紀的人，他學派的幾何形數字在西方科學史中是很受重視的。仰韶文化以點排列的幾何圖形在科學史上的價值是不可忽視的。

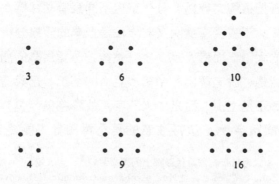

3　　　　　　　6　　　　　　　10

4　　　　　　　9　　　　　　　16

圖 7　Pythagorean 的幾何形數字

（二）天文方面的知識

　　除了彩陶上出現如太陽、月亮、星座之類有關天文方面的圖象之外
⑮，出土文物可供上古時代天文知識研究的極少。可是大汶口文化的陶尊
及其象形陶文卻給了我們一個新的路線探索上古時代在天文方面的知識
⑫。前面（第二節）已敍述過這些象形陶文（見圖1）。此處討論這些陶文與
史前天文的關係。

　　《尚書》的〈堯典〉篇，有一段記載堯帝命天文官使去東南西北四
方，“欽若昊天，曆象日月星辰，敬授人時”。其中命官使去東方的敍述
如下：

　　　　分命羲仲，宅嵎夷，曰陽谷，寅賓出日，平秩東作。

那就是說，在堯帝之時曾命天文官使羲仲去陽谷，寅賓出日之禮，平秩東
方農作。陶尊是古代儀式禮器，大汶口文化四個陶尊上所刻之象形陶文似
乎會意在東方的使命（見圖8）。因此很可能刻有象形斧與象形鋤的兩個陶
尊是爲平秩東作的禮器；刻有陶文△與⛰的兩個陶尊是爲寅賓出日的禮
器。以年代來講，這四個大汶口文化的陶尊年代與傳統堯帝的年代是大致
符合的。

　　用〈堯典〉篇來辨認這些陶尊的功用，同時也給尊上的陶文一個釋意
的根據。那就是說，要符合這辨認，陶文△和⛰必與日出有關。因此，邵
望平同意于省吾把這陶文釋爲“旦”字但不同意唐蘭釋爲“炅”字以表示
“熱”的意思⑫。于省吾釋這陶文的方法是把⛰的形象分析爲“山上的雲
氣承托著初出的太陽”而得“旦”字，然後把△認爲⛰的簡體省掉下部的
山字。因此他認爲《說文解字》中給“旦”的解說“已與造字初義不符”
⑤。唐蘭認爲⛰不是“山”而是“火”字，故釋⛰爲“炅”字，但同樣地
認爲△爲⛰的簡體字⑩，值得注意的是△單獨就可能是日出照地的象

⑮　李昌韜，〈大河村新石器時代彩陶上的天文圖象〉，《文物》，1983（8）：52－54；
　　Xi Ze－Zong（席澤宗），“New Archaeoastronomical Discoveries in China”，
　　Archaeoastronomy Ⅶ（1－4）：34－45（1984）。

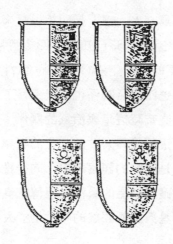

圖 8　刻有陶文的四個大汶口文化陶罇的形制示意圖

形，會意"明"的意思。這釋法與《說文解字》給"旦"的解說："明也，从日見一上，一地也"也符合。因此 ⌂ 本身就可能是原始的"旦"字，不是由 ⌂ 簡化而來的。陶文 ⌂ 不是原始的"旦"字，應認為是由 ⌂ 與 ⌇⌇ 兩字合體而成的合體字。事實上，把 ⌇⌇ 釋為"火"字也並不一定與〈堯典〉篇的"寅賓出日"有所衝突。因為 ⌂ 與 ⌇⌇ 合起來可表示日出照地明亮如火，會意"炅"的意思。"炅"字的原意為"見"與"光"同，"熱"的意思是後來演引而來的。因此，⌂ 可能是原始的"炅"字。不論這兩陶文是否與原始的"旦"和"炅"字有關，其形象的確有使人會意日出的作用。《世本》把文字的起源歸功於倉頡，當然文字是逐漸演進而來的不歸功於一人。如果這傳說有其事實性，那就是說文字在倉頡時代已堪用了。倉頡約早於堯帝時代，這與大汶口文化象形陶文的年代也大致符合。

　　值得注意的是〈堯典〉篇還記有下面四句：

　　　日中星鳥，以殷仲春。

　　　日永星火，以正仲夏。

　　　宵中星虛，以殷仲秋。

日短星昴，以正仲冬。

這記載是說在堯帝時代以鳥、火、虛、昴四組恆星來認春分、夏至、秋分和冬至四節氣。那就是說，在那時已知道這四組恆星的赤經相當於 90°、180°、270° 和 0°。因歲差的原因，春分點大約每 71.6 年西移一度，所以現在這四組恆星的位置與這四節氣關係也早已遷移了。如果用黃昏六時為觀察時間，向後推算回到堯帝時恆星與節氣的關係，可得觀察這關係的時代大約在 2400 B.C.[16]。這年代與大汶口文化的陶罇年代也大致符合。在此應提起，雖然黃昏六時是傳統的觀察時間，向後推算因觀察時間不同而有差異，因此這計算不能確證以上的看法。但傳統堯帝的年代，陶罇出土文化層的年代，與推算恆星與節氣觀察的年代均能大致互相符合是值得注意的。

以上對大汶口文化陶罇及其象形陶文的分析與看法雖配合多方面的資料與論據，但仍不夠精確，需要更進一步的證實。最理想的是在南西北其他三方向的遺址也能發現符合《尚書》中〈堯典〉篇所記載天文官使任務的類似文物的出土，這樣無疑地可確定〈堯典〉篇的可靠性。〈堯典〉篇中所載有關天文方面的知識與考古學中的大汶口文化和龍山文化是有密切關係的，這方面的研究工作是值得鼓勵的。

四、甲骨文中的數學知識

甲骨文的發現給研究有關商代科學方面的知識提出重要的線索與資料。分析甲骨文中記錄年月旬日的方法，我們對商代日曆及其閏月方法有了更進一步的認識[17]。甲骨文中所記錄的天象觀測，如日蝕、月蝕以及新星的出現與消失都是現代所無法再觀測的實際記錄，雖以現代水平來說，

---

[16]　最早用此法計算觀察時代的是 J. B. Biot 在 *Études sur l'Astronomie Indienne et sur l'Astronomie Chinoise* (Paris: Lésvy, 1862), p.263.

[17]　董作賓，《殷曆譜》（1945）；陳夢家，《殷墟卜辭綜述》（1956）；藪內清，〈殷曆に關する二，三の問題〉，《東洋史研究》15 卷第 2 號（1956）。

這些記錄不夠精密，但對研究天體運動及其形成仍為珍貴資料。因此考查與分析甲骨文中天象記錄，對現代天文學之研究還是有其價值。在這方面研究的近來例子，如用甲骨文中的日蝕記載，配合其他古代天象記載以求地球自轉速度的減慢率[18]，及把甲骨文中所載公元前十四世紀的「新大星」與 $\gamma-$ 源2gc 353+16 對應[19]。甲骨文資料在天文方面的應用與研究已有顯著的進展，但從事於研究甲骨文中其他科學知識的工作，例如數學、氣象、醫學等方面的研究工作[20]，並無特殊的發展。甲骨文給商代數字系統提出重要的資料。此節討論甲骨文中有關數字系統方面的知識與線索。

（一）數字體系方面的創作

現用漢文數字屬於以"十進制"為原理的數字系統。不但有十個單位數字：〇、一、二、三、四、五、六、七、八、九，其基本組數十、百、千、萬等也是以十進制構製，如十個一進為十，十個十進為百，十個百進為千等等。這類數字系統以乘法為構造原則的最為先進，可分為"字符組合數字系統"與"排位數字系統"兩種[21]。其不同在表達基本組數的方法，前者是以"字符"，後者是以"排位"表達基本組數，漢文數字屬於"字符數字系統"。例如三千四百八十二，其基本組數是以千、百、十字符表達。如用國際通用的"排位數字"，此數可寫為 3482，其中基本組數是以排位表達，2 在個位，8 在十位，4 在百位，3 在千位。

[18] 見 K. D. Pang（彭瓞鈞）, H. H. Chou（周鴻翔）, K. Yau, J. A. Bangert and D. A. Ahluwalia, "Shang Dynasty Oracle Bone Eclipse Records and the Earth's Rotation Rate in 1302 BC", *Bulletin of American Astronmical Society,* 21(1989).

[19] Zhen-Ru Wang（汪珍如）, "Two Gamma-Ray Sources and Ancient Guast Stars", *Science,* 235: 1485-1486 (1987). 此文獻由席澤宗先生提供，作者在此致謝。

[20] 甲骨文資料在氣象方面的應用與研究見竺可楨，〈中國近五千年氣候變遷之初步研究〉，《考古學報》1972（1），及劉昭民，《中國歷史上氣候之變遷》（台北：商務印書館，1982），頁 29-39。

[21] Cheng-Yih Chen（程貞一）, "The Development of Numeration Principles in Current Positional Numerals", in *Proceedings of the 3rd International Conference on the History of Chinese Science* (Papers in English edition, 1984); *History of Mathematics in Chinese Civilization*（聖地亞哥加州大學中國研究課目 170 講義, 1980）。

甲骨文之出土不但給漢文“字符組合數字”提出最早實證，並給古代
籌算中“排位數字”重要考證的線索。雖然甲骨文中之數字早已認定[22]，
但研究其構造演變及其與籌算“排位數字”的關係較少，李約瑟與王鈴曾
建議籌算“排位數字”中位值的概念是由甲骨文數字中基本組數的字符演
變出來的[23]。分析甲骨文數字和籌算數字的構造及其演變，我們可見位值
的概念產生於籌算數字本身，基本組數字符的出現與位值概念是有密切的
關係，但後者不是由前者演變而來的。

（二）甲骨文字符組合數字

甲骨文所載事蹟中常常有數目記錄，李儼早在 1937 年已有系統的收
集，表 2 列入現有甲骨文中的數字[24]。

表 2　甲骨文中出現的數字（1400 B. C.—1100 B. C.）

其中第一行是甲骨文數字中的單位數字，甲骨文數字中的基本組數的字
符，可由分析表 2 中第二行到第五行的數字而認定，列於表 3。由表 2 與
表 3，可見甲骨文數字是以乘為構製原理的十進位字符組合數字，例如甲

---

[22]　朱芳圃，《甲骨學文字編》（上海：商務印書館，1933）。

[23]　Joseph Needham（李約瑟）and Wang Ling（王鈴），*Science and Civilisation in China* (Cambridge: Cambridge University Press, 1959), vol. 3, sec 19, p. 83.

[24]　李儼，《中國數學史》（上海：商務印書館，1937）；李儼和杜石然，《中國古代數學簡史》（香港：商務印書館，1976）。

骨文中所出現的數目字 ⊖⊻∩ 相當於漢文數字六百五十六。其中六百是以
單位數字 ∩（見表 2 第一行）與基本組數字符 ⊠（見表 3）以乘法原則組合而
成。同樣的，其中五十是以單位數字 ⊻ 與基本組數字符 | 組合而成。

表 3　甲骨文數字中的基本組數字符

10	10^2	10^3	10^4
⌣ | ⊥	⊟	ϟ	℧

　　由表 2 第二行可見在殷商時代，基本組數十的字符尚未統一定型。字
符 ∨ 在數字 ∪、⊍ 和 ⋓ 是否代表基本組數十，可由其後來的演變而確定。
表 4 比較基本組數十的演變過程。由這過程可見 ∨ 後來演成一。因此 ⫴ 不
是四十，必須與基本組數字符 ∨ 或 一 組合成 ⋓ 或 ⧻ 才為四十。這個觀察是
很重要的，證明甲骨文數字沒有用加的原則重複十的基本組數 | 來作數字
二十、三十和四十，而是用單位數字 ‖、⫼ 和 ⫴ 與基本組數 ∨ 以乘法的原
則作數字二十、三十、和四十。因此，雖然組數十的字符尚未定型，但字
符組合數字的原理已有正確的認識與實踐。在表 5 中我們可觀察基本組數
字符由甲骨文數字演變到漢文數字的過程。可見漢文數字實來自甲骨文數
字。因此漢文數字的原理在商代已成立，至今仍為最先進的文字數字系
統。

　　在此有兩點值得提出，一是甲骨文數字的單位數字中沒有零的字符出
現，這問題與字符組合數字的構造有關，並不是因為沒有零的數字概念。
最易解釋這一點的是直接分析含有零的數目字構造，如 3045 與 5900：

3045　　　　　　　　　5900

𮬞⊍⊠　　　　　　　　　𮬞⊟

三千四十五　　　　　　　五千九百

表 4　在數字十、二十、三十和四十中基本組數字符的演變過程

典　型 ＼ 數　字	10	20	30	40
甲　骨　文 (1400B.C.至 1100B.C.)				
縱　　數 (1100B.C.至現代)				
金　　文 (1000B.C.至 300B.C.)				
橫數（貨幣文） (1000B.C.至 300B.C.)				

表 5　基本組數字符由甲骨文演變到漢文的過程

典　型 ＼ 數　字	10	10^2	10^3	10^4
甲　骨　文 (1400B.C.至 1100B.C.)				
金文與貨幣文 (1000B.C.至 300B.C.)				
現代漢文 (約自 200B.C.)	十	百	千	万萬

在數目字三千四十五中的“０百”與五千九百中的“０十”與個位“０”是自然了解而可省去的。因此，在字符組合數字系統中，零的字符並不是必須的。另一點值得提出的是有關在萬以上的基本組數：億、兆、京、陔等等的釋法，雖自漢以來這些基本組數有上中下三種釋法[25]，但正式釋法是以十進爲原則。近來萬以上的基本組數的釋法因外來的影響採取了萬進位，譬如清末 4×10^8 人口原寫爲四陔或四百兆人口，後改寫爲四億人口，以萬進位，億變成 10^8。這更改是值得再考慮的。因爲漢文數字是世

[25]　見徐岳，《數術記遺》（約 190 A.D.）。

上唯一的純十進位字符組合數字系統，完全合乎其數學原理。就拿英文字符組合數字來說，不但其數字如十一（eleven）和十二（twelve）各有其個別字符之外，其基本組數在千以上的構造也不合字符組合數字的原理，譬如其基本組數"萬"是由基本組數十（ten）和千（thousand）合併爲'ten－thousand'而得，沒有個別"萬"的字符。

（三）籌算排位數字

古代計算是用小棍在平面上排列進行的，這種以竹、木或其他材料所做的小棍現稱爲"算籌"。這種計算方法稱爲"籌算"。《老子》書中提到"善數不用算策"，這"算策"即"算籌"也。1954年在湖南長沙左家公山一座公元前四世紀的戰國楚墓中出土了一個竹筒，在這竹筒中裝有四十根長短一致的竹棍（約12厘米）㉖，這是目前最早的算籌實物。

在籌算中，數字是以算籌排列出來的，根據現有資料，籌算數字是用縱式或橫式兩種單位數字（見表6）相間排列而出，個位、百位等用縱式，

表 6　籌算中的縱橫單位數字

	0	1	2	3	4	5	6	7	8	9
縱　數		l	ll	lll	llll	lllll	T	TT	TTT	TTTT
橫　數		—	=	≡	≣	≣	⊥	⊥	⊥	⊥

十位、千位等用橫式。例如數字 5869 和 73021 的排列是

5869　　　　　　　　　　　　73021

㉖　在這竹筒中還有天平、法碼等物品，現保存在湖南省博物館。這實物的照片在 Joseph Needham 的 *Science and Civilisation in China*（Cambridge: Cambridge University Press, 1962）第 4 冊，26 節面對 25 頁圖版 282 中印出。這四十根算籌被誤認爲木簡。西漢骨製算籌於 1971 年在陝西千陽及 1975 年在湖北江陵的鳳凰山分別出土，見盧連成，時協中和梅榮照，《考古》，1977（2）：85－87。

這是一種排位數字。在籌算中，數字都以指定個位相對排列，空位代表在這位的單位數字是 0。目前最早以縱橫式排列的數字文物出土於河南登封公元前五世紀的戰國遺墓㉗。在秦漢之前，縱橫式相間的次序並未統一。也有以橫式數作個位、百位等等，縱式數作十位、千位等等的相間排列法。只要把個位清楚指定，這兩種排列次序事實上是相對的，其天功能是沒有差別的。

　　籌算排位數字是非常先進的數字體系，在理論上，與現在國際通用的排位數字是完全相同的，只是在表達方法上有所不同。前者以算籌排列後者以字符代表。籌算排位數字究竟起源於何時？由於缺乏具體資料，至今尚無法肯定。事實上，這問題應分為兩步分析：一是籌算數字起源於何時？另一是排位概念產生在何時？我們先討論籌算數字起源於何時的問題。由甲骨文數字可找出對這問題有意義的線索。分析甲骨文單位數字的構造，我們可注意到這些數字與籌算中之橫式單位數字甚有相似之處。表 7 收集了現在單位數字作一比較。由這比較可見甲骨文中之單位數字是由籌算橫式單位數字演變而來的，這演變是由字符化所推動。我們可見字符化是由≣開始進展到≡，而得甲骨文數字𝖝到𝖷。然後在金文中再進展到≡而得ⵣ，在金文中，籌算數字≡和≡與其字符化的數字ⵣ和𝖷還是並用，一直到了秦漢時代才定形為四和五。

　　由這分析我們可推定籌算數字的出現比甲骨文數字早，後者是由前者演變而來。近來陶文的出現，顯示數字的起源可能更為古遠。陶文中有一些刻畫符號（見表1）與籌算單位數字十分相似，同時在仰韶文化時代已有用點排列幾何基本圖形的文物出現（見圖4）。那就是說在那時數的概念已有相當的認識（見圖5和圖6），因此表1中之典型（二）刻畫符號也許是數字。可惜目前這類出土符號尚缺乏任何系統無法作具體分析。

　　數字是在點算籌碼和計算運用的過程中所建立的概念。因此數字的出現無法脫離在作算上的應用。傳統認為作算起於黃帝時代，例如《世本》

㉗　這數字 ≣ 和 ≣|| 刻劃在一陶器上（公元前 5 世紀），現保存在河南省博物館。

表 7　單位數字由籌算式到漢文式的演變

數字 / 典型	1	2	3	4	5	6	7	8	9
籌算記數符（日期待定）	一	＝	≡	≣	≣	⊥	⊤	⊥	⊥
甲骨文（1400B.C.至1100B.C.）	一	＝	≡	≣	Ｘ	介	＋	）（	ㄅ
金文與貨幣文（1000B.C.至300B.C.）	一	＝	≡	亖	Ⅹ	介	＋	）（	九
漢文（300B.C.至200A.D.）	一	＝	≡	四	Ⅹ	宂	七	八	九
現代漢文（約自200B.C.）	一	二	三	四	五	六	七	八	九

有“隸首作算數”的傳說記載。當然作算是逐漸演進而來的技術，不能歸功於某一人。如這傳說有事實性，那就是說在甲骨文之前作算已有相當的進展了。這比上述的符號陶文的時代要遲多了，但與籌算數字時代並無衝突。因為籌算數字的出現無疑的在甲骨文數字之前，因此很可能在那時所用的數字就是籌算數字。無論如何，籌算數字在其出現時已應用在作算上了。籌算數字系統只有九個單位數字的符號，那麼作算是如何進行的？是否在那時期籌算數字已建立了排位概念？

　　由上所述，我們可知道籌算數字排位所獨有的特徵是其縱橫式相間的方法，值得注意的是在甲骨文數字中我們可見到這縱橫相間特徵的痕迹。觀察表2可見甲骨文中沒有字符化的單位數字（即－、＝、≡、≣）都是橫式，但與基本組數十構製數字的單位數字卻都是縱式（即｜、‖、‖、‖），然後與基本組數百構製數字的單位數字又回到橫式。這種縱橫式的輪流並非是構製字符組合數字所需要的。因此，甲骨文數字中縱橫輪流是由籌算數字所遺留下來的痕迹。這不是給籌算數字的出現早於甲骨文數字提出又一證據，而且建議籌算數字的排位概念也早於甲骨文數字。

　　事實上，除了排位值（place value）之外，方向值（orientational value）的概念也在籌算數字中出現。分析單位數字的構造我們可見算籌因其方向而有不同的數值，例如數字 ⊥，其中垂直方向算籌的數值是五，平橫方向算籌的數值是一。1因此 ⊥ 是七。在理論上來說，方向值與排位值均屬於位置值（ positional value ）的概念。用算籌在平面上排列數字以進行計算，方位的利用是很自然的現象。因此 " 排位值 " 和 " 方向值 " 這類概念在籌算中產生是可預料的。同樣，我們可想像到在排列籌算數字中所留下的空白也必有其排位值，因此這些空位代表在其相當的位值沒有數字，這與單位數字 0 的功能相同。雖然空位不是一個符號，但在用算籌所排列出的籌算數字中，空位據有符號的功用。因爲它不但表達 0 的出現，並且指定 0 的排位值。因此空位與其他九個單位數字的任務相同。由機械效率來說，用空位來表達 0 是很全理的處理。雖然在目前，我們仍缺乏文物確證空位在商代之前的籌算數字中已出現，但我們也不能否認空位是排位所不能避免的一種排列結構。既然排位概念出現在甲骨文數字之前，我們可推論籌算排位數字在商代之前已建成。

本文之寫作曾得席澤宗先生有益的討論，作者在此致謝。

從科技史觀點談易數

英國劍橋李約瑟研究所　何丙郁

今（一九八九）年三月，我在國立臺灣大學，以＂易數與傳統科學＂爲題作演講，來紀念傅故校長孟眞九秩晉四冥誕。參與者之眾和發問者之踴躍，使我有得遇知音之感，給我很大的鼓勵。如今《中國科技史研究專集》創刊，發起人臺大化學系劉廣定敎授向我索稿，我就値此良機，再以有關易數的問題爲文，向寶島的學者和方家多請敎益。

易數本身是一種很深奧的術數。從史籍中我們可以找出許多證據，肯定在春秋時代，這種術數已經相當普遍流行。例如《春秋左傳》也載有一些使用易數的例子。其中的〈穆姜知過〉章說：

> 穆姜薨於東宮。始往、而筮之，遇艮之八。史曰：是謂艮之隨，隨其出也。君必速出。姜曰：亡。是於《周易》曰：隨，元亨利貞，无咎。元，體之長也；亨，嘉之會也；利，義之和也，貞，事之幹也。體仁，足以長人；嘉德，足以合禮；利物，足以和義；貞固，足以幹事。然故不可誣也。是以雖隨无咎，今我婦人，而與於亂，固在下位，而有不仁，不可謂元。不靖國家，不可謂亨。作而害身，不可謂利。棄位而姣，不可謂貞。有四德者，隨而无咎。我皆無之，豈隨也哉。我則取惡，能無咎乎。必死於此，弗得出矣①。

這是說魯襄公的祖母穆姜。她失德淫於叔孫僑如，又謀廢成公，故被禁在東宮。在徙居東宮之時，她曾揲蓍以占此行的凶吉。筮的結果，本卦是

---

① 《春秋經傳集解》卷 14；《春秋左傳句解》卷 3。

艮，變卦是隨。史官解釋說，隨卦是一箇甚佳的卦，預言她不久就會脫離東宮恢復自由。可是她不同意這箇解說。她說這僅適用於一位有四德者的身上，她本人是箇失德的人，所以雖然遇到的是隨卦，但也不能解釋說無咎。她認爲自己必死在東宮，決無可速出之理。果然後來就薨於東宮。

從上述引文，我們可以知道兩件事情。其一，當時揲蓍要找出一箇本卦和一箇變卦；其二，我們看到兩箇相對的解說，雖然有人說史官的解說是故意取悅穆姜的，這也顯示解卦者的技巧是一箇重要因素。

我們都知道易數是基於《易經》。《易·繫辭上》提及河圖、洛書說：

> 河出圖，洛出書，聖人則之②。

《論語·泰伯第八》也說：

> 子曰，鳳鳥不至，河不出圖，吾已矣夫③。

所以在春秋時代早已知道河圖、洛書的存在。可是當時畫有河圖和洛書的圖並沒有留傳下來。《易·繫辭上》又說：

> 天一地二，天三地四，天五地六，天七地八，天九地十。天數五，地數五，五位相得而各有合。天數二十有五，地數三十，凡天地之數，五十有五，此所以成變化而行鬼神也④。

這段章句不祇顯示易數和數字學的關係，而且後來被認爲是闡釋河圖的記述。《大戴禮記》卷八〈明堂篇〉有："二九四、七五三、六一八"句，北周時代盧辯作注說這是傚法龜文。東漢數學家徐岳在他所著的《數術記遺》中說及九宮的數字分配，所講的和〈明堂篇〉都是一致的。上文提到古代繪有河圖和洛書的圖沒有傳流至後世，我們也不能確定古代是否眞有這樣的圖。到了宋代，象數便盛行一時，邵雍可算是談象數的一位代表人

---

② 《易·繫辭上》（《周易》四部叢刊本），參註⑪，頁 5 上。
③ 《論語》（四部叢刊本），卷 5，頁 4 上。羅桂成《唐宋陰陽五行論集》（香港，1982 年）蒐集有關河圖、洛書的記載甚豐，可供參考。
④ 《周易》（四部叢刊本），卷 7，頁 8 下。

物，又有些人專談河圖、洛書，劉牧是一位代表者。上文所引《易·繫辭上》文後來演出一箇"十數圖"，而〈明堂篇〉的數字也演出一箇"九數圖"，亦即"九宮圖"。宋初，道士陳摶說這兩箇圖就是"河圖"、"洛書"的圖，後來劉牧《易數鉤隱圖》便以"九宮圖"配"河圖"。最後朱熹跟隨蔡元定的說法，指"十數圖"是"河圖"，而"九宮圖"是"洛書"⑤。無論如何，我們經有足夠文獻可徵，知道早在春秋時代，易數和數字學已有密切關係。

　　古代的數學包涵現代所稱的數字學。中國古代，數學普稱算術，但也偶稱數術，例如有東漢徐岳的《數術記遺》一部算經⑥。算經是當時數學著述的普稱。我們現在所講"數學"這箇名詞，跟古代所用的"數學"一箇名詞有些不同的定義。古代的所謂"數學"包羅當時所稱的算術、數字學、以及術數，連"算"字和"數"字也有異曲同工之妙。今年三月，在南港中央研究院數學研究所主辦的第二屆中國科技史研討會席上，日本京都同志社大學教授島尾永康，指出日本所採用的"數學"這箇名詞，是來自李善蘭翻譯西文科技書所用的術語。近代所稱"數學"和古代所說的有不同的定義，後者包羅現在所稱的數學、數字學以及術數。例如，《孫子算經》卷末有一題涉及推算孕婦所生男女，阮元對此題的判斷如下：

　　　　鄙陋荒誕，必非孫子正文，或恐傳習孫子者，轉展增加，失其本
　　　　真⑦。

該題的推算方法是以產婦的產月（一說妊娠月）加四十九，然後減去產婦的年齡，餘數依次減一、減二、減三、減四，……所餘奇數得男，偶數得女。此法所用的四十九這箇數字，和減一、減二、減三、減四，……的步

⑤　李儼，《中算史論叢》，卷 3（上海，1934 年），頁 60 引錢大昕《十駕齋養新錄》卷 1。
⑥　列入北宋監本《算經十書》；參看李儼，《中國古代數學史料》（上海，1954 年），頁 91。
⑦　《疇人傳》，卷 1。參看《錢寶琮科學史論文選集》（1983 年），頁 140。李儼〈孫子算經補註〉（《中國古代數學史料》）指出日本《口遊》（970 年）亦有產婦知男女法，顯然受《孫子算經》之影響。

驟，是和易數的筮法有些相類之處。推算孕婦所生男女題是屬於術數的範
圍。阮元站在近代的立場，說此題必非孫子正文，也許他忽略了當時"數
學"這箇名詞的定義。

其實古算經涉及術數，並非一件不尋常的事情。上文提及徐岳《數術
記遺》所載的九宮數字分配。從近代數學的立場，九宮圖，亦即後來所稱
爲洛書的圖，是一箇魔方陣，又稱縱橫圖。無論任何一行的數字縱加、或
橫加、或斜加，這三箇數字的總數都是十五。但是從古代數學的立場，九
宮圖的重要性並不祇限於是一箇魔方陣，從術數觀點，中心的五帶著很深
奧的意義，代表五箇天數。《圖書編》說：

> 要之五數在天地間五行、五倫、五德、五方無往不然。自大衍之數
> 則爲五十；自河圖之數則爲五十五；自洛書之數則爲四十五⑧。

洛書暗含五行相剋的原理（見圖1），圖中行下的一和右下角的六，一陽一
陰代表五行中的水。順著左轉的方向水剋代表火的二和七，火剋代表金的
四和九，金剋代表木的三和八，木剋中心代表土的五，五剋代表水的一和
六。

在現代的所講數學史方面，由於洛書被認爲是世界上最早的魔方陣，
十數圖的河圖反而沒有引起數學史家很多興趣。可是在術數和數字學的運
用方面，河圖比洛書實有過之而無不及。河圖蘊藏五行相生之理。河圖北
方一和六代表五行中的水；向右轉便得水所生以三和八代表的木；再向右
轉便得木所生以二和七代表的火；火生居中央以五和十代表的土；土生右
方以四和九代表的金；向右轉便得金所生以一和六代表的水（圖2）。

楊輝的《續古摘奇算法》曾經引起多位中外學者的注意。他們研究這
部書的立場，都是站在現代"數學"的定義和魔方陣上⑨。有趣的是卷上

⑧　卷6，頁29上。
⑨　例如李儼，〈中算家之縱橫圖研究〉，《中算史論叢》卷3（上海，1935
年）；Schuyler Cammann, "Old Chinese Magic Squares", *Sinologica*, 卷
80（1963年），頁14–53；Lam Lay Yons, *A Critical Study of the Yang, Hui
Suan Fa*（新加坡大學出版社，1974年）；Joseph Needham, *Science and Civiliza-
tion in China*，卷3（劍橋大學出版社，1959年），頁55–62。

開首的第一箇是河圖，雖然列入縱橫圖但不是一箇魔方陣（ magic squa-re ）。李儼的〈中算家之縱橫圖研究〉便省略了它。楊輝對縱橫圖的觀念和我們現在對魔方陣的觀念也許不是完全一致。所以他的書載有一箇不是魔方陣的河圖和列入一箇不純是魔方陣的攢九圖。其他的縱橫圖不少是與易數有關的。例如，衍數圖（圖3）中心的數是二十五，這是一、三、五、七、九、五個天數的總和，倍之便得《易經》所說衍數五十。以中心爲中點，任何兩箇相對的數相加亦可得衍數五十。衍數圖同時是一箇魔方陣，縱、橫、斜七箇數字相加都是一百七十五。圖後附有陰圖，具有相似的特色，可能是由於右上角的數字從奇數改爲偶數，故稱陰圖，符合易數中陰陽兩儀的用義。易數圖（圖4）是由一至六十四，代表六十四卦的數字組成。這是一箇魔方陣，縱、橫、斜八子相加都得數二百六十。此圖亦附有陰圖，右上角的數字從奇數改爲偶數。最有趣的是一箇攢九圖（圖5）。中心的九是傳統觀念的"天地至數之所終"⑩，也是易數中所謂"參天而九"的數字。這不是一箇純粹的魔方陣。每圈數字的總和是一百三十八，直徑數字總和是一百四十七，假如不算中心的九，那麼直徑的總和是一百三十八，等於每圈的總和了。九這箇神妙的數字，就攢（即聚）這一箇圓形的魔陣的當中了。我覺得《續古摘奇算法》這部書，有兼從術數角度來研究的價值。

宋末丁易東的《大衍索隱》有一箇"洛書四十九位得大衍五十數圖"（圖6）。這圖由一至四十九的數字組成。中心的二十五是天數一至九的總和；以此爲中點，無論任何兩箇相對數字的總和都是五十。此圖即以洛書一至四十九數字組成一箇顯出五十這箇帶有神秘性的大衍數。丁易東說此圖"皆天理之自然，非人之所能爲。"以解釋筮法中所用的五十蓍⑪。

---

⑩　《素問·三部九侯論》說："天地之至數始於一，終於九焉。"
⑪　參看武田時昌，〈易と數學〉，加地伸行編，《易の世界》（新人物往來社，1986年），頁94。

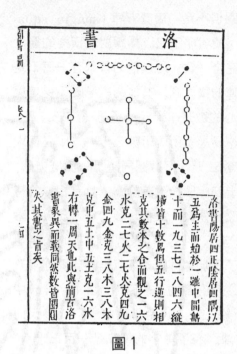

圖1

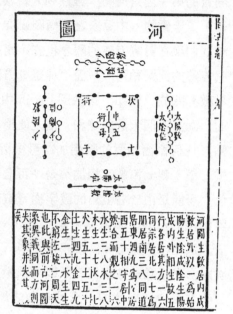

圖2

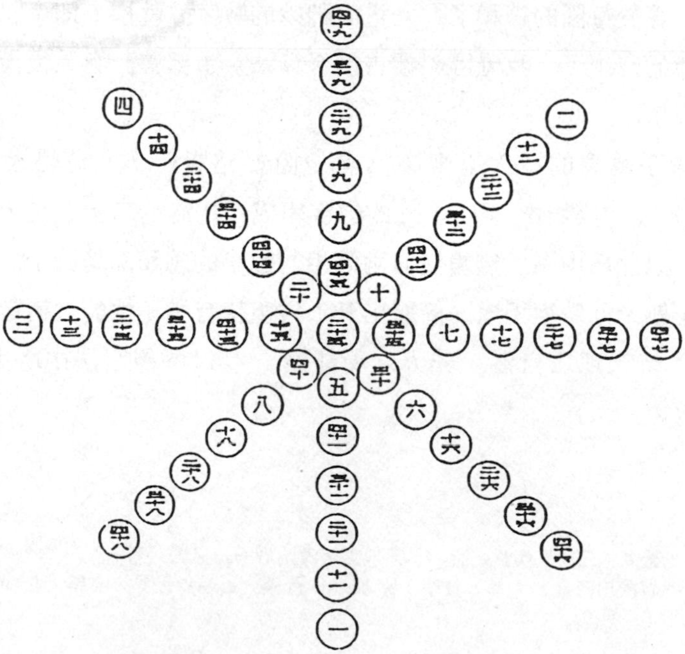

圖3　　洛書四十九位得大衍五十數圖(『大衍索隱』)

衍數圖

縱橫□百十五，

46	8	16	20	29	7	49
3	40	35	36	18	41	2
44	12	33	23	19	38	6
28	26	11	25	39	24	22
5	37	31	27	17	13	45
48	9	15	14	32	10	47
1	43	34	30	21	42	4

陰　圖

共積一千二百二十五，

4	43	40	49	16	21	2
44	8	33	9	36	15	30
38	19	26	11	27	22	32
3	13	5	25	45	37	47
18	28	23	39	24	31	12
20	35	14	41	17	42	6
48	29	34	1	10	7	46

圖4

易數圖

縱橫二百六十，

61	4	3	62	2	63	64	1
52	13	14	51	15	50	49	16
45	20	19	46	18	47	48	17
36	29	30	35	31	34	33	32
5	60	59	6	58	7	8	57
12	53	54	11	55	10	9	56
21	44	43	22	42	23	24	41
28	37	38	27	39	26	25	40

陰　圖

共積二千八十，

61	3	2	64	57	7	6	60
12	54	55	9	16	50	51	13
20	46	47	17	24	42	43	21
37	27	26	40	33	31	30	36
29	35	34	32	25	39	38	28
44	22	23	41	48	18	19	45
52	14	15	49	56	10	11	53
5	59	58	8	1	63	62	4

圖5

攢九圖

斜直周圍各一百四十七，

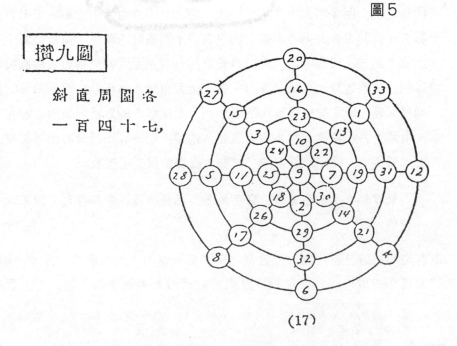

(17)

圖6

　　《孫子算經》中最受人注意的一題大概是"物不知數"。卷下有題
說：

　　　今有物不知數，三三數之剩二，五五數之剩三，七七數之剩二，
　　　問物幾何？

書中載述此題解答的方法，但僅具術文，而未詳得術之理由。這箇方法古
稱"求一術"，是使用一次同餘式組，又稱不定分析法。這是被認爲中算
的一箇特色。可是很少人注意到這條表面上是很單純的算題，竟然對術數
也發生不少關係。本來這箇方法後來也稱"鬼谷算"，帶有深濃的術數
味，這是否偶然的呢？我還沒有找到史料來回答這箇有趣的問題，可是我
們足以暢談此題和術數的關係。在劉宋時代何承天的調日法用強弱二率，
南濟祖沖之求圓周，立約密二率，皆似得之於求一術[12]。到了唐代，李淳
風由日、月、五星運行週期，追算出上古的一箇"上元"作爲起點；他的
麟德曆元年距"上元"積二十六萬九千八百八十年。僧一行的大衍曆也是
追算出上古的一箇"日、月、五星如聯珠"的時期作起點，算出"上元閼
逢困敦之歲，距今開元十二年甲子歲，歲積九千六百六十六萬一千七百四
十算"[13]。其實"大衍"這箇名詞已表露了對易數的關係，可是追算上古
"上元"的方法沒有傳流下來。自先秦四分曆至元代郭守敬尚未編制授時
曆以前，中國的曆法都是以算出一箇"上元積年"爲起點，但是演算方法
一向是保密。南宋數學家秦九韶悟出"上元積年"的算法，他的《數書九
章》所載"古曆會積"和"治曆演紀"兩題，先後算出四分曆和開禧曆的
"上元積年"。提到計算方法，他在"古曆會積"題裡說：

　　　數理精微，不易窺識，窮年致志，感於夢寐。幸而得之，謹不敢
　　　隱。

最有趣的是這箇題乃載入《數書九章》第一卷的"大衍類"，而前一題，
亦即書中的第一題，就是和易數直接有關的"蓍卦發微"題。"治曆演

[12] 見錢寶琮，《古算考源》（上海，1933年），又載《錢寶琮科學史論文選集》（北京，1983年），頁23。
[13] 《舊唐書·志》14，頁1上。

紀"則歸"天時類"。"蓍卦發微"說:

> 問:《易》曰,大衍之數五十,其用四十有九,分而為二以象
> 兩,掛一以象三,揲之以四以象四時,三變而成爻,十有八變而
> 成卦。欲知所衍之術及其數各幾何。

《易·繫辭上》第九章作:

> 大衍之數五十,其用四十有九,分而為二以象兩,掛一以象三,
> 揲之以四以象四時,歸奇於扐以象閏,五歲再閏故再扐而後掛。
> 天數五,地數五,五位相得而各有合。天數二十有五,地數三
> 十,凡天地之數五十有五。此所以成變化而行鬼神也。乾之策二
> 百一十有六,坤之策百四十有四,凡三百有六十。當期之日,二
> 篇之策萬有一千五百二十,當萬物之數也。是故四營而成易,十
> 月八變而成卦。八卦而小成,引而伸之,解類而長之,天下之能
> 事畢矣。

秦九韶採用《孫子算經》的求一術來解答上述各題,指出推算"上元積
年"的方法亦即求一術,我們得知"大衍曆"的名稱和易數有密切的關
係,求一術也被稱為"大衍求一術",充分表達它和易數的關連⑭。

"蓍卦發微"題又涉及蓍法,蓍法本來是基於上述的《易·繫辭上》
文。由於解釋並不詳細,後來便有各家不同的蓍法。例如朱熹在批評當時
的各家說:

> 揲蓍之法見如大傳,雖不甚詳,然熟讀而徐究之,使其前後反
> 復,互相發明,則亦無難曉者,但疏家小失其指,而辯之者又大
> 失焉,是以說愈多而法愈亂也⑮。

---

⑭ Ulrich Libbrecht, *Chinese Mathematics in the Thirteenth Century*(麻省康
橋,1973年),對求一術有深入的解述;易見錢寶琮,《古算考源》(上海,1935
年);吳文俊編,《秦九韶與數書九章》(北京,1987年)。
⑮ 見〈蓍卦考誤〉,《朱子大全》(中華書局聚珍做宋版),本六十六,頁11下。

　　他的〈蓍卦考誤〉一文所指各家，其中有些並非泛泛之輩，例如有郭
雍、張載、邵雍三位易數名家。可見蓍法是有出入，後來被認爲比較 "正
統" 的是朱熹和孔穎達所用的蓍法。這也是後來被採入《御製性理精義·
明蓍策第三章》。這部書是這樣註釋《易·繫辭上》的章句的：

> 取五十莖（蓍）為一握，置其一不用以象太極，而其當用之策凡
> 四十有九，蓋兩儀體具而未分之象也。……蓍凡四十有九，信手
> 中分各置一手以象兩儀。而掛（懸）右手一策於左手小指之間，
> 以象三才。遂以四撲（即以每四策為一組數出）左手之策，以象
> 四時，而歸其餘數於左手第四指間，以象閏。又以四撲右手策，
> 而再歸其餘數於左手第三指間，以象再閏。是謂一變，其掛（即
> 置於小指間）、扐（即置於中指和無名指間）之數不五即九。
> 一變之後，除前餘數，復合其見存之策，或四十（即四十九減
> 九），或四十四（即四十九減五），分掛撲歸如前法，是謂再
> 變，其掛扐者，不四則八。
> 再變之後，除前兩次餘數，復合其見存之策，或四十（即四十四
> 減四），或三十六（即四十四減八，或四十減四），或三十
> 二（即四十減八）。分掛撲歸如前法。是謂三變，其掛扐者如再
> 變例（即不四則八）。三變既畢，乃合三變，視其掛扐之奇耦，
> 以分所遇陰陽之老少。是謂一爻。
> 一爻已成，再合四十九策，復分掛撲，歸以成一變，每三變而成
> 一爻，並如前法。

　　上文提及各家有不同的蓍法。例如郭雍和張載在一變後便不再掛一
策；孔穎達和朱熹可說是同屬一家，但在細節上也有點差別，朱熹是以右
手一策掛於左手小指間，而孔穎達所用的是左手的一策。還有宋代的莊綽
和元代的張理祇撲左手的策⑯。上文所需的解釋經已加入括弧號內。祇有
"三變既畢，乃合三變，視其掛扐之奇耦，以分所遇陰陽之老少。" 這段

---

⑯　見川原秀城，〈もう一つの易筮法〉，《中國思想史研究》，第 6 號（1983 年），頁
　　127 – 138。

章句並非三言兩語之所以能夠解析，尚待作一箇交代。

這段章句是依從朱熹的著法。這是從三變所掛扐的策數確定有關的一爻是屬於老陰、老陽、少陰、少陽的任何一箇，這是非常重要的，因為老陰會變老陽，而老陽也會變老陰，因此每掛都可能"動"，六十四卦就可以變出四千九十六（即 64×64 ）不同的花樣了。第一變所掛扐的數非九則五，第二和第三變所掛扐的數非八則四。九和八算是"多數"，五和四算是"少數"。朱熹解釋說：

> 若三者俱多為老陰，……若三者俱少為老陽，……若兩少一多為少陰，……其兩多一少為少陽[17]。

這樣就鑑定所得之一爻是陰是陽，是否會變。再說三變中所掛扐的策一共是二十五，或二十一，或十七，或十三。三變後見存之策便是二十四，或二十八，或三十二，或三十六。有些著法是不理掛扐的策而祇處理三變後見存之策。以四揲見存之策便得老陰六（ $6 \times 4 = 24$ ），或少陽七（ $7 \times 4 = 28$ ），或少陰八（ $8 \times 4 = 32$ ），或老陽九（ $9 \times 4 = 36$ ）。

言歸正傳，本文旨在解說數學和著法的一點關係。秦九韶把著法當作一箇數學（這是指當時所稱的數學，而非現在所說的數學）操作，別出心裁創出一套新著法。借用李繼閔一句話："秦九韶對揲著算卦之法的記述詳盡而清楚，但與歷代儒士相傳之解釋大相徑庭。"[18] "著卦發微"題可以用以下的一次同餘式列出[19]：

$$X \equiv \gamma_i (\mathrm{mod}\, i), \; (i = 1, 2, 3, 4)$$

在解答這箇題目的過程中，秦九韶引述同樣依照《易·繫辭上》文的新鮮著法[20]。簡單來說他的操作次序是：

---

[17] 《朱子大全》，文六十六，頁 13 下。

[18] 李繼閔，〈《著卦發微》初探〉，吳文俊編，《秦九韶與數書九章》（北京，1987年），頁 124–137。

[19] 解答方法參閱註[11]武田時昌，註[14]Ulrich Libbrecht，註[16]川原秀城，註[18]李繼閔及羅見今，〈數書九章與周易〉，吳文俊編，《秦九韶與數書九章》（北京，1987年），頁 89–102 等。

[20] 原文見《數書九章》，卷 1（上海：商務印書館，國學基本叢書版），頁 4–10。

1. 將五十蓍減了一蓍，而順手把四十九蓍分在兩手。此後僅用左手中的蓍。（以應“其用四十九，分其為二以象兩”文）

2. 如將左手的蓍一一數之，所奇（剩）的數必定是一。故無須進行這箇操作，可以立即把右手中的一蓍歸掛。（以應“掛一以象三”文）

3. 將左手的策以二為一組分之，再依次以三為一組，以四為一組分之，看每次所剩的策，而從右手取出每次分組（揲）所剩（奇）之策數以歸扐。（以應“揲之以四以象四時”文。）

4. 把這四箇掛扐的數順序乘“用數”十二、二十四、四、九；再把四箇相乘所獲得之數相加，名之曰“總數”。

5. 以“總數”除十二（衍母），以所餘的數為“實”。

6. 把“實”除三（代表三才），但剩餘一和二都算是一，加在商上，由於“實”的最高數是十二，經過第6操作，所獲得的數是一、二、三、四其中之一，一是老陽，二是少陰，三是少陽，四是老陰。

7. 把1至6的操作再做五次便成一卦。

秦九韶在他的《數書九章》顯示大衍求一術與《易經》不僅在數學而且在術數上的密切關係，而且在“古曆會積”、“治曆演紀”等題中使我們感覺，在他的心目中，數學、術數、曆數等都是同是“數學”。至於他的著法，就沒有引起術數家的興趣，也許因為他的數學太深奧，或者他的名氣遠不及朱熹，祇有清代的焦循能夠欣賞他的著法㉑。

　　從現代的數學觀點，秦九韶是中國歷史上最傑出的一位數學者，也不愧被稱為十三世紀全世界中的最偉大數學家。他所認為是“數學”的比我們現代“數學”的定義更廣，包羅現在不被公認為“數學”的易數。讓我舉一箇極端相反的例子來表示易數在宋代所謂數學中所扮角色。我選中的是邵雍。《四庫全書總目提要》卷二十一說：

㉑　《易通釋》文末，在論“天地之數五十五”，“大衍之數五十”和“其用四十有九”等章句時，提及秦九韶的大衍術。

> 邵子數學，本於（李）之才，……《皇極經世（書）》蓋即所謂
> 物理之學也。

邵雍的《皇極經世書》所指的數學是易數。邵伯溫述皇極經世書論提及

> 以陰陽剛柔之數窮呂聲音之數，以律呂聲音之數窮動植飛走之
> 數，易所謂萬物之數也。……論皇極經世之所以為書，窮日月星
> 辰飛走動植之數，以盡天地萬物之理，述帝王霸之事。……

所謂“物理”也和現代基於數學與實驗的物理學迥然不同，而是用易數來
解釋的一切自然現象。邵雍以日、月、星、辰、水、火、土、石爲八卦之
象，推而至於寒、暑、晝、夜的往來，雨、風、露、雷的聚散，性情形體
的隱顯，走飛草木的動靜，這就是他的所謂物理之學。《四庫全書總目提
要》又認爲：

> 《易》是卜筮之書，《皇極經世（書）》是推步之書。

當時的易數是用作判斷箇人行事的吉凶，而《皇極經世書》是以易數推算
出上自唐堯下至宋初各帝王的盛衰。通觀一元、十二會、三百六十運、四
千三百二十世、一十二萬九千六百年（以一世爲三十年）。《皇極經世
書》卷首上的〈邵康節先生傳〉記述他能從飛禽動態、草木形狀等推演易
數。後來的梅花數（又稱心易）傳說是他所創。邵雍的數學全是屬於術數
類，不能算是現代所稱的數學。話雖然是這樣說，可是他所創的六十四卦
先天圖後來便和萊布尼茨（Leibniz）所發明的二進法建立一點關係。由
於今年 3 月，我在國立臺灣大學的講演中已經討論過這箇有趣的問題，現
在就不必再多談了㉒。

　　易數在傳統天文學和鍊丹術的發展過程上曾經演扮了一箇重要的角
色，這也在臺大的講演中談及。邵雍把易數引伸到人體上（圖7），他說：

　㉒　見何丙郁，〈易數與傳統科學〉，《中央研究院歷史語言研究所集刊》（排印中）。

余謂洛書配卦象人之一身。乾為首居上；坎為腎居下；前則離為
心在上；艮，陽土，坤，陰土，為脾胃，為腹；後則兌為肺最
高；震為肝膽居中；巽下斷則尾閭也㉓。

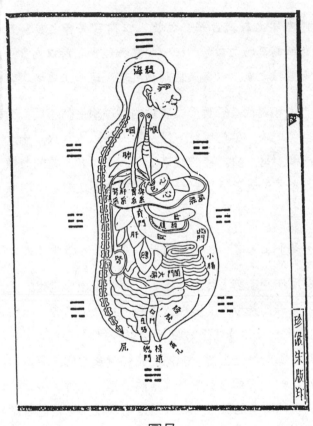

圖7

邵雍又採錄張機的內景圖及內景賦以支持他的解說。我在臺大的講演曾經
列出一箇表，指出八卦和陰陽、五行、方位、九宮等的關係，這是依照後
來稱為"後天"的分配，不能應用在邵雍的所謂先天卦位上。圖8顯示邵
雍的人體各部和八卦、陰陽、五行、方位、九宮等的分配：

㉓ 《皇極經世書》，卷9，頁6上。

卦	陰陽	五行	方位（先天）	九宮	人體
☰ 乾	陽	金	南	九	首
☷ 坤	陰	水	北	六	腹
☳ 震	陽	木	東北	三	肝
☵ 坎	陽	水	西	一	腎
☶ 艮	陽	土（火）	西北	五（七）	脾胃
☴ 巽	陰	木	西南	八	尾閭
☲ 離	陰	火	東	二	心
☱ 兌	陰	金	東南	四	肺

圖 8

　　研究科技史的學者，許多都是曾經本身受過科學訓練，而不少特出的成就也是出自他們的努力。由於個人所受的科學訓練，他們自然的就站在現代科學立場來研究中國的傳統科技史。可是我們不可以單純以現代的觀點，而忽略了歷史的背景，來探討古代的事情，更不應該純站在西方文化所建立的現代科學來判斷基於不同文化的中國傳統科技。連阮元也會偶然犯上錯誤，忽略“數學”、“算學”古今不同的定義，而判說《孫子算經》的推算孕婦所生男女題是後人所補進去。我並非說現在研究中國科技史的學者都是跑錯路線，我祗是認為從兩箇不同角度看一樣事情總會比單從一箇角度看好些。試舉一箇例子來說。李約瑟以一位傑出科學家的身分，而站在現代科學立場撰寫他的一部不朽鉅著《中國科學與文明》。我在想，假如我們試圖從中國的傳統文化作為起點再看他所談過的一些問題，讓讀者看到問題的兩面，也許可以替他在某些方面作一點補充。我可以特別指出《中國科學與文明》第 2 卷中的“假科學”（pseudo-science）篇。其中關涉到術數。我最近兩次拜訪新竹國立清華大學歷史研究所，很高興發現該所對術數研究的興趣。術數便成為清華和我的共同研究話題，希望將來可以替李約瑟增補他的鉅作的這一部分。

　　術數被李約瑟收入他的鉅著中，這是他已經肯定了術數在傳統科技史的地位。我本人早年受過現代科學的訓練，也曾經在實驗室工作一段時期，總不會企圖把中國的傳統術數推演到現代科學身上。我對術數的興趣

祇是希望可以進一步了解傳統科學。況且術數在思想史、文化史、社會史
等都具有相當大的影響力，是一箇很值得研究的課題。無論如何，我們也
應該盡一點力，把這一脈別具風格的中華文化釐清，使我們更能了解中國
歷史的全貌。

關於中國古代黃銅存在問題的商榷

中央研究院歷史語言研究所　萬家保

　　最近我國大陸的考古發掘，顯示了在中國早期的銅器裡有含鋅的例子，如山東膠縣三里河出土的銅錐和陝西臨潼姜塞出土的殘銅片，而且含鋅量頗高，業經以化學分析和金相組織觀察證實。含鋅量達一定限度的銅合金，就是所謂黃銅（ brass ），在世界早期的冶金技術上說是比較罕見的。有些學者認爲頗少先例可援，值得商榷。加以十餘年前有人倡論中國人首先發現了鋁的利用，後經反覆研究，終於否決了這一論調，乃至餘悸猶存對黃銅的發現更難遽下定論了。

　　若是從西方冶金技術的發展來看，在青銅（ bronze ）未出現之前，有一段相當長的" 試驗合金時期 "，而這" 試驗合金 "主要指的是砷銅合金。砷跟鋅在化學性質上誠然相去頗遠；但它們和銅組成合金的作用上卻極其相似，若從這一點觀之，則鋅銅合金的在中國出現，又非必不可能。本文即以中西早期銅合金發展的觀點，提出一些看法，說明鋅銅合金在中國早期鑄造上可能佔著一席之地，以就正於金屬學者及考古家。

一

　　黃銅在西方早期合金發展中，扮演著怎樣的角色，砷銅又居於何種地位，我們不妨引述幾位冶金史家的意見做爲參考。在魯佳士（ A. Lucas ）的《 古代埃及的工業和產物 》一書中，關於黃銅的記載僅僅只有一小段，茲翻譯如下：

　　　　另外一種銅的合金即所謂黃銅，它是銅和鋅的混合體（ mixture ），其在金屬發展的歷史上出現較晚。又鋅成爲游離的金屬存在，比黃銅更晚了好幾百年。所以黃銅在最初出現時，當是從

銅或銅礦石與鋅礦石熔合而成，決不是加入鋅錠製成的。也許黃
銅的製成和青銅一樣是一件偶發的事。礦石中同時有銅及鋅的化
合物存在，自然界可以找得到礦源，如在埃及、喬治亞（Geo-
rgia）和高加索等地即有此情況①。

魯氏的記載僅止於此，可見在古代埃及黃銅並不存在，如若存在的話按照
魯氏寫書的體例，他會舉例說明的。同樣富博斯（R. J. Forbes）有關鋅
在古代金屬合金的地位寫道：

　　若在古代青銅器中發現其成分有鋅存在，則鋅並不是刻意加進去
　　的，因為在古代鋅尚未為人所知。所謂黃銅僅是因為某一處礦區
　　含有鋅，而由之製鍊而成。鋅的歷史屬於金屬發展的晚期，我們
　　沒有證據讓我們知道古代的冶金學家如何製成鋅錠的②。

　　如此說來鋅在古代西方銅合金中地位是相當低的。不過另外一種半金
屬稱之為砷的，卻在西方的銅合金中佔了頗為顯著的地位；但砷和銅的合
金卻一直到現在不曾在中國找到過。跟西方銅合金的成分顯明不同的是，
鋅很可能在中國的銅合金中曾一度有著甚為重要的地位。這是一個頗足研
討的課題，我們留待下文中討論。

　　烏爾泰（T. A. Wertime）在最近一篇討論銅合金起源問題的文章
中，曾談到砷銅合金在西方青銅技術演變過程中所扮演的角色，在我們討
論中國早期銅合金含鋅的問題上頗有參考的價值。烏爾泰說：

　　光譜分析證明幾乎所有的地區（筆者按：似乎不包括中國），砷
　　在銅內較錫為早（砷不像錫一樣和銅形成化合物，並且砷在自然
　　界以硫化礦石出現）。這樣的情形在安那多尼亞（Anatolia）、
　　南歐、克利地、以色列、伊朗以及印度河流域都是如此。我們可
　　以說在公元四千年或三千年前，有一段"試驗的合金時
　　期"（era of experimental alloying）。在那個時期,人類知道

---

①　A. Lucas, *Ancient Egyptian Materials and Industry* (London, 1948), p.256.

②　R. S. Forbes, *Extracting, Smelting and Alloying, A History of Technology* (Oxford, 1954), p. 592.

了銻（Sb）、砷（As）和鉍（Bi），它們在鑄造自然銅，或在
冶鍊銅礦石中出現，能夠讓鑄造或冶鍊工作更容易進行。砷似乎
在錫應用之前是常用的銅合金成分，其含量從0.25%以下到3%
或4%，有時甚至多達10%到12%。可是到了錫較廣泛的用來
製青銅，砷就逐漸從銅合金中消失了。這一個現象使人覺得人類
有意的用錫取代砷。為什麼人類要這樣做呢，除了砷有劇毒之
外，還想不透有什麼更好的原因，何況錫的產量反而較砷為少。
因為砷銅合金存在了相當長的一段時間，若是青銅時代僅指銅錫
合金出現之後而言，按照上述發展程序而言，是不甚適宜的③。

烏爾泰在同文中另一段進一步談到砷錫替換的情形，他說：

真正的錫青銅出現，實在是零星的，然後錫才逐漸的取代砷在錫
合金的地位，遂而成為主要的成分之一。高砷高錫的銅合金曾在
烏爾（Ur）的皇家墓葬中出現，也在奇希（Kish）和卡發
加（Khafajah）地方找到。較之上述各地，敍利亞和安那多利
亞這樣的情形出現較晚。在早期的哈拉卡·許于科（Alaca
Huyuk）和馬馬特拉（Mahmatler）的獸形和容器已經是用青
銅鑄造得相當成功的了……使得該兩處遺址約在公元前三千年進
入青銅時代。

斯里漢諾夫（I. R. Selimkhanov）在巴庫（Baku）地方的發掘證實
了前述錫代替砷的演進過程，在庫泰普（Kultepe）遺址，從地層Ⅰ到
地層Ⅱ和Ⅲ，自然銅演進為含砷的銅合金，而在地層Ⅲ和Ⅳ則是銅錫
合金④。這一個顯明的地層現象說明了西方並非逕行達到了錫青銅技術，

③ Theodore A. Wertime, "The Beginning of Metallurgy: A New Look", *Science,* Vol. 182 (1973), p. 880. 這樣的論調也並非烏爾泰一個人的意見，Marija Gimbutas 在"The Beginning of the Bronze age in Europe and the Indo-Europeans: 3500–2500 B. C." *(The Journal of Indo-European Studies,* Vol. I, No. 2, p. 164) 也持相同的意見，即青銅並不一定指銅與錫的合金而言。
④ I. R. Selimkhanov, *Estratto dagli Atti del VI Congresso, Internazionale dele Scienze Preistoriche e Protostoriche* (Rome, 1965), Vol. 2, pp. 368–370, 轉引自上註文。

而確是有一個如烏爾泰說的"試驗的合金時期", 作爲試驗的合金就是砷銅合金。

目前執教於倫敦大學的台里科特(R. F. Tylecote)在其《 冶金學史》中, 也陳述了相似的意見。他認爲人類用銅大約起於 6000 B.C. 的安那多利亞, 在進入眞正的錫青銅時代之前, 有一段很長的紅銅和砷銅合金時代。而這以安那多利亞爲中心的金屬文明又漸漸的向世界各地傳播。並且他又說在 2000 B.C. 左右, 經高加索或伊朗傳入中國⑤。關於這一中國金屬文明傳入的說法, 我們姑且聽之, 暫不予辯難。

我們認爲, 每個地區的文化發展和當地具有的各項條件都是息息相關的, 就礦石採用來說, 兩河流域 4000 B. C. 左右開始出現銅砷合金器物, 可能是當時當地的人們所能採用的銅礦大部分是含砷的硫砷銅礦(Cu_3AsS_4), 這種礦石熔解之後多少總有些砷殘留在銅液中。很可能中國人在很早的時候就發現了銅錫合金, 在這之前經過短暫的鋅銅試驗時期而毋須一定要走中亞或西方銅器文化發展的模式⑥。

二

中國的金屬技術所走的路是怎樣的呢, 是否不曾走砷銅合金的路, 而逕行達到了錫青銅的階段呢。這不是一個簡單易解的問題。唐蘭很早就有過我國的金屬合金發展過程和西方大異其趣的議論, 他說: "在我國, 是先發明冶鍊青銅, 一直到很晚才冶鍊紅銅的。"⑦ 換言之, 唐蘭否認了在中國鑄造青銅之前有冶鍊紅銅存在。如果我們沒誤解唐先生的原意, 而將

---

⑤ R. F. Tylecote, *A History of Metallurgy, The Metals Society* (London, 1976). 台里科特在頁 11 說: " Copper – based alloys appeared in China between 1000 and 1500 B. C. Probably nearer the latter date. The diffusion route was either a Northern or Central Asiatic one, starting from the Anatolian – Iranian Area and either traversing the Caucasus, or going through Iran, up the Amu – Darya, over the Tien – Shan to K'ashgar. "

⑥ 張世賢, 〈 略論關於中國銅器成分的幾個問題 〉,《 故宮季刊 》, 第 5 卷, 第 1 期(1980), 頁 100。

⑦ 唐蘭, 〈 中國青銅器的起源與發展 〉,《 故宮博物院院刊 》, 1979 年第 1 期, 頁 4。

" 冶鍊青銅 " 與 " 冶鍊紅銅 " 的先後來比較，那麼就技術上說，明顯的紅銅之冶鍊要比青銅的冶鍊需要更高的溫度，因之也須更高的技術。我們認為這 " 可能 " 縱使存在，可是一定得撇開自然銅不談。唐蘭繼續說：

> 在考古發掘方面，1956 年西安半坡的仰韶文化遺址（碳測定為距今 6065 年）中發現一個銅片，經化驗含有大量的銅、鋅和鎳，當時由於考古工作者對這個問題還不了解，未曾發表。十七年後，臨潼姜寨發現的仰韶文化遺址（碳測定為距今 5,970 年）中，又發現了一個銅片，經化驗測定為銅 65％，鋅 25％，鉛 6％（發掘報告尚未發表，此數據為半坡博物館見告）⑧。

因為半坡和姜寨的發現，唐蘭認為中國的銅合金時代應遠溯自仰韶文化時期。他的看法引起了爭論。按姜寨銅器作圓形薄片，已殘，是在 29 號房屋的居住面上發現⑨。另外這遺址還出土過一件殘銅管，惟成分不詳。至少半坡遺址出土的銅片，則似有擾亂現象，尚未有定論是仍在爭論的問題⑩。

　　無獨有偶的是在 1974 年到 1975 年發掘山東膠縣三里河龍山遺址時，發現了兩段銅錐⑪。這兩段銅錐都是一端稍粗，一端稍細，而接頭處面積相若，揣想是一支銅錐斷裂而成的兩截。兩者皆有較詳細的分析報告，其平均含鋅量達 23.2％，見表 1。安志敏以技術的理由懷疑上項銅錐在龍山遺址存在的可能，他說：" 早在四千多年以前，能否出現如此精緻的鑄造黃銅是值得懷疑的。" ⑫

---

⑧　同上。
⑨　鞏啟明在〈姜寨遺址考古發掘的主要收穫及其意義〉（《人文雜誌》，1981 第 4 期）中說 " 1973 年 11 月清理第 29 號房址的居住時，發現半圓形的銅片一枚立即引起了考古隊的特別重視，後經有關部門研究化驗，銅佔 65％，鋅佔 25％，餘為少量的錫、鉛、硫、鐵等，屬於銅鋅合金雜質較多的黃銅 "。這和唐蘭所說的鉛 6％有一些出入，但並不違反其為黃銅的定義。又同文中認為 " 姜寨銅片出土自一座早期房基的居住面上（已壓印在居住面中），這座房基屬遺址的最下層，距地表二、三十米，其上尚有棺葬及其它遺迹，被發現時慎重的檢查過地層情況，未發現有被擾亂的迹象。"
⑩　在 1956 年西安半坡仰韶文化遺址中就曾發現過銅片一件，惟未曾發表。
⑪　〈山東膠縣三里河遺址發掘簡報〉，《考古》，1977 年第 4 期。
⑫　安志敏，〈中國早期銅器的幾個問題〉，《考古學報》，1981 年第 3 期，頁 274。

表 1   山東膠縣三里河出土銅錐成分 [13]

樣 品 部 位		化　學　成　分					
		鋅	錫	鉛	硫	鐵	矽
銅錐 1	粗 端	22.8	2.12	2.74	—	—	0.053－0.11
T 110② ：11	細 端	20.2	1.6－2.15	3.74－4.26	0.14－0.43	0.93	
銅錐 2	粗 端	26.4	0.35	2.53	0.053	0.585	—
T 21② ：11	細 端	23.4	0.36	1.77	—	—	0.043－0.095

其實一般的中國古金屬學家都認爲古代中國的銅器中不含鋅，或僅含少量的鋅，日本的考古學家近重眞澄說：" 一直到唐代鋅的成分都極少，宋以後才逐漸增多，明淸以後才有全用鋅的例子。" [14] 而西方學者如蓋屯斯（R. J. Gettens）、巴納（N. Barnard）等人也有同樣的論調，大抵皆認爲 " 東周以前青銅器中含鋅量不足 1.0％ " [15]，這樣低的含鋅量不可能是有意混入的。換言之，中國在東周以前並不具有認識黃銅的條件，因之姜寨和三里河的含鋅合金的存在，是大可商榷的。

三

鋅在宋應星的《 天工開物 》一書中曾有冶鍊的記載，宋氏名鋅爲 " 倭鉛 "。其冶鍊方法有如下述：

> 凡倭鉛古書本無之，乃近世所立名色，其質用爐甘石熬煉而成。
> 繁產山西太行山一帶，而荊衡次之。每爐甘石十斤裝載入一泥罐

---

[13]　採自〈中國早期銅器的初步研究〉，《考古學報》，1981 年第 3 期，按此分析是以電子探針法分析所得，見頁 291。

[14]　近重眞澄，〈東洋古銅器の化學的研究〉，《史林》，第 3 卷，第 2 期，頁 189。

[15]　參考 R. J. Gettens, *The Freer Chinese Bronze*. Vol. Ⅱ, 及 Barnard and Sato Tamotsu, *Metallugical Remains of Ancient China*.

內，封裹泥固，以漸研乾勿使見火拆裂，然後逐層用煤炭餅墊盛
其底，鋪薪發火煅紅，罐中爐甘石熔化成團，冷定毀罐取出，每
十耗去其二，即倭鉛也。此物無銅收伏入火即成煙飛去，以其似
鉛而性猛故名之倭鉛⑯。

晚至明末，中國的黃銅還有逕以爐甘石加銅，或以鋅加銅兩種製造方
法。《天工開物·錘鍛條》中說：

凡黃銅原從爐甘石升者，不退火性受錘；從倭鉛升者，出爐退火
性以受冷錘。

可見以爐甘石或以倭鉛所製的黃銅，金屬組織不盡相同，所以展性也不一
樣。又同書〈五金篇·銅條〉也提到黃銅，寫著：“每紅銅六斤入倭鉛四
斤，先後入罐熔化，冷定取出成黃銅，惟人打造。”⑰

黃銅的展性較青銅爲優適於打造，並且也因含鋅量的不同而展性也有
差異。現代的黃銅大體可分三種，就是鑄造黃銅，鍛造黃銅和特殊黃銅，
除第三種與本文無關，可以不論外，鑄造黃銅及鍛造黃銅的定義很可作爲
《天工開物》中黃銅性質的詮釋。鍛造黃銅一般都是含鋅量較高的黃銅，
如二一黃銅、四六黃銅和三七黃銅，其銅跟鋅的含量的百分比各爲
$65-68：35-32，58-62：42-38$ 和 $69-72：31-28$。所以“每紅銅六
斤入倭鉛四斤”，可稱之謂四六黃銅，無疑的是“惟人打造”的鍛造黃
銅。近代的鑄造黃銅含鋅量較低，約在 10% 左右。又按以爐甘石所製之
黃銅，如上述所謂“原從爐甘石升者”觀其“受錘”性，可以知道其含鋅
量並不太少，換言之爐甘石所製的黃銅，鋅的損耗並不如想像之大。

據岳愼禮所著《金屬史話》記載“黃銅古叫鍮石，或黃銀，亦名眞
鍮。由爐甘石配製者叫鍮石；不過鍮石原不指黃銅而係指黃銅礦，後方移
用於黃銅耳。如《演繁露》言：‘唐太宗賜房玄齡黃銀帶……其殆鍮石也
矣，……隋高祖時辛公義守幷州，州嘗大水，流出黃銀以上於朝’，又言

⑯ 宋應星，《天工開物》卷下，〈五金篇〉附倭鉛條。
⑰ 同上註，卷中〈錘鍛篇·冶銅條〉。

'鍮金屬也，而附石爲字者，爲其不皆天然而生，亦有用爐甘石煮練而成者'"。又說"山東棲霞山矩嵎山之黃銀坑，隋唐以來設官專探，其重視鍮石如此"[18]。由此看來在有紀錄的黃銅利用當晚至隋唐，而且仍舊是以爐甘石，或鋅銅共生的"黃銀"鑛冶鍊而成，但這不意味著黃銅出現的上限。《天工開物》的倭鉛一詞大體只指爐甘石的製成品"鋅"而言。可注意的是山東的鋅銅共生礦源，現代的地質報告證實如今膠縣附近的昌濰、煙台、臨沂等地區蘊藏量，依然相當豐富[19]，說明了三里河附近地區黃銅的原料並不患匱乏。

四

由以上幾節的敍述可以得知，黃銅的出現並不必待鋅的冶鍊成功。可是安志敏和近重眞澄等人都懷疑在中國古代有黃銅的存在，這自有其學理上的原因。近重說："鋅是屬於易於揮發的金屬，在合金鎔融時大部分都飛散掉了。"[20]安志敏的理由也大致如此。可是仔細的閱讀《天工開物》的記述，可發現鋅縱使易於揮發可是在有條件的控制下，其揮發量遠不如想像之多，尤其是在和銅以製造黃銅的時候，這就是所謂"此物（鋅）無銅收伏入火即成煙飛去"的道理了。

台里科特寫的《冶金考古學》中，有跟《天工開物》相似的敍述，他說：

> 鋅容易氣化，但是在還原條件之下可加入銅中。這就說明在硫化礦熔解之前，注意焙燒是為了使鋅不會失掉太多，盡管消耗量很高，還是可以用含鋅率較高的礦石中提鍊出相當量的鋅來。……事實上，十八世紀以前，純鋅本身是很難製成的。鋅的熔點是420℃，沸點約為950℃，比其他的金屬要低的多。為了要從礦石中取得它，需要用木炭熱到1000℃，不幸的是這個溫度超過了鋅的沸點，一部分變為氣體，另一部分則很快的轉化為鋅的氧

⑱　岳愼禮，《金屬史話》（台北），頁28。
⑲　〈中國早期銅器的初步研究〉，《考古學報》，1981年第3期，頁291。
⑳　近重眞澄，〈東洋古銅器の化學的研究〉，頁188。

化物，因而得不到純鋅。現代的冶鍊過程是，使用鋅的硫化物（菱
鋅礦）作為原料，先焙燒成鋅的氧化物，然後在幾乎密閉的容器裡
用焦炭加熱到 1000－1300°C，使之還原成氣體，在容器的另一
端，保持溫度低於鋅的熔點，則蒸氣很快的凝結成金屬[21]。

這方法其實跟《天工開物》所述製倭鉛的原理相似。

可見鋅的提鍊是一件事，黃銅的製造是另一件事。根據記載和實地的
試驗，青銅逕行由錫礦砂，和黃銅由銅與鋅礦砂製黃銅都證實可能。如今
的關鍵問題是黃銅在早期中國的技術條件下是否能夠產生。安志敏認
為 " 儘管以上的例證表明，當金屬鋅出現之前可能已經製造黃銅，不過它
的成分並不穩定，而且出現的時間也不太早，只有在冶金工藝充分發展的
基礎上才可實現。那麼，遠在六千多年的仰韶文化，是否已經具備充分發
達的冶金工藝條件？為什麼在那麼多的仰韶文化遺址裡，只限於姜寨的個
別發現？同時在後來幾千年中為什麼又一直缺少黃銅的存在？"[22] 這些問
題一部分已經獲得澄清，就是若以龍山文化期的三里河出土銅錐為例，生
產黃銅的技術條件業已形成，其理由是[23]。

1. 在龍山文化時期，我國的製陶技術已達到了十分成熟的階段，已製
成了紅陶、灰陶和黑陶。尤其因為黑陶是在還原焰中燒製成的，說明了當
時的製陶技術已經有效的控制了陶窰裡的氛圍氣體。陶窰的溫度可以達
到 950－1050°C（見《中國冶金簡史》，科學出版社，第 4 頁。並參考〈我國黃河流域新石
器時代和殷周時代製陶工藝的科學總結〉，《考古學報》，1964 年第 1 期）。三里河龍山
文化層出土了不少黑陶器和碎片，正證明了冶鍊黃銅所必須的還原氣氛，
和高溫條件。

2. 根據山東的地質調查，證實山東膠縣附近的昌、濰、煙台、臨沂等
地區，銅鋅或銅鋅鉛共生礦資源十分豐富（根據山東地質局提供的資料見
註[19]。）從歷史的記載，上文中提到山東棲霞的黃銀坑（按即係銅鋅共生
礦）在隋唐時已設官專採。五蓮縣的昌溝，曾在近年來採出含鉛的銅鋅共
生礦。又在地質調查時曾在平度，發現過含鉛銅鋅共生礦，以及年代不詳

[21]　R. F. Tylecote, *Metallurgy in Archaeology*, pp. 51－53, 譯文採安志敏文。
[22]　〈中國早期銅器的初步研究〉，《考古學報》，1981 年第 3 期，頁 271－272。
[23]　安志敏，〈中國早期銅器的幾個問題〉，《考古學報》，1981 年第 3 期。

的探坑、灰渣、和爐窰材料遺址[24]。說明膠縣地區黃銅原料不虞匱乏。

3. 黃銅冶鍊的實際反應是:

$$ZnO+CO=Zn（氣）+CO_2 \cdots\cdots\cdots\cdots\cdots\cdots\cdots\cdots\cdots\cdots (1)$$

$$CO_2+C=2CO \cdots\cdots\cdots\cdots\cdots\cdots\cdots\cdots\cdots\cdots\cdots\cdots\cdots (2)$$

$$CuO+CO=Cu+CO_2 \cdots\cdots\cdots\cdots\cdots\cdots\cdots\cdots\cdots\cdots (3)$$

其中(1)式是控制反應, 在一大氣壓下, 氧化鋅被還原的最低溫度是904°C, 接近鋅的沸點906°C, 因此當溫度高於906°C時, 還原得到的鋅是氣體。氧化銅很容易被還原成固態銅(3)。金屬銅的存在可以使鋅氣體由於擴散作用, 不斷的溶解在銅中, 同時又降低銅的熔點, 因而得到黃銅。《天工開物》中說:" 此物（鋅）無銅收伏入火即成煙飛去 " 正是這個道理。

除了以上三個支持黃銅可能在早期中國製成的條件之外, 爲了證實其可行性, 支持者一方也曾做了好多次的冶鍊試驗[25]。其試驗的程序大致是首先將礦石中所含的銅和鋅以一比一的配量混合, 並將此原料混入多量的木炭, 次將此混合料裝入石墨坩鍋中, 以不同的溫度還原。所得的鋅量在黃銅中由 4% 到 34% 不等, 視實驗的條件和選用的原料而異。這初步的試驗證實了, 只要有銅鋅共存礦石的地方, 以龍山時期的技術條件, 早期的黃銅依技術方面來看, 是可能存在的。

五

我們若能將常出現在早期西方, 如安那多列亞的含砷銅器跟偶爾出現在我國早期的含鋅銅器（黃銅）做一比較, 會發現一樁很有趣的現象。就砷和鋅的提鍊方法而言, 是很相彷的。兩者都在較低的溫度就會氣化, 砷氣化的溫度（817°C）甚至較鋅更低。

砷在自然界以硫砷鐵礦（FeAsS）、雄黃（As_2S_2）、雌黃（As_2S_3）亦即砒石存在; 所謂砒霜指的是三氧化二砷是白色結晶固體, 在 200°C 即行昇華, 有劇毒, 常人食 0.06 到 0.18 克就足以致命。西方早期的砷銅時

---

[24]　據山東第四地質隊在平度普查時發現, 參照〈中國早期銅器的初步研究〉, 頁291。

[25]　同上, 頁 292－293。

期，製造砷銅大概曾有不少人因這個原因死亡。揣想砷銅時代的結束不會與此無關。

砒霜的製造在《天工開物·燔石霜·砒石條》有所記載："凡燒砒，下鞠士窰納石其上，上砌曲突以鐵釜倒懸覆突口，其下灼炭舉火，其煙氣從曲突內熏貼釜上，度其已貼一層，厚結寸許。"基本上說就是利用砒的昇華凝結作用。而砷銅製造時，同樣與鋅銅相似：

$$As_2O_3 + 3C \rightarrow 2As（氣）+ 3CO$$

氣體的砷爲銅所捕捉形成了砷銅。當然古人不會，也勿需以劇毒的砒霜爲原料，含砷的礦石如與銅礦互相熔合即可以得到砷，而在熔爐中砷銅即由於銅與氣態的砷而形成。例如硫砷鐵礦，雄黃之類皆可在爐中生成氣態的砷。由上述的情況，砷銅之製成和黃銅的製成，技術條件上說並沒有太大的差異。換言之，在同樣水準的技術條件之下砷銅與黃銅，同樣的有製成的可能；其所以一地有黃銅出現，而另一地有砷銅出現，主要的成因是地理的因素，也就是礦源的性質決定了不同品種的銅合金。

早期技術受地理資源的影響很大，北美洲印地安人的金屬技術就是一個例子。北美大湖附近自然銅的蘊藏量非常豐富。似乎是取之不盡的礦源阻礙了印地安人在金屬技術方面的進一步的發展，於是在外來文明進入美洲之前，印地安人始終未脫離紅銅時代。因之從地理的環境著眼在安那多利亞有一段砷銅時期，而在中國可能有一段黃銅時期並不是不可能的。若是僅從技術的觀點著眼，更不存在什麼不能克服的困難了。

"根據豐富的考古資料，可以肯定中國同世界大部分地區的歷史規律一樣，是由紅銅器發展爲青銅器的"[26] 是一個言之過早的推論。縱使我國不打算承認黃銅器不曾在中國早期出現過，我們也找不到（至少到現在爲止）砷銅的例子。這是一個有關金屬發展的關鍵問題，不能逕行予以"肯定"。事實上，技術的、地理的和其他人文的條件都影響了金屬應用的發展，除非我們承認中國金屬技術是由境外引進的，那麼發展的步驟就不會脗合的。這些只有期待更多的金屬發掘遺物來解開這一困惑。

如今常被使用的銅合金有黃銅、白銅（cupro‐nickel）、青銅、德

---

[26]　參看同上，頁 281－282。

國銀（German silver，按即銅、鋅及鎳的合金）、以及甚晚出現的鋁青銅（aluminum bronze），但在早期西方曾出現過的砷銅早被揚棄了。因此如果我國曾一度使用黃銅，又間隔了一段時期再製造它，也不是甚麼稀罕的事。在中國考古界曾一度認爲鋁首先在中國發現，惟其後終被否定。倘若因爲這先前的謬誤就畏懼別的假設，是不智的。就技術本身而言，中國早期有黃銅的出現是相當可能且合理的。

——原載《思與言》24 卷 2 期（1986 年 7 月）

關於中國古代黃銅存在問題的商榷
（中文摘要）

　　最近在中國山東省和陝西省發現古代黃銅器物，時代早在5000－4000 B. C.，引起了金屬學家的矚目。若是依青銅合金形成的歷史角度來看，在西方有所謂「試驗合金」的一段時期（4000－3000 B.C.），指的是在青銅出現前的一種砷銅合金的應用時代。山東出土的黃銅，位於繁產鋅銅混合礦石的地方，由此混合礦石逕行冶鍊黃銅是可能的，也許黃銅正扮演著中國青銅時代前的「試驗合金」。除此之外，試驗室的逕行冶鍊工作也証實混合礦石製造黃銅之可能。

ON THE ZINC AND COPPER ALLOY IN ANCIENT CHINA
(English Abstract)

The fact that some of ancient brass wares (c. 5000 – 4000 B. C.) enearthed in Shan – tung and Sh'an – shi provinces lately, surprises many a metallurgist. Comparative study of the evolution of bronze alloy reveals that there existed before the bronze age (c. 4000 – 3000 B.C.) in Western World a socalled " Experimental alloy " i. e., an alloy of arsenic and copper which had been existed for many centuries. The brass wares found in Shan – tung province are proved to be in localities where there are plenty of mixed ore of zinc and copper, and it is most likely that brass might be directly smelted and alloyed by the ore. Just as the experimental alloy of arsenic and copper, there might have a zinc and copper alloy as an experimental alloy before bronze was invented in ancient china. Besides, laboratory experiments have been taken and prove that it is possible to make brass by the Shan-tung mixed ore.

試論西周政治社會的演變對中國用銅文化發展的影響

故宮博物院科技室　張世賢

一、前　言

　　中國人製作銅器來使用的歷史，長達數千年，許多學者將這段歷史畫分爲下列五個時期：㈠濫觴期，㈡鼎盛期，㈢衰頹期，㈣中興期，㈤沒落期。濫觴期相當於夏代晚期到商代早期，鼎盛期相當於殷商及周代的文、武、成、康、昭、穆諸世，銅器的紋飾富原始風格，銘文簡約，字體端肅，形態凝重結實。但從西周的共王開始，紋飾刻鏤即比較浮淺，多粗紋幾何圖案，形態簡陋輕率，呈現衰頹的景象，直到春秋中葉爲止。此後銅器的製作才又展現活力，無論造型、紋飾或鑄造技術，都開創了新的局面①。

　　就現有的資料看來，這樣的分期大致是合乎事實的。從西周共王以後直到春秋中葉，中國銅器的製作所以會由鼎盛轉趨衰頹，可能與下列因素有關：㈠政治情勢與銅器功能的變化，㈡鑄造原料短缺，㈢當時可能開始認眞發展硫化銅礦的冶煉技術，忽略了紋飾與造型的講究。第三個原因是第二個原因造成的，第二個原因則與第一個原因息息相關。本文試從這個角度考察中國早期用銅文化發展史上的起伏階段，並略事討論中國開始採用硫化礦煉銅的年代問題。

---

①　容庚，《殷周青銅器通論》（上海：人民出版社 1956），頁 18。另外，馬承源等學者根據甘肅出土的青銅刀，認爲中國使用銅器的歷史，可以上推到 3000 B. C.。

二、殷商末年銅錫即已短缺

　　1976 年中國大陸的社會科學院考古研究所在殷墟發掘了一座殷王室大墓，根據隨葬品特徵及銅器銘文，認爲是殷商早期統治者武丁的配偶 " 婦好 " 之墓，年代約爲西元前十三世紀。從該墓出土的銅器共四百餘件，以禮器（祭祀用器）和武器爲主；將其中的 91 件加以分析的結果，發現製作所用的材料可以分爲銅錫合金和銅錫鉛合金兩種，前者佔 73 %，後者佔 27 %。在這些殷墟早期的銅器成分資料中，值得注意的有三點：㈠分析過的 12 件武器都用銅錫合金製成，不加鉛；㈡ 4 件生產工具雖由銅錫鉛合金製成，但其含鉛量均少於 3 %；㈢在 5 件鑄有相同銘文的禮器中，小件禮器含錫量高，含鉛量低，大件禮器則含錫量低，含鉛量高。從這三點可以看出，殷墟早期已經知道鉛加入銅錫合金會降低硬度，因此當時鑄造武器都避免把鉛混進去，而在需要一定硬度的生產工具中雖然加了鉛，但數量很少；另外，鉛的冶煉遠比錫爲容易，鉛料的成本要比錫料低得多，因此在鑄造大件禮器時，就以廉價的鉛代替一部分昂貴的錫，只不過加鉛的數量有一定的準則，並非漫無節制。可見早在商朝的武丁時代，鑄工們已經掌握冶鑄銅錫鉛三元合金的工藝技術了②。

　　1969 至 1977 年在安陽小屯西區發掘了近千座中小型殷代墓葬，大部分屬於平民的，出土了 1,600 多件青銅器和 50 多件鉛製禮器、兵器。根據墓中遺物推測，這些墓葬年代屬於殷墟二至四期，即從武丁晚期至帝乙、帝辛。根據李敏生等人的報告，將這些出土銅器中的 43 件加以分析的結果，發現它們的鑄造原料有純銅、銅錫合金以及銅鉛合金。在一般平民中產階層的墓葬裡，早期使用的禮器爲含錫量高的青銅，晚期逐漸以廉價易得的鉛代替錫以作陪葬器；在武器的質地方面，殷墟二期以銅鉛合金所製者爲多，後期則銅錫合金和銅錫鉛三元合金增多，使性能得到進一步改進。這種現象說明了殷墟早期重禮之風較盛，後期則注重實用器具的生產。另外值得注意的是，殷墟西區出土的武器，都出於男性墓中；而在

---

② 〈殷墟金屬器物成分的測定報告㈠——婦好墓銅器測定〉，《考古學集刊》，1982 年 2 期。

24 件武器裡，有 9 件爲銅錫合金或銅錫鉛合金所製的，都從有禮器的墓葬出土，但質地比較軟的銅鉛型和純銅型武器，多出現在沒有禮器的墓葬中。這說明不同等級、不同身分的人使用的銅合金器物是不同的，也說明當時的人對各種銅合金器物品質的高下，已經有所認識。

因此，殷商時代的鑄工對金屬鉛的性能是相當瞭解的，非到不得已時，不會使用大量的鉛來鑄造器物。到殷墟三期的時候，由於大量鑄造含錫量高的青銅器，導致銅缺錫貴，不得不煉鉛來使用，不僅以銅鉛合金鑄造的禮器逐年增加，並且還用純鉛來鑄造兵器。到殷墟末期，由於連年征戰，消耗了大量的青銅兵器，銅錫奇缺，鉛質禮器也隨著鉛質武器之後問世了③。

三、西周的封建與宗法制度使青銅禮器的需求量 有增無已

近年來在西周王朝的根據地一帶屢次發現銅器窖藏，那是王朝崩潰時，分封的宗室、家族倉皇東逃而埋藏的。例如 1976 年陝西扶風縣出土了西周窖藏銅器 103 件，是微姓史官歷經七代所製作的家族器，年代從周初武王至西周中期，器上的銘文記載著十分珍貴的史料④。諸侯所製作的銅器，也屢見出土，例如河南濬縣辛村出土了衛國的器群，衛是周公之弟康叔的封國⑤；北京琉璃河及遼寧喀左多次出土匽侯作器，爲燕國之器⑥⑦。近年來在西周的鎬京附近（今陝西長安縣斗門鎮）發現西周墓葬群，其中遺留不少青銅禮器，有人說部分是周初封於魯的伯禽爲祭祀其父周公所作之器，部分是魯考公祭祀其父伯禽所作之器⑧；也有人說那

③　李敏生，〈殷墟金屬器物成分的測定報告(二)——殷墟西區銅器和鉛器測定〉，《考古學集刊》，1984 年 4 期。
④　唐蘭，〈略論西周微史家族窖藏銅器群的重要意義〉，《文物》，1978 年 3 期。
⑤　郭寶鈞，《濬縣辛村》（1964），頁 72。
⑥　《考古》，1974 年 5 期，頁 309–321。
⑦　〈遼寧喀左山灣子出土商周青銅器〉，《文物》，1977 年 12 期，頁 23–33。
⑧　陝西省文物管理委員會，〈西周鎬京附近部分墓葬發掘簡報〉，《文物》，1986 年 1 期。

是"束"家族製作的禮器，該家族屬於姜姓，仕於周且與王室通婚
⑨。1980年代在河南平頂山市郊也發現兩件銅簋，係鄧國嫁女至應國時
的陪嫁禮器。鄧為周室分封的公爵國，曼姓，地望在今河南鄧縣，鄧、應
兩國通婚可能在西周中晚期⑩⑪。類似的墓葬或銅器窖藏，今後可能會陸
續出現。這些家族或封國鑄造銅器，為的是銘功紀事，享獻祖先，傳諸子
孫永遠寶愛使用，也在日常應答禮俗方面派上用場。

　　周室克商之後，對商人採取懷柔政策，同時進行武裝移民和軍事佔
領，把一部分新得的領土，交給親屬、姻戚和功臣，由他們建立新國，以
武力作有效的控制。周初武王成王兩世封立的新國，就有七十多個，同時
黃河下游和長江南北舊有的國家或部族，還不知多少，有的歸附周朝，有
的處於獨立狀態。總計周初及中末期所建的國和舊有的國，至今可考者約
一百七十多個⑫。

　　周人除了大舉封建之外，還實行嚴密的宗法制度，把家庭繼承制度擴
大到政治上去，使整個天下"家庭化"，可以說封建制度是靠宗法制度來
維持的。周王以嫡長子繼承王位，長子諸弟則封為諸侯；諸侯也以嫡長繼
位，而以餘支為大夫。如此經過累世王位的繼承後，分封的諸侯國和有關
的家族便越來越多。目前既發現許多家族或封國都各自製作銅器來使用，
可以想見西周開國以後青銅禮器的需求量是越來越大的。

　　同時，青銅禮器的性質到西周中期又有了變化，前此用來祭祀的禮
器，這時也以使用禮器的數目來代表使用者的身份了，例如士用三鼎，卿
大夫用五鼎，諸侯用七鼎，只有天子可用九鼎。如此演變的結果，銅器終
於由日常用器進而成為維護宗法權力結構的"宗廟重器"，後來甚至以銅
鼎為一家一國的象徵而有"楚子問鼎"的故事。這種在宗法社會裡自然形
成的禮制，強化了銅器的世俗功能⑬，使眾多諸侯貴族更以鑄造銅器為大
事。

---

⑨　黃盛璋，〈長安鎬京地區西周墓新出銅器群初探〉，《文物》，1986年1期。
⑩　〈河南平頂山市發現西周銅簋〉，《考古》，1981年4期。
⑪　〈河南平頂山市又出土一件鄧公簋〉，《考古與文物》，1983年1期。
⑫　傅樂成，《中國通史》（台北：大中國圖書公司，1976），頁26。
⑬　陳芳妹，〈家國重器——商周貴族的青銅藝術〉，《中國文化新論·藝術篇》（台
　　北：聯經出版事業公司，1982年），頁209。又《春秋公羊傳》桓公二年何休
　　註："禮祭天子九鼎，諸侯七，大夫五，元士三也。"

因此，我們可以說，在殷商末年銅錫奇缺之後，西周的封建制度和宗法制度又間接促使銅料的需求量有增無減，供應起來必定十分吃緊。這種供應困難的窘境，也可以由目前已發現的古礦井的年代看出蛛絲馬跡。在湖北銅錄山古礦井和湖南麻陽古礦井的遺址架構內，確定開採的年代都在春秋戰國以後，表示在這之前的西周時代很可能經歷過一段鑄造原料供應困難的時期，當時露在外面或比較容易採取的銅礦已經採光了，只得設法尋找新的礦源，努力發展在地下搭井採礦的技術。

四、商周之際中原地區的鑄銅原料似難自給自足

發展鑄銅工業，要以充分的原料供應爲其前提，因此近處礦源枯竭之後，必求諸遠地。由古籍記載和考古發掘所得的資料綜合研判，中原地區的鑄銅原料很可能有時要遠到吳越川滇採集。

中國西南地區礦產十分豐富，特別是錫礦。《韓非子》、《山海經》中都記載著雲南有許多礦產。目前在雲南省的永善地區有鉛礦，經永善南行即達箇舊，是世界馳名的錫礦產區。中原統治者可能很早就已開拓西南，將礦產輸入內地。西元前五世紀初，楚國就曾在榮經設置代理人，開採川滇地區的黃金。至於運輸路線，則從四川宜賓南行，經慶符、筠連到雲南的鹽津、大關、昭通而達曲靖，是古往今來數千年的交通要道，礦產經此輸入內地，應無多大困難。既然最近二、三十年來在中原地區進行詳細的地質礦產普查的結果，沒有發現錫礦，則商周之際中原地區鑄造錫青銅所需的大量錫料，便是自外地輸入的，並且很可能曾經遠到雲南輸入；證據之一是河南安陽殷墟“婦好墓”出土的部分銅器，在做過鉛同位素含量比值的分析後顯示，有些鉛原料來自雲南永善金沙廠礦區。能從永善輸入鉛料，必定也能從附近的箇舊等地輸入錫料[14]。

鉛同位素含量比值分析的結果也顯示，鑄造“婦好墓”出土銅器所用的礦料也有部分來自湖北銅綠山（同前註）。雖然該墓出土的銅器還沒有做過全面分析，但據此也可說明殷商之際中原地區鑄造銅器所用的原料很可

---

[14]　金正耀，〈晚商中原青銅的礦料來源研究〉，《科學史論集》（方勵之主編，合肥中國科技大學出版社，1987）。

能部分產自荊楚川滇一帶。掌握了充分的礦源，才能保證鑄銅工業能夠持續發展。在鑄造"婦好墓"銅器時，也許銅綠山是在殷商王室的掌握之中，但學者經過研究之後發現，銅綠山自西周至春秋早期的主人爲越族，而進入春秋時代約一個世紀以後，崛起於南鄉的楚國就佔據了這個鄂東的侈大礦山。楚國自此如虎添翼，以豐富的礦產鑄造兵器，力能"觀兵周疆，問九鼎之輕重"，在國際間縱橫捭闔。目前考古發掘所得的資料顯示，楚國在春秋早期就出現銅器，中期以後更大量製作，當與其佔領銅綠山有關。此種佔領的事實，還可由自此以後的楚墓中有越族文化遺存的現象得到佐證⑮。

中國的東夷最早進入銅器時代，但當地開採的銅礦到周代已瀕臨枯竭；吳越民族進入青銅時代較晚，但當地礦產資源豐饒，到周代乃成產銅中心。周代銅器上的銘文，凡述及征伐淮夷的，往往有"俘金有得"諸字，而征伐其他民族則絕少俘金的記錄，可見周代的鑄銅原料以南向採取爲主。而淮夷地區未聞產銅中心存在，淮夷之銅大抵應從吳越輸入。李斯〈諫逐客書〉中所謂"江南之金錫"，應即指此（同前註）。

由此可知，礦山所在早成兵家必爭之地，佔有豐饒礦產的國家（如楚國）才能發展青銅鑄造工業，而商周之際的中原地區是很可能必須不時遠到吳越、荊楚、川滇等地去採集礦料的。在承平時期，驅使人民艱苦採集，或有可能，若遭遇兵禍干擾，便難以爲繼了。然而，頻仍的外患卻與西周同其終始。

五、戎狄的侵擾益增兵器的需要及礦料供應的困難

在殷商時代，有一個名爲"鬼方"的種族盤據在今山西北部及陝西北部、西部，常常侵擾商人，商王武丁曾對它用兵達三年之久。周人建國後，稱鬼方爲犬戎。犬戎在周初屢次出沒於京畿以西和以北之地，成王及穆王均曾加以討伐；懿王時勢力漸強，曾寇侵鎬京，逼使周室一度遷都。

⑮ 張正明、劉玉堂，〈大冶銅綠山古銅礦的國屬——兼論上古產銅中心的變遷〉，《楚史論叢》（初集）（湖北人民出版社）。

到厲王末年，乘周室內亂，犬戎更形猖獗，不時寇略西陲，深入京畿。

狄人與犬戎同源而異派，分布在今河北、山西與陝西，也經常困擾周人。至於南方，周初即有淮夷、徐戎、吳、越、群舒等外族盤據，與周室爲敵，屢敗分封諸侯，構成相當大的威脅⑯。可見西周自始即受困於外患，不能不大量鑄造兵器以鞏固邊防。但戎狄的侵擾當然又影響了採礦的安全和進度，處在中原地帶的周人必深深感受到銅料供應的困難。

六、 中國可能在西周中期開始認眞發展硫化銅礦的冶煉技術

在地表上，自然銅很容易辨識，但十分稀少，先民能夠大量採掘並以簡易的程序即可冶煉應用的是氧化銅礦；這些由地質作用形成的次生礦，都在銅礦礦床的上部，蘊藏量遠比原生的硫化礦爲少。因此，當先民大量消耗銅合金之後，銅礦的採掘就向深部拓展，就必定要使用硫化礦了。

既然殷商末年已出現銅料短缺的現象，西周宗法制度、封建制度的推行以及青銅禮器世俗功能的強化，又促使銅器的需求量有增無減，再加上內憂外患的因素，殷商以來探勘開採的氧化銅礦礦床到西周中期很可能出現枯竭的現象，而迫使人們認眞發展硫化銅礦的冶煉技術了。從前有氧化銅礦的充分供應時，即使採掘到硫化銅礦，也不會費心設法去冶煉它；但在西周的政治及社會狀況下，無論就儀禮祭祀上的需要或國家防衛上的需要而言，供應充足的銅料都是要優先辦理的大事，當銅料短缺及外患頻仍之際，想盡辦法去冶煉儲量遠比氧化銅礦爲豐富的硫化銅礦，是很自然的事，即使後來又發現了足夠的氧化銅礦床，主其事者基於長遠打算，還是會投注心血，繼續發展硫化銅礦的冶煉技術。

七、 中國以硫化礦煉銅的早期線索

1977 年安徽省貴池縣徽家沖青銅窖藏中，發現 7 件銅錠。金相分析

---

⑯　傅樂成，《中國通史》，頁 42。

表明，銅錠的主要相組成係銅固溶體和鐵固溶體，用永久磁鐵測試，又有較強的磁性，證明銅錠中有大量的鐵以獨立相存在，爲一種過飽和的銅鐵固溶體；它的化學成分很不均勻，各部分差別很大，銅從 5％～95％ 不等，鐵從 4％～95％ 不等，在深部取樣分析，則其平均值約爲銅63％、鐵 34％。雜質中主要含有矽和硫兩種元素，其他的很少。研究人員認爲，矽是使用矽酸鹽爲助熔劑而帶來的雜質，硫的含量高則表示熔煉時使用了硫化銅礦，多半是用黃銅礦（GuFeS₂）。從出土器物的器形和銘文看，初步判斷係春秋晚期到戰國初期的遺物⑰。這表示中國最遲在春秋晚期就使用硫化礦來煉銅了。

　　筆者認爲，這種由銅鐵固溶體所組成的含硫銅錠在中國大陸上出現的年代應該可以推前到更早。近年來的調查報告指出，中國大陸上蘊藏著極爲豐富的銅礦，在銅鐵礦床中的大量黃銅礦以及分布很廣的銅鉛鋅共生礦礦床，是我國銅礦資源的兩大特色⑱。在這兩類礦床中，黃銅礦和黃鐵礦經常共生在一起。1965 年在湖北大冶銅綠山發現的一個春秋時代就已開採的大規模古礦井，是這類銅鐵礦床的典型範例。該礦遺址礦體中有黃銅礦、黃鐵礦和風化衍生的氧化銅礦、自然銅等，在開採過的"老窿"中，主要的礦物則爲孔雀石、自然銅、磁鐵礦和赤鐵礦⑲。

　　在這古礦井遺址四周堆積的煉渣約有 40 萬噸之多，可見當初開採及冶煉規模之大。經初步分析，其煉渣成分包括氧化亞鐵（FeO）39％，氧化鐵（Fe₂O₃）9％，銅 1.14％，說明這是煉銅的爐渣，雖然此處礦山的礦體爲銅鐵共生礦，但並不用來冶鐵⑳。在未被開採的礦體中有共生的黃銅礦和黃鐵礦，開採過的"老窿"中則沒有這兩種含硫的礦物；以當時煉銅的規模看來，老窿中原來若有共生的黃銅礦和黃鐵礦，則很可能是被採去煉銅了。冶煉這種共生礦後的渣滓，自然含有銅、鐵和相當數量的硫等雜質。銅綠山古礦井煉渣的成分分析沒有包括硫的分析，無法由此確定黃銅

⑰ 華覺明，〈貴池東周銅錠的分析研究——中國始用硫化礦煉銅的一個3索〉，《自然科學史研究》，4 卷 2 期（1985），頁 168－171。
⑱ 經濟部大陸非鐵金屬研究小組，〈中國大陸非鐵金屬——銅、鉛、鋅之開發〉（1982）。
⑲ 〈湖北銅綠山春秋戰國古礦井遺址發掘簡報〉，《文物》，1975 年 2 期。
⑳ 冶軍，〈銅綠山古礦井遺址出土鐵製及銅製工具的初步鑑定〉，《文物》，1975 年 2期。

礦被利用的可能性；但倫敦大學考古學院台里科特（ R. F. Telycote ）教授所做的早期冶鑄方法的簡易實驗裡，發現氧化銅礦熔煉後的渣滓中，含氧化亞鐵 50％，氧化鐵 1.9％，氧化亞銅（ CuO ）0.1％，而含硫銅礦熔煉後的渣滓中，則含氧化亞鐵 43％，氧化鐵 7.4％，硫化亞銅（ Cu_2S ）2.2％[21]。銅綠山遺留的煉渣成分顯然與後者接近而與前者相去甚遠，說明當日黃銅礦在該地被開採利用的可能性相當高。又銅綠山遺址曾經發現一些西周時代的陶片，或能表明該礦至遲在西周即已開採[22]。從種種跡象看來，我們也不能排除銅綠山礦床裡共生的黃銅礦和黃鐵礦在西周時代就被開採利用的可能性。

台里科特教授做過早期冶銅方法的實驗後認爲，只要加入正確的助溶劑和足夠的木炭以產生還原焰，即可成功的冶煉氧化銅礦；至於含硫銅礦的冶煉，則有兩種途徑：㈠在氧化焰中加以燒烤，除去揮發性元素，然後用碳火還原爲銅；㈡先熔化成含有銅、鐵及其硫化物的混溶體，除去大部分揮發性元素，進一步氧化後，再用還原焰把銅還原出來[23]。安徽貴池發現的春秋晚期銅錠，爲不均勻而含有多量硫的銅鐵固溶體，看來是用上述第二種方法冶煉硫化礦而得的，並且是只把礦石熔化成銅鐵混溶體，除去大部分揮發性雜質後，就沒有再進行精煉的步驟了。當時是否已經發展成功精煉的技術，不得而知；目前可以確定的是，貴池發現的銅錠含有多量的鐵和硫，而貴池也是歷史上著名的銅礦產地，它和附近地區都蘊藏著豐富的黃銅礦，至今仍在開採[24]。

由上舉中國大陸近年來關於銅礦資源的調查報告、湖北銅綠山和安徽貴池的考古發掘所得、殷商末年銅缺錫貴的事實，以及西周政治社會各方面的狀況看來，我們假設中國人至遲在西周中期就已經採用硫化礦煉銅來鑄造器物，是有相當根據的。以類似貴池發現的粗銅錠來熔鑄銅器，則鑄得的成品必定飽含包括鐵、硫在內的各類雜質。海內外收藏的一些西周中

---

[21] R. F. Tylecote, "Summary of Results of Experimental Work on Early Copper Smelting", *Aspects of Early Metallurgy* (British Museum Research Laboratory, 1980), pp.5-12.

[22] 馬承源，《中國古代青銅器》（上海人民出版社），頁 5。

[23] 同註[21]，頁 5。

[24] 張正明、劉玉堂，〈大冶銅綠山古銅礦的國屬——兼論上古產銅中心的變遷〉，頁 171。

晚期銅器接受 X 光透視後, 呈現了十分特殊的品質, 正是支持這項假設
的另一個有力物證。

八、 部分西周銅器可能是以硫化礦冶煉的銅液鑄
　　 成的

　　在故宮的藏品中, 有一件編號爲 JW　2359－38 的竊曲紋方甗（圖
1）。這件在運來台灣以前即已破損的西周中晚期銅器, 在前方及左後方
口緣破片的斷面遍佈大小氣孔, 孔內儘是間有閃閃亮光的黑褐色焦炭狀物
體, 與一般銅質差異極大（圖 2, 3）。

圖 1　台北故宮博物院收藏的西周竊曲紋方甗（ JW　2359－38 ）銅質甚
　　　脆, 清末即已破損。

圖 2　前器左上方口緣破片，可見器內遍佈大小氣孔，孔內儘是間有閃閃
　　　亮光的黑褐色焦炭狀物體。

圖 3　前器左耳附近口緣的破口，氣孔內的黑褐色物體，清晰可見。

　　從圖 4、5 所表現的 X 光透視中，我們發現這件銅器的器壁都佈滿氣
孔，上端口緣部分分布最密，大略依次遞減，至下端器底最少，較大的氣
孔大致都是上下走向；再配合口緣破片的斷面看來，黑褐色物體大多在氣

孔內。另外在氣壁上散佈著許多尺寸不小的墊片，有些輪廓清晰可辨，有些呈半熔狀態，有些則顯然被銅液熔化了。

　　由破口斷面及 X 光透視顯現的器內特徵，我們可以看出鑄造這件銅器所用的銅液中含有相當多的熔渣，並且銅液的溫度相當高，曾溶進大量空氣，冷卻時才形成那麼多氣孔。我們也可以看出，用來熔解銅、錫原料的，必是坩堝之類的器具，灌鑄時將坩堝傾斜，銅液即注入陶模，由於熔渣較輕，浮在上面，而銅器又用倒鑄，因此大部分熔渣都先倒進兩耳及口緣部分的陶模，隨著溶在銅液中的空氣向上飄浮。這件銅器在口緣部分的熔渣及氣孔最多，依次遞減，當是這種原因造成的。

　　同樣的狀況也發生在故宮收藏的毛公鼎（編號 JWT 101－40，西周中晚期）。這件曾經被部分學者疑係偽品的大型銅器[25]，在 X 光透視片上給人的第一印象，是百孔千瘡、結構鬆散的；由氣孔和熔渣造成的大小缺陷，幾乎遍布全器，看來支離破碎 （圖6、7）。內部的缺陷影響了它的外觀，以致器表銅質十分粗糙，難怪有人要對它的真假是非大作文章了。它的缺陷，尺寸不一，在靠近耳根及口緣的比較密，也比較大。它表現得更特別的是，許多長形或油滴狀的氣孔裡積聚著類似熔渣的雜質，顯著表現了倒鑄時熔渣先灌下去而與空氣同往上飄的景象。它的透視片比前述竊曲紋方甗更能說明這類銅器的內部特徵[26]。

　　故宮另有兩件銅器，比毛公鼎稍小，但器壁甚厚，一是西周晚期的芮公鼎（編號麗 770），一是春秋早期的環帶紋鼎（JW 2232－38），器內也都滿布缺陷[27]。美國華盛頓福瑞爾美術館（Freer Gallery of Art）收藏的一件西周中期的銅壺（FGA 13.21），器內同樣布滿小氣孔[28]。

　　在年代從西周中期到春秋早期的中國銅器中，作過 X 光透視的只佔小部分，在這小部分銅器裡我們發現上述 5 件是缺陷累累的，其中又以屬

[25]　萬家保，〈毛公鼎的鑄造及相關問題〉，《大陸雜誌》，60 卷 4 期。
[26]　張世賢，〈從商周銅器的內部特徵試論毛公鼎的真偽問題〉，《故宮季刊》，16卷 4 期（民國 71 年），頁 55－78。
[27]　同前註，頁 63。
[28]　R. J. Gettens, *The Freer Chinese Bronzes* (Washington:Freer Gallery of Art, 1969), Vol. II, p.161.

圖4及圖5　前器右面及後面器壁的 X 光透視圖，顯示器內布滿氣孔的狀況。

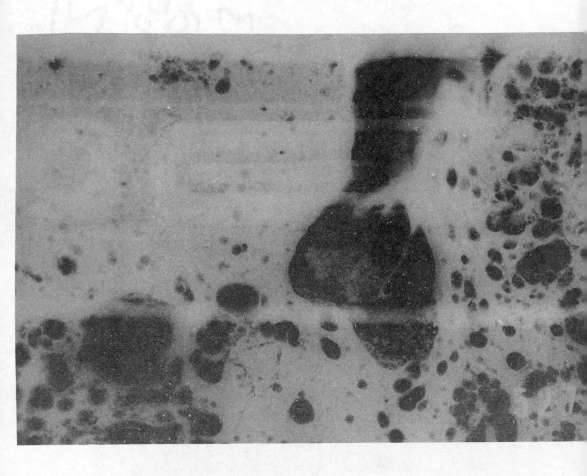

圖 6　台北故宮所藏西周毛公鼎（JWT 101－40）左耳下的 X 光局部透視
　　　圖，遍布大小氣孔，中間最大的氣孔，底部似乎沉積著熔渣狀物體
　　　（原寸）。

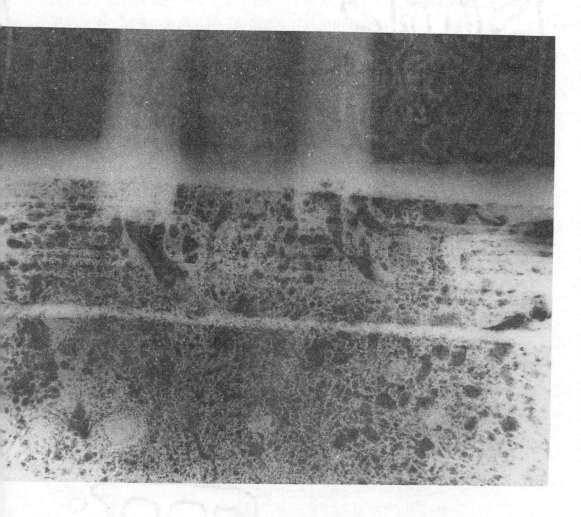

圖 7　毛公鼎右耳下的 X 光透視圖，氣孔更密，顯得支離破碎（
　　　x0.25 ）。

於西周中期或晚期的竊曲紋方甗及毛公鼎的內部缺陷最爲嚴重，它們的特殊銅質值得作進一步探討。筆者認爲，以當時中國鑄造銅器的技術水準而論，若原料供應充足，必定不會鑄出這種品質的銅器，鑄工們也不致故意製作這類銅器；所以會造成這樣的結果，必有難以控制的因素在。商周時代發展冶鑄工業，當以人力、技術、原料爲其三大要素，不類今日尚須考慮資金、市場等項問題。就此三大要素而論，最難控制的非原料莫屬。在以上羅列的西周政治、社會狀況下，一向由氧化礦冶煉的銅料很可能突然供需失調，不得不間或採用冶煉硫化礦所得的銅液來鑄造器物，由於技術未臻成熟而遺留大量熔渣於銅液裡，難免鑄成有缺陷的銅器；尤其是鑄造大件器物時，需要大量銅液，灌銅的動作也要迅速完成，以免因冷凝而失敗，如此勢必無法及時除去熔渣，即特別可能造成缺陷累累的狀況。觀諸形成無數氣孔的熔銅高溫，以上的假設當與事實相去不遠。

要證明這一點，最好的辦法是分析這 5 件銅器的成分是否含有多量的鐵和硫，目前只知華盛頓福瑞爾美術館的壺所含的鐵（1％），比該館珍藏的絕大部分銅器都高[29]；至於其他 4 件的成分，還沒有詳細分析過[30]。

九、從出土銅器和鑄造原料的成分看中國採用黃銅礦的年代

在中國早期銅器的成分中，鉛扮演著十分重要的角色。2000 B.C. 至 1500 B. C.間，即青銅時代前期，中國人已認識到鉛的存在。二里頭文化後期（約 1600 B.C. 左右）的遺址出土了一塊不成形的鉛塊，是迄今所知最早的鉛塊[31]，表示當時已知煉鉛。甘肅秦魏家文化（約 2000 B.C.）出土的銅環，是銅鉛合金所製的[32]，甘肅玉門火燒溝遺址（1600 B.C. 以

[29] Ibid, p.49.
[30] 故宮博物院和清華核工系曾利用中子活化法實驗分析過毛公鼎的成分，該法必須具有成分類似古銅器的標準樣品才能作比較正確的測試，但到目前爲止，各國皆未置備此種青銅標準樣品，故其分析結果只能加以參考，未可作爲定論。
[31] 李敏生，〈先秦用鉛的歷史概況〉，《文物》，1984 年 10 期，頁 84－89。
[32] 安志敏，〈中國早期銅器的幾個問題〉，《考古學報》，1981 年 3 期，頁 269－286。

前）出土的 200 多件銅器㉝ 以及上述殷墟晚期（公元前十一世紀左右）墓葬出土的銅器，也有很大部分是由銅鉛合金製成的（只含微量或不含錫）。在早期即出現這麼多銅鉛合金器，很值得注意。

按鉛和銅在固態互不溶解，液態的銅鉛合金熔液凝固後，鉛就形成細小顆粒，對銅基體沒有強化作用，因此固態的銅鉛合金硬度低，抗蝕性也差，物性遠遜於銅錫合金，並不實用。同時，鉛的主要來源是方鉛礦（PbS），而方鉛礦是經常和黃銅礦（$CuFeS_2$）共生的，在鉛的生產過程中大概很難擺脫這種共生礦的參與。既然銅鉛合金不實用，鑄工們也早就認知鉛的性質，應該不致熱衷於熔合銅鉛兩種金屬來鑄造器物。但在包括殷商以前的年代裡，由銅鉛合金製成的器物卻很多，不能不令人懷疑當時的鑄工是直接冶煉這種銅鉛共生礦來利用的。換言之，中國人利用硫化礦來煉銅的年代，可能早到殷商甚至更早的年代。

一些鑄造原料的出土提供了更為確實的證據。1971 年在陝西扶風縣的西周遺址出土一塊直徑 23.5 公分、重 9.3 市斤的圓形銅餅，並在附近發現許多煉渣，可見這類銅餅是冶煉過的鑄造用原料，但至今未見銅餅和煉渣的成分分析報告，無法研判當時所用的礦石種類㉞。1975 年江蘇金壇縣西周墓中又出土了 230 塊共重七十多公斤的銅塊，是一個大銅餅打碎的，其成分大致為銅 50％ 以上，鉛 30％～50％ 不等，還有微量的鐵、鎳、錳、銀、錫、銻、鉍等元素，顯然是銅和鉛組成的鑄造用原料㉟。最可能產生這種鑄造原料的方式是冶煉上述含硫的銅鉛共生礦，另外實在找不出要生產這種銅餅的理由。由此看來，若不考慮礦石的純度，則中國人開始利用硫化礦煉銅的年代，即使不在殷商，最遲也可能不會晚於西周的。

十、結　語

㉝ 同上。

㉞ 周文，〈新出土的幾件西周銅器〉，《文物》，1972 年 7 期。

㉟ 〈江蘇金壇鱉墩西周墓〉，《考古》，1978 年 3 期。

　　眾所周知，中國的用銅文化發展到周朝，已臻燦爛輝煌的階段，那時的銅器是所謂的“家國重器”，在祭祀儀禮上必不可少，它的數目可以代表諸侯貴族的身分，是傳家傳國的寶貝，那時也已經擁有高度的技術水準，但卻會在具備這些優良條件的情況下，出現不少內外品質洵稱簡陋的銅器，看來是由於鑄造原料的供應發生了問題，而這項問題的發生也有它的背景在。

　　殷商末年銅料短缺的狀況，到西周時代因封建制度、宗法制度的推行以及銅器世俗功能的強化而更趨嚴重，外患頻仍又使青銅兵器的生產日益迫切，同時也增加採礦的困難。西周中期以後，周人擺脫了殷商文化的影響，銅器的造型崇尚樸實，且把重點放在銘文的鑄造。因此，這個時期製作的銅器，無論內在與外觀都和其他時代有不小差異，其中用 X 光透視而為吾人所見的內部粗劣品質，可以前述五件滿布熔渣和氣孔的銅器作代表，為其他時代所未有。如果將這個時期的銅器都加以透視，相信會出現更多類似的例子。

　　這些銅器的品質所以粗劣若此，很可能是初步採用硫化礦來供應銅料的緣故。硫化銅礦的冶煉比氧化銅礦要困難很多。根據佛貝士（R. J. Forbes）的推測，古代冶煉含硫的銅礦，須經七次焙燒，才能提煉出精銅，但近年河南湯陰高村橋的土法煉銅，則只須焙燒四次[36]。無論如何，想來先民一再努力後，發現這種儲量豐富的礦石竟然也能煉出銅液時，必定十分興奮的用以鑄造銅器，而不去顧慮還有多少雜質尚未清除了，也許當時的技術並沒有達到能夠精煉銅液的程度，銅料短缺只得將就利用。那些飽含氣孔和熔渣的“家國重器”，很可能是在這種情況下產生的。

　　史前及上古時代在技術上的一點點進步，不知要經歷多長的時間。中國人開始成功的採用硫化銅礦的年代，實難以遽下定論。從新石器時代晚期直到殷商末年的銅器，許多是由物性不佳的銅鉛合金製作的，在鉛的特性早被認知的情況下，只有先民採用共生的銅礦和鉛礦來冶煉才可能解釋這種現象。然而，如果這還不足以確定中國人在那個階段已採用了含硫的

---

[36]　安志敏，〈山西運城洞溝的東漢銅礦和題記〉，《考古》，1962 年 10 期。

黃銅礦, 則安徽貴池發現的銅錠應可證明中國在東周時代確已使用硫化礦
來煉銅; 而湖北銅綠山的古礦井遺留大量煉渣, 江蘇金壇縣出土七十多公
斤的銅餅, 分析的結果也表明中國人使用硫化礦來煉銅的年代可能早到西
周。 不過, 工業技術研究院的林浚全先生與筆者討論這個問題時, 表示了
不同的意見, 他認爲組成上述銅餅的銅鉛合金, 是由氧化銅和氧化鉛共熔
而來的, 將含硫的銅礦和鉛礦放在一起冶煉, 由於銅和鉛的熔點相差太
多, 並且硫化銅須經多次氧化和熔煉才能煉出較純的銅, 鉛在高溫下已揮
發成氣體, 因此它們很不可能形成銅鉛合金。

然而明代宋應星所著《 天工開物》 卷下〈 五金篇〉 中記述中國鉛的產
地及其冶煉法的一段有云: " ⋯⋯一出銅礦中, 入洪爐煉化, 鉛先出, 銅
後隨, 曰銅山鉛, 此鉛貴州爲盛⋯⋯。" 既號稱 " 銅山鉛", 必然是連年
開採大規模銅礦所得的副產物; 它從煉銅而得, 銅、 鉛顯然共生。 氧化鉛
並不和氧化銅共生在一起, 而方鉛礦(PbS) 又是鉛的主要來源, 中國大
陸也蘊藏著大量的黃銅礦、 方鉛礦和閃鋅礦(ZnS) 的共生礦, 看來 " 銅
山鉛 " 很可能是方鉛礦所含的鉛, " 銅山 " 也很可能是儲量豐富的黃銅礦
組成的礦體。 目前的問題是, 宋氏未將當時冶煉的設備和程序交代清楚,
更遑論商周之際的狀況了。

中國在新石器時代的燒陶技術已經達到很高的水準, 由經驗豐富的冶
鑄工人應用高度的燒陶技術來冶煉含硫的銅鉛共生礦, 會出現 " 鉛先出,
銅後隨 " 的結果, 也說不定。 在古代對礦冶所知不多的情況下, 讓熔化的
鉛先從爐裡流出來, 以免因溫度太高而揮發, 然後再處理未熔的銅礦, 或
許是造成上述銅餅的可能程序。

西亞和北非地區蘊藏著大量含有鐵、 砷、 銻等的硫砷銅礦, 那些地區
使用這類含硫銅礦的年代就很早。 在伊朗的 Tepe Yahya 地方, 曾發現年
代約 3800－3500 B.C. 的含砷銅製工具, 埃及則約在 3000 B.C. 出現含砷
量更高的銅製工具, 無疑他們是採用硫砷銅礦來煉銅了[37]。 既然中國在新
石器時代的燒陶技術已經爲礦冶工業奠定了必要的基礎, 中國在 1500 B.

---

[37] R. F. Tylecote, *A History of Metallurgy* (London: The Metals Society, 1976), pp.
     8－9.

C.以後的用銅文化又漸次發展到頂峰，傲視任何地區的用銅文化，中國委實沒有理由在銅料需求迫切的上古時代忽略含硫銅礦的冶煉，而落後西亞和北非這麼長的時間。

　　從銅鉛合金鑄料及器物的大量出現，筆者認爲中國最遲在 1000 B.C. 左右的西周時代就發展含硫銅礦的冶煉，是有可能的。當時使用不易冶煉的硫化礦是銅料短缺的結果，銅料短缺則導因於殷商末年的動亂和西周建國後政治、社會狀況的變遷。鑄造銅器既是國家大事，銅料短缺必列爲應予優先解決的問題。在設備簡陋而技術原始的時代，當大家投注心血去發展硫化銅礦的冶煉時，更難免因內憂外患而忽略銅器紋飾和造型的講究，只突顯宗法社會裡銅器在銘功紀事方面的主要作用了。從西周的共王時期直到春秋中葉，中國銅器的製作由華麗轉趨平實，由鼎盛轉趨衰頹，當係這些因素交互影響的結果。

秦始皇"車同軌"問題的再檢討

台灣大學歷史學系　韓復智

一、引言

　　"車"是我國古代陸路交通的重要工具，亦是戰場上衝鋒陷陣的主力。因此，關於古車的形制結構問題，長期以來，即為人們所研究的重要課題。近幾十年來，由於考古資料不斷的出土，尤其是車馬坑的發掘，為研究古代車制的演化提供了一些珍貴的實物資料。

　　今世學者對秦始皇帝"車同軌"的問題，有幾種不同的看法。大多數的學者認為秦始皇帝的"車同軌"，就是規定車軌寬度相同①。也有的主張"車同軌"是指車輛的形制都要符合禮制的法規，認為把軌字解作車輛的輪距是錯誤的②。還有學者說，在春秋戰國以前就已同軌，而軌不必一定指車迹、車轍③。

　　這些歧見之所以產生，主要的是由於對"軌"字的解釋不同。根據文獻記載，"軌"主要釋為"車轍"（就是車輛所過之迹）和"法度"④。但上述哪一種看法比較符合歷史的真相，似乎只有依據從地下發掘出的實

---

① 錢穆，《國史大綱》（台北：商務印書館），上冊，頁87；翦伯贊，《中國史綱·秦漢之部》（1981年更名為《秦漢史》校訂本），頁45－46；何茲全，《秦漢史》，頁8－9；范文瀾，《中國通史簡編》（修訂本第二編），頁12－15；林劍鳴，《秦史稿》（上海人民出版社，1981年），頁381；張傳璽，《秦漢問題研究》（北京大學，1985年），頁219；何漢，《秦史述評》（黃山書社，1986年），頁203；郭志坤，《秦始皇大傳》（上海三聯書店，1989年），頁222－223；林劍鳴，《秦漢史》（上海人民出版社，1989年），頁152。

② 譚世保，〈車同軌，書同文新評〉，《中山大學學報》，4（1980年）。

③ 陳槃，《中庸今釋》（台北：正中書局，1954年），頁110－111。

④ 參看許慎，《說文·車部》；張舜徽，《說文解字約注》（台北：木鐸出版社）（五），頁3770；陳奇猷，《呂氏春秋校釋》（台北：華正書局），頁98；《史記·秦始皇本紀》云："皆遵度軌"。《史記·律書》云："王者制事立法，物度軌則。"《漢書·敍傳》云："東平失軌"。

物資料來解決了。

二、對於"車同軌"問題的再檢討

從出土的實物資料看來，殷周時期的車子都是木製的，而且形制基本一致，都是獨轅（輈），兩輪，方形車箱（輿），輪中有長轂，車轅後端壓置在車箱下車軸上，轅尾稍微露在箱後。轅前端橫置車衡，車衡上縛左右二軛，用來駕轅馬（兩匹服馬就架軛於頸），拉動車輛前進。輪徑較大，轂上輻條 18 至 24 根。車箱的門都開在後面（圖1）。前邊是無門的橫木，叫軾，供車上的甲士倚扶。殷代的兵車多兩馬，以後大多四馬，就是在兩匹服馬之外側再加兩匹驂馬，驂馬沒有軛，而且直接用皮製的「靷」繫在車軸。楊泓氏把近幾十年來所發掘的殷周以來的 21 輛車子主要部位的尺寸列表比較（表1），從表上所列的車子數據的變化，可看出這一時代車子演變的情況，那就是隨著時間的推移，軌寬逐漸變窄，從殷代的 215、240、217 釐米，到西周的 225、244、224 釐米，春秋時代的 180、184、166、200、164 釐米，戰國時代的 200?、190、140、185、182、180 釐米；車轅亦逐漸縮短，但輪上輻條的數目則由少增多⑤。

1976 年，在陝西省鳳翔發掘出秦國各期墓葬 40 座，車馬坑 4 座，獲得了大量的遺跡、遺物。在一千一百餘件出土的各類隨葬品中，有兩件牛車模型，牛一牡一牝，兩車的車輪，形制大小相同。出土時泥質灰陶車輪置在牛的身後左右兩側，它們之間有車轅、軸、輿等木質朽痕，且車轅為兩根。有人認為這是我國目前發現最早的雙轅牛車模型，它和殷、周以來的單轅相比，無疑是一種很大的進步⑥。

在已清理了的 4 座車馬坑中，BS26 和 BS33 車馬遺跡很清楚，為研究春秋戰國時代秦國的車制提供了珍貴的材料。車馬坑的形制和殷、周以來的豎穴墓大體相同。車的結構，除 B33 第 1 號車有銅衡飾，BS101 車

---

⑤ 楊泓，〈戰車與車戰──中國古代軍事裝備札記之一〉，《文物》，1977 年 5 期。另參見夏鼐，〈考古學和科技史──最近我國有關科技的考古新發現〉，《考古》，1977 年 2 期。

⑥ 《文物資料叢刊》3（文物出版社，1980 年），頁 74–75。

表1　殷周時代車子各部分尺寸表

單位:釐米

時代	出土地點·墓號或車號	輪徑	輻數	軌寬	箱(輿)			轅(輈)		軸		衡長	駕馬數	殉人數	出處
					廣	進深	高	長	徑	長	徑				
殷	河南安陽大司空村175號	146	18	215	94	75	?	280	11	300	?	120	2	1	《考古學報》第9册
殷	河南安陽孝民屯第1號車	122	?	240	134	83	49?	268	7-8×5-6	310	5-8	?	2	1	《考古》1977年1期
殷	河南安陽孝民屯第2號車	122	26	?	100	?	41	260'	前7×6 后9×5	190	5-8	?	2		《考古》1977年1期
殷	河南安陽孝民屯南地車馬坑	133-144	22	217	129-133	74	45	256	9-15	306	13-15	110	2	1	《考古》1972年4期
西周	陝西長安縣張家坡一號車馬坑	129	22		107	86	25	281	6.5	292	?	240	2	1	《灃西發掘報告》
西周	陝西長安縣張家坡二號車馬坑①號車	136	21	225	138	68	45'	298	?	307	?	137	4	1	《灃西發掘報告》
西周	陝西長安縣張家坡二號車馬坑②號車	135	21		135	70	20	295	7	294	7.8	210	4	1	《灃西發掘報告》
西周	陝西長安縣張家坡三號車馬坑	140	22		125	80	44								《灃西發掘報告》
西周	北京市房山琉璃河一號車馬坑	140	24	244	150	90	?	66'	14	308	8	?	4	1	《考古》1974年5期
西周	山東膠縣西庵車馬坑	140	18	224	164	97	29'	284	8-10	304		138	4	1	《文物》1977年4期
春秋	河南陝縣上村嶺1227號車馬坑2號車	125	28	180	123	90	33	296'	5.5-8	236	6.5	140	2		《上村嶺虢國墓地》
春秋	河南陝縣上村嶺1227號車馬坑3號車	126	25	184	130	86	30?	250'	5.5-8.2	222	6.7	?	2		《上村嶺虢國墓地》
春秋	河南陝縣上村嶺1051號車馬坑1車	107-124	25	166	100	100	?	300	6-8	200	6	100	2		《上村嶺虢國墓地》
春秋	河南陝縣上村嶺1051號車馬坑7號車	?	?	200	?	?	?	300		248	7	?	2		《上村嶺虢國墓地》
春秋	河南陝縣上村嶺1811號車馬坑1號車	117-119	26	164	120	82	?	282	8	200'	8	?	2		《上村嶺虢國墓地》
戰國	河南洛陽中州路車馬坑	169	18?	200?	160	150	?	340'	12	277	10	141	4		《考古》1974年3期
戰國	河南輝縣琉璃閣墓1號車(中型)	140	26	190	130	104	26-36	170'	4	242?	10-12	170			《輝縣發掘報告》
戰國	河南輝縣琉璃閣墓5號車(特小)	95	26	140	95	93	22°-27°	120'	4	178	7	140			《輝縣發掘報告》
戰國	河南輝縣琉璃閣墓6號車(小型)	105	26	185	120	98	30-42	205	4	242	14?	140?			《輝縣發掘報告》
戰國	河南輝縣琉璃閣墓16號車(大型)	130	26+4	182	140	105	40	210	4	236'	9-12	140			《輝縣發掘報告》
戰國	河南輝縣琉璃閣墓17號車(大型)	140	26+4	180	150?	110?	(30-40)	215	10	242	14	150			《輝縣發掘報告》

注:各欄數字有加號的,是遭破壞後的現存長度。
　　(此表錄自楊泓〈戰車與車戰〉)

有銅腔外,全部為木質結構,表面塗了一層赭色漆。木質結構已成灰,僅能根據殘存漆和木質腐朽後留存在填土的空腔,剝剔復原出車的形狀,測量其各部分的尺寸(表2)。卯榫結構已無法觀察。從附表得知,春秋戰國時期秦國的軌寬亦不一致,它們分別是 BS26 為 213 釐米、BS33① 為 186、BS33② 為 213、BS33③ 是 200 釐米。而車馬數多為 1 車 2 馬,或 3 車 6 馬⑦。

---

⑦　以上見吳鎮烽、尚志儒,〈陝西鳳翔八旗屯秦國墓葬發掘報告〉,《文物資料叢刊》3, ,頁67-77。

圖1　圖見楊泓〈戰車與車戰——中國古代軍事裝備札記之一〉，《文物》1977年5期）

表2　B區26、33號車馬坑車子各部分尺寸表　　　　　　　　　單位釐米

衡-豎端徑	衡-中徑	衡-通長	輈-後端徑	輈-中徑	輈-前端徑	輈-尾長	輈-通長	牙-高	牙-厚	牙-豎端徑	牙-中徑	牙-帜端徑	牙-內長	牙-外長	牙-通長	轂-股徑厚×寬	轂-軝徑厚×寬	輻-輻數	推算直徑	軸-周長	軸-兩頭徑	軸-內徑	軸-通長	軌-寬	車號
2	4	140	10	9	7	0	335	6	5	14	18	10	18	26	48	2×3	1×4	28	140	440	4	8	280	213	BS26
2	4	134		9				6	4	12	15	9		28		2×3	1×4	28	118	371	4		252	186	BS33①
2		134		10	9			6	4.5		18	10		29		2×3	1×4	28	134		5		286	213	BS33②
				9				6	5	14	18	10	18	28	50	2×3	1×4	28	128		5	9	268	200	BS33③

門輪-門柱徑	門輪-門寬	門輪-輢徑	門輪-通高	軜軾-軜數	軜軾-軜數	軜軾-軾徑	軜軾-通高	欄遮-輪轄徑	欄遮-後輪數	欄遮-右輪數	欄遮-左輪數	欄遮-前輪數	欄遮-角柱徑	欄遮-角柱數	欄遮-欄杆數	欄遮-後欄數	欄遮-左欄數	欄遮-右欄數	欄遮-前欄數	軝木徑	底-寬	底-長	兩股上端徑	兩股下端徑	通高	車號
2	62	2	27	3	5	3	53	2	1	1	1	1	2	6	1.5	2	12	12	17	5×5	149	96				BS26
		2						2					2	6	1.5						134	80	3.5	2	48	BS33①
		2	33						1	1			2	6						4×5	134	78				BS33②
		2						2																		BS33③

（錄自吳鎮烽、尚志儒，〈陝西鳳翔八旗屯秦國墓葬發掘報告〉，《文物資料叢刊》3）

　　被譽爲世界八大奇迹之一的秦始皇陵兵馬俑坑的發掘，爲秦代車子的
形制結構提供了有力的實物證據。秦陵大型兵馬俑從葬坑共有 3 個。在 1
號兵馬俑坑東端的 5 個方內，計出土木質戰車 8 乘。《秦始皇陵兵馬俑坑
·一號坑發掘報告》的編著者，分別將這 8 輛戰車編號爲：1. 一號車（T
1G2：①）、2. 二號車（T1G3：②）、3. 三號車（T10G5：③）、4. 四
號車（T10G7：④）、5. 五號車（T19G9：⑤）、6. 六號車（T19G10：
⑥）、7. 七號車（T2G2：⑦）、8. 八號車（T20G10：⑧），並將木車各
部分所測得的尺寸登記列表（表3），惟十分可惜的是，關於 8 輛戰車的軌
距（軌寬）數據，表中均無記載。因此，這些戰車的軌寬的數值，都無法
得知。惟於七號車（T2G2⑦）的結構遺迹一段文字中說：

> 七號車出土於 T2 方二過洞，車被火焚僅存部分炭迹。……輿廣
> 137、進深 110 釐米，……輪徑 134 釐米，……車軸不見。據輿
> 廣 137 釐米，加上兩端的轂長，再加上軸頭伸出轂外者，推測軸
> 長當在 250 釐米左右，軌距約爲 180 釐米⑧。

但這種推測，亦只是眞戰車的近似值⑨。所以僅能供參考之用。

　　至於二號坑內的木質戰車，係單轅壓在車箱下，輿近似長方形，寬
110 – 150 公分，車軸長 250 公分，徑 8 公分，至於其他部分在此從略。
但仍令人非常遺憾的是，亦無軌寬尺寸的記載⑩。

　　繼秦始皇一、二、三號兵馬俑坑發掘之後，在 1980 年 12 月，陝西省
秦俑考古隊在秦始皇陵封土西側 20 米處的一座陪葬坑內，發掘出土了兩
乘大型彩繪銅車馬（圖2）。每乘銅車套駕四匹銅馬，車上各有一件御官
俑。銅車、銅馬和銅俑的大小約相當於眞車、眞馬和眞人的二分之一。兩
銅車馬在陪葬坑內作面西方向一前一後縱向排列，有關學者爲研究和敍述
上的方便起見，把前車編爲一號車，後車編爲二號車。由於陪葬坑的塌
陷，一號和二號車出土時都已破碎，經過細緻的清理和修復，二號車已恢
復了原貌，並已公開展出。一號車是否仍在清理修復中，尚不得而知

---

⑧　陝西省考古研究所始皇陵秦俑坑考古發掘隊，《秦始皇陵兵馬俑坑·一號坑發掘報
　　告》（1974 – 1984）上（文物出版社，1988 年），頁 208 – 224。
⑨　同上，頁 223。
⑩　无戈，《秦始皇陵與兵馬俑》，頁 76 – 78。

表3　木車各部分尺寸登記表

（單位：釐米）

順序號	出土位置	輿			輪							軸			轅		衡		軛		備注
		輿廣	進深	輢高	輪徑	牙高	牙厚	轂長	轂徑	輻數	輻寬	軸長	軸徑	軸距	轅長	轅徑	衡長	衡徑	軛寬	軛高	
1	T1G2	143	108	+15		10									+206	+6-10	140	3-5	40	57.4	轅長為已斷數相加的總和
2	T1G3	140	110	+18											+117	+5-7					轅長為尚存的兩段相加數
3	T10G5			+30		+9.5				△3	2-?	+29.5	+7								
4	T10G7	+134	110	+15	+124	10				△11	2-3				+350	8-10					
5	T19G9				135	10	2-4	50	32(?)	△19	2-4		7								
6	T19G10	145	110												+92	9	+74	2-4			衡長為兩段殘迹相加數
7	T2G2	137	110		134	13	2-4	46.5	24	△14	3.5-5.5		8		+243	+6-8					轅長為兩段殘迹相加數
8	T20G10	140	110	+17											350	6-9.5					

說　明

①上述數據都是根據車子各部分殘存的炭迹或朽迹測得，較原物當稍有出入。
②在數字前凡注明" + "號者，均爲殘迹現存尺度。在輻數的前面凡注明" △ "號者，爲現存的輻數。凡在數字下注有" ？"號者，爲遺迹模糊，數字不確者。
③輻的厚度，前一個數字，從近牙處測得，後邊的數字是從近轂處測得。輪牙的厚度，前一數爲著地面值，後一數爲牙中部值。
④軛高是由軛的上端到兩角間的垂直距離，軛寬爲兩角的內測間距。
⑤比較完整的轅徑的前一個數字是從轅前端近衡處測得，後一個數字是從轅後端踵部測得。
⑥軸距是從殘存軸的部分測得。
（此表錄自《秦始皇陵兵馬俑坑一號坑發掘報告》，文物出版社）
⑪。

　　如前面所述，我國在過去雖曾發現過許多古代的車馬坑，但出土的多是木質車子，很容易腐朽。漢代的墓葬裡雖然也曾出土過銅車馬模型，但形體較小，製作粗疏。因而，對古代車的結構，尤其是繫駕關係有許多問題還弄不清楚。秦始皇陵出土的這兩乘銅車體型較大，製作精緻，車的結構和繫駕關係完全模擬實物，和眞車基本上沒有差別。它是研究古代車制和天子乘輿制度的珍貴實物資料，是我國考古史上的又一重大發現⑫。

　　關於二號銅車的結構，和前面所述殷周時期的單轅車之結構基本相

---

⑪　袁仲一、程學華，〈秦陵二號銅車馬〉，見陝西省秦俑考古隊、秦始皇兵馬俑博物館，《秦陵二號銅車馬》（1983年），頁3。
⑫　同上。

圖 2   二號銅車馬全景 (此圖採自〈 秦陵二號銅車馬 〉, 《 考古與文物》
1983 年 11 月)

同, 但每一部分結構的詳細情況和前代的單轅相比, 又有許多不同的特
點。先就二號銅車的車輪而言, 兩輪的大小, 形制相同, 各有輻條 30
根。這和秦始皇陵兵馬俑坑出土的木車輪的輻數相同, 和《 考工記》所
說: " 輪輻三十, 以象日月也 " 亦相符合。又由考古資料顯示, 輪輻從
殷、周以後有逐漸增加的趨勢, 到秦代似乎以輻 30 根成爲定制。〈 秦陵
二號銅馬車 〉一文的作者, 袁仲一和程學華二氏指出: 把一個圓周等分爲
三十份便於分割, 比較科學[13]。這話固然不錯, 但我們認爲, 這和秦始皇
採用"五德終始說", 規定任何事物和各種制度, 都設法和" 六 "相配合
的措施似乎不無關係[14]。最值得注意的是: 二號銅車兩輪之間的軌距爲
101.5 釐米。那麼秦代眞車的軌距當爲 101.5 釐米的倍數, 就是 203 釐
米。秦的度制是: 1 尺等於 23.1 釐米[15], 可知二號銅車的軌距約爲 8.788

---

[13] 以上見同上, 頁 4 及 13。
[14] 《 史記·秦始皇本紀》云: " 數以六爲紀。 "三十是六的五倍。
[15] 參見兪偉超、高明, 〈 秦始皇統一度量衡和文字的歷史功績 〉, 《 文物》, 1973 年
12 期; 林劍鳴, 《 秦史稿》, 頁 376。

尺。又 203 釐米，折合 6.09 市尺，附帶在此說明。

其次，就二號銅車的車輿而言，車輿平面呈“凸”字形，通長 124 釐米，最寬處 78 釐米，分爲前後兩部分，袁、程二氏爲敍述方便暫稱爲前後兩室。前室是御手所居之處，內有跽坐的御官銅俑一件，後室是主人所居之處，車輿的上部有一橢圓形的篷蓋，把前後兩室罩於篷蓋之下⑯。值得注意是：輿廣 78 釐米，折合 6.753 秦尺。二號銅車是供秦始皇的靈魂出游使用的，因而這輛車子是模仿秦始皇生前乘輿的具體形象製造的⑰。這和《史記·秦始皇本紀》中所說的“輿六尺”就相近似了，其 0.753 尺的數差，很可能是此銅車修復時的誤差。或問爲什麼這輛銅車前駕四馬，而不是“乘六馬”？它究竟是屬於乘輿中的何種車？答案是：從二號銅車的構造形制、車和馬的裝飾、車馬的顏色，以及駕馬的匹數等方面觀察，它應當屬於秦始皇乘輿中的安車。這種安車可以坐乘，亦可以臥息。車馬裝飾華麗，顯示了規格級別的高貴。它和一般大臣、耆老、貴婦所乘的安車不同，反映了封建等級的差異⑱。其次，據《獨斷》說：“法駕，上所乘曰金根車，駕六馬；有五色安車，五色立車各一，皆駕四馬，是謂五時副車。”二號銅車的車、馬顏色是以白色爲主。這不但和五方色中的西方白色相同，其駕馬數也和《獨斷》中所說的五色安車、五色立車皆駕四馬的說法相同，這也可證明它確是一輛大型安車，是屬於秦始皇乘輿中的車子，但不是金根車⑲。所以《史記·秦始皇本紀》中的“乘六馬”是指金根車而言，絕不是規定全國的馬車都要如此。史載，古時尊賢敬老所乘的安車，只駕一馬⑳。

再者，如上所述，秦皇陵兵馬俑坑一號坑內的 8 輛木質戰車，其輿廣分別爲：143，140，＋134，145，137 和 140 釐米（其中三號及五號車的輿廣數據均無記載），折合秦尺分別是：6.19，6.06，5.80，6.71，5.93，6.06 尺。這些數據都是根據車子殘存的炭迹或朽迹測得，較原物當稍有出

⑯　袁仲一、程學華，〈秦陵二號銅車馬〉，頁 7。
⑰　同上，頁 1 及 46。
⑱　同上，頁 49。
⑲　參見同上，頁 48－49。
⑳　參見同上，頁 47。

入。其次, 在數字前注明 " + " 號者, 則爲殘迹現存尺度㉑。

1987 年 11 月, 山西省考古研究所和太原市文物管理委員會在金勝村進行文物勘探時發現了 251 號春秋大墓及車馬坑, 次年進行發掘及清理工作。據發掘簡報稱, 在車馬坑方面, 由於發掘時因鑽探資料不夠準確, 車坑中部被挖過頭, 一部分車輛遭到破壞。現存 13 輛木車分南北兩列, 排列整齊。車輪置入輪槽中, 車軸緊貼在坑底部, 掩埋時塡土又經夯實。這樣保證了木車的主要構件至今未有大的變形。有理由相信, 這些車是實用的戰車 (圖 3)。這批數量可觀、形制多樣而且保存較好的車輛, 爲研究東周車制和製造技術提供了一批難得的實物資料。其法度和《考工記》記述多所相合, 似可對它們的所屬年代互爲參證㉒。

就現存的車輛看來, 可分爲方形輿和圓形輿兩個類型。圓型輿車現存 1 輛, 其餘的方形輿車又有多種不同式樣。這批車輛的形制和尺寸多不相同, 但基本結構仍是傳統的一輿、獨輈和一軸雙輪㉓。據發掘簡報附表 8 所載, 方輿車的軌距是 186－205 釐米, 輿寬 110－150 釐米㉔, 若折合成秦尺, 則軌距爲 8.0519－8.874 尺, 輿寬 4.848－6.494 尺。

總而言之, 從上面出土的實物資料得知, 自殷周時期到春秋戰國, 各時代車子的軌距數據大都不同。這亦是譚世保氏所承認的史實。這個由出土資料所顯示的鐵之史實, 不但強有力的證明了許愼所說 " 分爲七國, 車涂異軌 " 之不誤, 同時也證明了段玉裁所注的正確㉕。相反的, 亦說明了朱子認爲 " 兩周之世固既同軌; 至於子思生存的戰國時代, 亦無所遷改。 " ㉖ 與史實不相符合。這種軌距差異的形成, 應當是由於中國疆域遼闊, 歷時久遠, 加以政局變動所演變的結果。例如, 《華陽國志·蜀志》

附帶在此說明的, 馬是挽車的動力。古代戰車性能的發揮, 主要在於挽馬。據考證, 殷代盛行二馬之制, 西周和春秋盛行四馬之制, 戰國時代, 四馬之制雖未廢, 但六馬之制已多行。此說參看楊英杰〈先秦戰車制度考述〉, 《社會科學戰線》1983 年 2 期, 又秦漢時期, 駕車馬有用, 一馬、二馬、三馬、四馬和六馬的區別。參看武伯綸《秦漢車制雜議》, 西北大學學報 (哲學社會科學版, 1984 年第 1 期)。

㉑　同註 8, 頁 224, 木車各部分尺寸登記表。
㉒　《文物》, 1989 年 9 期, 頁 59, 頁 76－85。
㉓　同上, 頁 80。
㉔　《文物》, 1989 年 9 期, 。
㉕　段玉裁, 《說文解字注》(台北: 黎明文化事業公司, 1985), 頁 765。
㉖　參看陳槃, 《中庸今釋》(《大學中庸今釋》, 台北: 正中書局, 1954), 頁 110。

圖 3　車馬坑的車坑部分（此圖採自山西太原金勝村 251 號春秋墓,《文物》1989 年 9 月）

表 4　方輿車主構件尺寸範圍表（單位：釐米）

軌距	186－205	輻數	26-32(條)	輿長	100－125
軸長	260－285	轂長	48－56	輿寬	110－150
軸徑	8－10	輈長	310－320	輪高	35－55
輪徑	105－135	輈徑	8－12	軎寬	40－108

（此表錄自《文物》1989 年第 9 期，頁 81）

曰： “君長莫同書軌。” 這就是在春秋時代，巴蜀君主爲了維護其統治，盡力想要割斷巴蜀和中原地區之聯繫的一項措施⑳。這恰如民國初年，山西省火車的路軌，和其他省份的鐵路軌距有明顯的差別一樣，河北省等地的旅客或貨物，如搭火車進入山西，必須在石家莊換車。據說過去山海關外的鐵路軌距，亦與關內不同。因此，我們認爲，無論古代軌寬的差距有多小，有時受車道地形的限制，都會使駕車的牲畜和御者不便通行。如在平原的土路上，遇到大雨，更是泥濘難行，沒有親身趕車的經驗，是體會不出它的不便的。東漢末年蔡邕在〈述行賦〉裡，就描繪出了這種困難的情景⑳。同時，這些難以行車的因素，也是上一代富有趕車經驗的人共同的體認。因此，如說軌寬的差距小，就決不會造成交通不便的，完全是一種不明瞭實際情況的說詞。秦始皇統一中國後，面對著遼闊的國土，尚未穩定的政局，對如何建立一個有效的統治體制，以達到 “黔首安寧，不用兵革” 和永久維持皇室統治權的目的，成爲當時空前的大問題，亦是最急迫要解決的大問題。因此，廢封建行郡縣，收兵器，墮城郭，決川防，夷險阻，徙富豪，築馳道、直道，伐匈奴，修長城等措施，都是爲鞏固統一所做的努力。尤其是脈通全國的 “馳道”、“直道” 和揚越新道等的修築，更是秦始皇軍事計畫的重要部分，也是達到加強中央集權，鞏固國家統一的重要措施。史載，“馳道” 道廣五十步，揚越新道道闊五丈，就連西南棧道也有一定的寬度㉙。因此，行駛在馳道上的車輛之軌距必然也會規定一定的寬度㉚。車軌寬度的統一，對於便利交通也必然會發生重要的作用。當然，道路暢通，交通便捷，對於促進經濟文化的發展也必然大有幫助。所以，我們認爲秦始皇的 “車同軌” 就是統一全國車輛軌距的寬度，其用意端在達到他政治上的要求，並非不分輕重的單單爲了維護等級

⑳ 童恩正，《古代巴蜀》（四川人民出版社，1978 年），頁 137。
⑳ 明·張溥輯，《漢魏六朝百三名家集》（一）（台北：文津出版社），頁 665。
㉙ 《漢書·賈鄒枚路傳》載賈山〈至言〉曰：“（秦）爲馳道於天下，東窮燕、齊，南極吳、楚，江湖之上，瀕海之觀畢至。道廣五十步，三丈而樹，厚築其外，隱以金椎，樹以青松。” 馬非百，《秦集史·國防志》（台北：弘文館出版社，1986）載〈揚越新道〉曰：“湖廣永州府零陵縣有馳道；闊五丈餘，類大河道。”，頁 696。
㉚ 郭志坤，《秦始皇大傳》，頁 223，也持這種看法，特此註明。

制㉛。不過秦始皇爲表示他是人間的至尊，爲維護等級制，亦制定了一套新的輿服制度，也是史實；只可惜在《後漢書‧輿服志》、《古今注》、《獨斷》、《通典》與《史記》等文獻中，對於秦代的車制，僅有片斷的記載，只能在《秦集史》或《秦會要訂補》中略窺其梗概。此外，袁仲一、程學華二氏亦曾作過探討㉜。總之，綜上所述，可以肯定《史記‧秦始皇本紀》中的"輿六尺、乘六馬"，就是秦始皇所規定的他所乘的車箱寬度和金根車駕的馬數。至於在秦陵西側出土的兩乘大型彩繪銅車馬，每乘銅車套駕四匹銅馬，雖是屬於秦始皇乘輿中的安車和立車㉝，是按他出巡車隊中的五時副車所製作的，而不是金根車。這種駟馬安車，亦爲繼起的漢代貴族所承襲㉞。

三、結　語

　　總之，根據出土的古代車輛實物測量顯示，確知自殷周至春秋戰國時期，各地的車軌寬狹多不相同，這個鐵的史實，不但否定了朱子的看法，也證明了所謂春秋戰國以前就已同軌的說法與史實不符。

　　各地車軌寬度不同，自然造成交通不便。秦始皇統一中國後，鑒於當時情勢，爲鞏固統治權，防止六國勢力復起及抵禦外患起見，乃廣修道路，以確保行軍便捷和輸送暢通，對於各地的車塗異軌，能不加以統整嗎？又道路的寬度都有規定，對於行駛在道路上車軌就任其寬狹不等而不加以統一嗎？被評爲"歷來創業之主的軍事佈置沒有比始皇更精明的"㉟秦始皇，難到就罔顧情勢，不分輕重，而執意的規定車輛之形制都要符合體制法規，以維護等級制來加強皇權嗎？所以有人指出：把"車同軌"僅看成是車輛的形制都要符合禮制法規的說法，顯然是缺乏說服力的㊱。我

㉛　參看譚世保，〈車同軌，書同文新評〉。

㉜　參看，袁仲一、程學華，〈秦陵二號銅車馬〉。

㉝　同上。

㉞　《漢書‧食貨志上》載："漢興，……自天子不能具醇駟。"另見《漢書》朱賈臣、杜延年、薛廣德等傳，又據考證在西漢中山靖王劉勝夫婦的墓中，在發掘出的 10 輛車中有他們夫婦出行時乘坐的駟馬安車（《滿城漢墓》頁 29，文物出版社，1978年）。

㉟　張蔭麟，《中國史綱‧上古篇》（台北：正中書局），頁 160。

㊱　郭志坤，《秦始皇大傳》，頁 223。

們認爲這是持平之論。

我們也認爲，評價一個歷史人物，應當把他置於當時歷史條件下，去分析他的功過是非，去研究他的貢獻和罪惡[37]。因爲不顧他所生存的時代之發展和要求，就妄加評論，往往是不符實際的。漢光武在泰山刻石宣揚自己 " 書同文，車同軌，人同倫 " 等功德，雖說和秦始皇刻石的用意相近似，但實際上，漢光武並沒有統整各地制度文化等等的歷史條件與行動，其用意主要在誇耀自己；而秦始皇的車同軌，是在謀求安定和鞏固統一的大前提下，爲順應時代的要求與趨勢所實行的一種進步的措施。再進一步說，若說漢光武的 " 書同文，車同軌 "，眞如秦始皇那樣，最好的辦法就是要拿出具體的證據來，不應單憑兩句空話，就斷然曲解了秦始皇 " 車同軌 " 的含義。

近幾十年來，不少學者根據古文獻記載結合考古資料，研究的結果都一致肯定秦始皇統一度量衡、統一貨幣和統一文字的史實與功績。而這些統一措施，都是秦始皇爲了鞏固政治統一和促進經濟文化的發展而採取的一些進步的措施。交通是政治經濟的命脈，秦始皇對修馳道都要求有一定的寬度，難道他對阻礙國防的鞏固、國家的統治以及經濟文化發展的車塗異軌之情況，就不顧輕重，不辨利害，不著眼大處，而置之不理嗎？我們認爲是不會的，這從《 史記 · 秦始皇本紀 》記載，所謂 " 器械一量 "，以及《 睡虎地秦墓竹簡 · 工律 》記載 " 爲器同物者，其小大、短長、廣亦必等 "[38] 的文字中，便可獲得有力的旁證。所以，我們認爲，若拿不出有力的反證，就應當認可秦始皇 " 車同軌 " 的含義，確爲規定車軌的寬度相同。

---

[37]　參看林劍鳴，《 秦史稿 》，頁 401－407。

[38]　睡虎地秦墓竹簡整理小組，《 睡虎地秦墓竹簡 》（ 北京：文物出版社，1978 年 ），頁 69。儘管《 秦簡 》抄錄於秦統一之前，但參諸文獻資料，如《 史記 · 秦始皇本紀 》，仍可作爲有力的旁證。《 秦簡 》中的《 工律 》、《 工人程 》、《 均工 》和《 效律 》等經濟法規，是秦用來對手工業生業進行有效的管理的。其中之一即產品有規格。如《 工律 》規定： " 爲器同物者，其大小、短長、廣亦必等。" 就是同一個規格的產品，大小、短長、寬厚都必須相同，不得參差不齊。不同規格的產品，當然可以不同，但必須是由有關管理部門統一規定的，工場和生產者無權改變。以上參見栗勁，《 秦律通論 》（ 濟南：山東人民出版社，1985 年 ），頁 433。

　附記：民國 75（1986）年 8 月，余撰〈秦始皇“車同軌”的問題〉一文。當
　　　　時，因局限於時空，所用考古資料不多；且文中有一小誤。另亦有值得商
　　　　榷之處，今據近年搜集之新材料，故對此問題再進行檢討。

" CHE TUNG KUEI（車同軌）" BY THE FIRST EMPEROR OF CH'IN A RE – EXAMINATION

(Abstract)

Han Fu – chih

In this article, the author re – examines the meaning of one of the reform measures carried out by the First Emperor of the Ch'in Dynasty: " che tung kuei （車同軌）. " He points out that modern historians have interpreted this record in different ways. The answer to the question of which one of them is near the historical truth can only be found in archelogical evidence.The archeological remains unearthed during the last several decades indicate clearly that in ancient China the axle lengths of wagons varied greatly from region to region. They also bear out the correctness of Hsu Shen's （許慎） view on this matter.

After a careful analysis of all the relevant materials, the author comes to the conclusion that the proper meaning of the First Emperor's " che tung kuei " reform should be the standardization of the axle length between the two wheels of every wagon.

從單表到雙表
——重差術的方法論研究

中央研究院數學研究所　李國偉

一、方法論的選擇

　　拉卡托斯（Imre　Lakatos）在〈科學史及其合理重建〉①一文中曾模仿康德的口吻說：「沒有科學史的科學哲學是空洞的，沒有科學哲學的科學史是盲目的。」至於如何把科學史與科學哲學關聯起來，以便削減兩者的空洞性與盲目性，他有如下的建議：

　　1.科學哲學提供了各種規範性的方法論，使得科學史家可用以重
　　　建「內在歷史」，並對客觀知識的增長加以合理的解釋。
　　2.（規範性解釋過的）歷史可協助評價彼此有競爭性的方法論。
　　3.歷史的合理重建需要用經驗的（社會－心理的）「外在歷史」
　　　加以充實。

　　這裡所謂的「方法論」，當然不是十七、八世紀所瞭解的方法論，那種類似機械條款的法則手册，只要嚴謹的遵循，問題便可迎刃而解。現代的方法論，或稱之為「發現的邏輯」（logics of discovery），通常只是一些約略關聯起來的原則，用以品評既存的理論。對於一般的科學，拉卡托斯檢討了四種方法論：歸納主義（inductivism）、約定主義（conventionalism）、方法論的證偽主義（methodological falsficationism）、

---

① I. Lakatos, "History of science and its rational reconstructions", in *The Methodology of Scientific Research Programmes*（Cambridge: Cambridge University Press, 1978）, pp.102－138.

科學研究綱領方法論（ methodology of scientific research pro-
grammes ）。其中第四種是拉卡托斯自己主張的方法論。

在數學史方面，拉卡托斯的名著 *Proofs and Refutations—the Logic
of Mathematical Discovery* ② 利用合理重建 Descartes－Euler 多面體
公式的過程，展現了非形式化、半經驗性的數學，是由推測與批判的過程
中成長起來。而不是像形式主義認爲數學裡不容置疑的眞理，是經由一組
公理及一系列以邏輯緊密串聯起來的定理導來的。放棄了形式主義乾癟方
法論，才能從數學史的活動經歷中，看出既非機械性、又非全無理性的情
境邏輯（ situational logic ），而能更正確的掌握數學發展的動態。

近代在形式主義導引下的數學史觀主流，固然是受二十世紀邏輯學的
發達，而在元數學（ metamathematics ）上取得豐碩成果的影響。但其
思想的根源卻深植在數學哲學一種敎條性的信念中，也就是把歐基里德用
演繹組織幾何知識的方法奉爲圭臬。任何方法論既然免不了要品評既存的
理論，也就自然夾帶了價值的標準。因此以形式主義影響較重的角度來觀
察中國的傳統數學，多半評價不會很好。更不幸的是有些人未曾警惕到方
法論並非唯一的，方法論間的競爭其實應求助於合理重建的歷史，反而到
中國傳統數學中勉強尋找近乎演繹證明的痕跡，好像想拿來救贖中國古代
數學家知性的墮落，其結果往往更加深中國傳統數學沒有邏輯的印象。

這種方法論選擇不當的情形，一直到最近才有了另謀生路的跡象。有
趣的是改弦更張的動因卻來自資訊科學，計算機理論的突飛猛進與輝煌成
就，提供人們賴以思考的另一類模式。例如李迪討論了〈 中國傳統數學的
程序性 〉③，林力娜（ Karine Chemla ）質問 " Should they read For-
tran as if it were English? " ④。而本人在〈 初探「 重差 」的內在理
路 〉⑤ 中，也強調若以計算機程序的理論架構考量傳統數學，就會發現演

---

② I. Lakatos, *Proofs and Refutations－the logic of mathematical discovery*
（ Cambridge: Cambridge University Press, 1976 ）.
③ 李迪，〈 中國傳統數學的程序性 〉，《 香港中文大學中文系集刊 》，第 1 卷第 2
期（ 1987 ），頁 219－232。
④ K. Chemla, " Should they read Fortran as if it were English? "，《 香港中文大
學中文系集刊 》，第 1 卷第 2 期（ 1987 ），頁301－316。
⑤ 李國偉，《 初探「 重差 」的內在理路 》，《 科學月刊 》，第16卷第 2 期（ 1987 ），頁
121－126。

算法則設計的精良，會使其正確性的證明變成極其顯然，而不必見諸明文。

利用程序性的方法論，來瞭解與品評中國傳統數學成果，也有它的局限性。對於一組特定的「法」或「術」，這是相當順手的工具。但是對於圍繞某些核心問題，經過長時間與不同數學家逐步發展演化出的一系列「法」與「術」，只用演算法則的程序性是不足以捕捉概念增減流變間的細緻圖像。

拉卡托斯處理非形式數學成長的方法論，也就是證明與反駁交叉運用的方式，可化約為四個自我循環的階段：原始推測，初步思想實驗或論證，發現貌似全盤的反例，弱化反例重建推測。在這種周而復始的歷程中，數學知識的成長便可相當正確的描述出來。但是這種方法論能運用自如的一個先決條件是，做為對象的歷史階段必須文獻充足。中國古代的數學所留下的只是屈指可數的幾本教科書，以及若干傑出數學家可貴的注文，即使他們當初的思想經歷過類似的往復交戰，但是今日已無法追索兵馬的足跡。因此在評估古代數學成長的方法論上，我們不得不採取比拉卡托斯更溫和靜態的手段。我們用現代的眼光與理論基礎，找出「術」與「術」之間邏輯上的關聯，以及他們所依賴的若干假設，衡量它們消長的因素，希望清理出一條或數條與史實相容而真實性又高的理路。當理路多於一條時，我們的任務不在於勉強判定那一條是歷史上真正發生的。我們注意的是概念內在的一致性，那一條理路更能自圓其說，更能經由它的導向獲致豐富的知識發展景觀。本文正是拿重差術作為這種內在理路清理方法的實驗對象，而獲致的初步報告。

二、重差術的淵源

雖然在鄭玄釋《周禮》地官保氏九數及張衡〈靈憲〉中都曾提到「重差」這個名詞，但是現在所謂重差術是指劉徽《海島算經》中利用多重勾股關係以求高遠的方法。劉徽《九章算術》注的〈自序〉中說：「輒造重差，並為注解，以究古人之意，綴於勾股之下。」⑥到了唐朝初年選定十

---

⑥　本文中所用《周髀算經》、《九章算術》等文句，均引自錢寶琮點校《算經十書》（中華書局，1963）。

部算經時，〈重差〉一卷才獨立出來成爲《海島算經》。劉徽的〈自序〉
差不多有一半的篇幅談及重差，相信重差術的建立必然是他十分得意的創
作。至於發明重差術的思想淵源，〈自序〉中也有適當的交代。

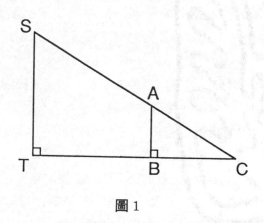

圖1

「《周官》大司徒職，夏至日中立八尺之表，其景尺有五寸，謂之地
中。說云，南戴日下萬五千里。夫云爾者，以術推之。」這段話點明了重
差術思想肇始於以景度日，也就是圖1的幾何構形上。我們知道劉徽是非
常注意推理的，在〈自序〉的前段他曾說：「事類相推，各有攸歸，故枝
條雖分而同本榦者，知發其一端而已。」因此我們應掌握重差術肇始的
端，再來審視它的流變。

有了以景度日的端之後，是什麼樣的動機推動劉徽繼續發展呢？〈自
序〉中接著說：「按九章立四表望遠及因木望山之術，皆端旁互見，無有
超邈若斯之類。然則蒼等爲術猶未足以博盡群數也。」這可能表示雖
然《九章算術》中利用多重勾股關係可以解決較複雜的問題，但是劉徽似
乎並不滿意因題造術的態度，而希望有一個基本的方式作爲繼續發展多重
勾股關係的端。

他接著說：「徽尋九數有重差之名，原其指趣乃所以施於此也。凡望
極高、測絕深而兼知其遠者必用重差，勾股則必以重差爲率，故曰重
差。」他找到的端就是建立重差術，不論鄭玄、張衡所謂的重差到底是什
麼，劉徽現在給出重差的典型，他說：「立兩表於洛陽之城，令高八尺。
南北各盡平地，同日度其正中之景，以景差爲法，表高乘表間爲實，實如

法而一，所得加表高，即日去地也。以南表乘表間爲實，實如法而一，即爲從南表至南戴日下也。以南戴日下及日去地爲勾、股，爲之求弦，即日去人也。」這段話建立了重差的基本公式，也就是令圖 2 中S爲日，T爲日下，AB，DE爲等高二表，BC，EF爲表影，從而得到

$$日去地 = \frac{表高 \times 表間}{景差} + 表高,$$

即 $\quad ST = \frac{AB \times BE}{EF - BC} + AB。$

$$南戴日下 = \frac{南表景 \times 表間}{景差},$$

即 $\quad TB = \frac{BC \times BE}{BF - BC}。$

$$日去人 = \sqrt{(南戴日下)^2 + (日去地)^2},$$

即 $\quad SB = \sqrt{(TB)^2 + (ST)^2}。$

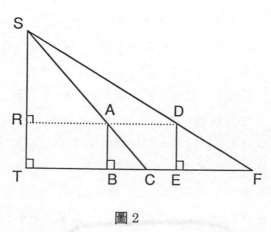

圖 2

我們相信劉徽一定知道，若眞的把兩表都立於洛陽之城，根本不可能測出明顯的景差，因爲表間相對於去日實在可說渺小得近乎零，圖 2 事實上又化約到圖 1 的情形。因此這段話除了給出重差公式的標準型，主要還在強

調他的思想淵源。因此當我們論述重差的正確性時，應該緊緊把握這條思路。也許正因為劉徽知道重差公式在實測上的限制，他把由量天動機導來的算式用去度地了。他說：「雖天圓穹之象猶曰可度，又況泰山之高與江海之廣哉。」而綴於〈勾股〉章之後所謂「度高者重表，測深者累矩，孤離者三望，離而又旁求者四望。」等等變化算法，都不再提量天之事了。

總而言之，劉徽的〈自序〉強烈的暗示了如下的一條理路：

三、單表的方法論基礎

單表度日的方法是所謂「蓋天」宇宙論建立天體數據的重要工具，記載本法的主要文獻是《周髀算經》，其中陳子對榮方說：

> 夏至南萬六千里，冬至南十三萬五千里，日中之竿無影。此一者天道之數。周髀長八尺，夏至之日晷一尺六寸。髀者，股也。正晷者，勾也。正南千里，勾一尺五寸。正北千里，勾一尺七寸。日益南，晷益長。候勾六尺，即取竹，空徑一寸，長八尺，捕影而視之，空正掩日，而日應空，由此觀之，率八十寸而得徑一寸。故以勾為首，以髀為股。從髀至日下六萬里而髀無影。從此以上至日，則八萬里。若求邪至日者，以日下為勾，日高為股。勾股各自乘，并而開方除之，得邪至日，從髀所邪至日所十萬里。以率率之，八十里得徑一里。十萬里得徑千二百五十里。故曰，日徑千二百五十里。

單表度日計算結果的正確性，從方法論的角度看來至少建立在兩類基本假設上，一類是幾何學的假設，另一類是非幾何學的假設。

我們先從非幾何學的假設說起，又可分別出兩項：

1.水平大地假設：雖然大地表面顯然是有高山陵谷種種崎嶇不平，但經過理想化後，可以假設有一個共同的基準水平面。這個面是沒有曲率的，並且也是測量標竿豎立處的地平面。

《周髀算經》卷上商高有「笠以寫天」的說法，是明白指出天有曲率，而對地的曲率卻無類似的聲明。以古代人的知識水平來看，假設大地是水平的不僅自然，也確實可簡化計算。但是《周髀算經》卷下所記述的宇宙模型變成了「天象蓋笠，地法覆槃」，並且極下地面高於四旁地面六萬里。從極下到四旁沿一個固定方向的地面，即使理想化成一條直線，單表度日的運用法仍然會產生困難。

豎立標竿時基本上是利用準繩以求表與地面絕對垂直，如果地面相對於某個理想的絕對水平面是有傾斜度的，由圖3可知單表度日求出的日下是T點而不是「眞正」的日下R點。這種因模型改變而帶來的困難，似乎到唐朝李淳風時才眞正考慮到。我們在後面會討論他的觀點。

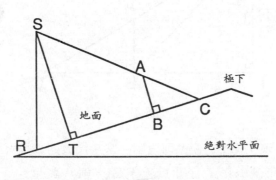

圖3

2.寸影千里假設：地面南北相距千里，則同時間兩個八尺表的日影長短差一寸。這個假設從何而來已難考查，但是張衡〈靈憲〉云：「懸天之晷，薄地之儀，皆移千里而差一寸。」鄭玄注《周禮》云：「凡日影於地，千里而差一寸。」可說到東漢時，寸影千里的想法已經相當爲人所接受了，不過我們不相信這是經由實測獲得的信心。以當時的技術水平，要同時測量南北相差千里的表影，也幾乎是做不到的。所以這個假設是相當理想化的假設，只不過若與水平大地假設相比，則其經驗性較高，由實測來判定真僞也比較可能。

在幾何學的假設方面，單表度日的基礎是建立在下述原則之上。

不失本率原則：相似勾股形（即直角三角形）對應邊成比例。

一般都認爲此項原則的運用，在《周髀算經》商高所謂「偃矩以望高，覆矩以測深，臥矩以知遠」之中已經展現。我們相信在《周髀算經》思想逐漸形成的時代，對於外貌近似的勾股形之間，一定意識到對應邊必有某種關聯。然而是不是絕對正確的比例關係，似乎還應仔細檢查一下。西漢時代《淮南子》論及「若使景與表相等，則高與遠等也。」還是一種特殊勾股形（等腰直角三角形）的對應關係。當然我們不能由此立刻推斷當時不知道一般勾股形的不失本率性質。但從方法論的觀點看來，這似乎是由特殊通往一般的片斷軌跡。

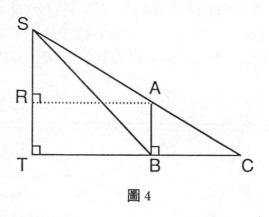

圖 4

我們再檢查陳子對榮方說的那段話，當八尺表的影長六尺時，「從髀至日下六萬里而髀無影。從此以上至日，則八萬里。」請注意這裡的「此」很明顯的是指「日下」，那麼由圖 4 中可看出，被認爲成比例的勾股形是△ABC 與△STB，其實真正成比例的是△ABC 與 △SRA。當然 RT 有八尺，而 SR 有八萬里，在誤差允許的範圍中可以把SR看成與ST等長。但是《周髀算經》的思想體系中，沒有明確說明這種近似計算法。它所討論的基本上是在反映幾何量相關的幾何性質。因此這一點文句上的小缺陷，也許顯示對不失本率原則的認識尚未達到絕對的圓滿。趙爽〈日高圖〉注中說：「今言八萬里者，從表以上復加之」。六世紀的甄鸞在注文中也指明「得從表端上至日八萬里也」。「端」字一出，道理就正確了。

從方法論的角度來看，因爲中國古典數學對於平行及一般角度性質的探討幾乎全無，所以兩個分離開的相似直角三角形，其對應邊的比例關係嚴格講是超出了「單表度日」的體系。在這個體系中正確認識到的不失本率原則，應該重述如下：

不失本率原則：在圖 1 的構形中，$\dfrac{AB}{ST} = \dfrac{BC}{TC} = \dfrac{AC}{SC}$。

這種敍述法就只用比例的關係，而不需要「相似」這個觀念。同時兩個如此構形合併就成爲圖 5 的情形，而自然導出劉徽注《九章算術‧勾股》第十五題中所謂「冪圖方在勾中，則方之兩廉各自成小勾股，而其相與之勢不失本率也。」

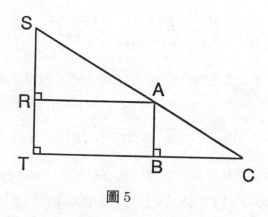

圖 5

四、雙表的率

前節中我們分析了單表度日的內在理論基礎，在各項基本假設中，顯然寸影千里假設是最值得檢討的。一方面它是一條經驗性的假設，因此它出錯的可能性就比較高。另方面從圖 1 中可看出，寸影千里的「率」就是 BC 與 TB 的比值，不過我們是先驗的知道這個率，才算出日下的距離 TB。所以圖 1 由方法論考量就不是自足的了。

如果我們現在要揣測劉徽「原其指趣」的歷程，他應該很自然想到如果寸影千里是由兩表的影差得來，一個自足的圖形必然是圖 2 的狀況，而正確的「率」就是表間與景差的比值（ BE /（ EF－BC ））。不論這個「率」的實際數值是多少，用《周髀算經》同樣思考方式，自然得到ST與TB的公式。這樣的說法可以算是發現脈絡（ the context of discovery ）的合理重建。但是劉徽如何保證這些公式是正確的呢？也就是證實脈絡（ the context of justification ） 應該怎樣加以合理重建呢？劉徽既然已經掌握圖 5 構形的不失本率性質，從圖 2 中可立刻看出：

$$\frac{EF}{RD}=\frac{DE}{SR}=\frac{AB}{SR}=\frac{BC}{RA}。$$

　　李繼閔[7] 曾經指出在劉徽能運用「率」的理論範圍內，很容易看出上下取差維持原率，即：

$$\frac{EF}{RD}=\frac{BC}{RA}=\frac{EF-BC}{RD-RA}=\frac{EF-BC}{BE}。$$

有了這兩串式子，重差的公式馬上算出。我們同時可注意到：

$$\frac{EF-BC}{BE}=\frac{BC}{RA}=\frac{BC}{TB}。$$

所以雙表影差得來的「率」相等於單表影與日下距離的比值。不過現在 EF, BC, BE 都是可實測的量，圖 2 的構形不必局限在量天度日的領域內，而可以順理成章的用在「望極高，測絕深而兼知其遠者」的地面測量上。

　　綜合看起來，劉徽引入第二表的作法，只是把單表度日的眞正思路明確化，把它的先驗因素取消掉。但是也因此使這種測量法獲得理論的證實，而擴大了它的應用範圍。

　　重差術的理路除了劉徽的主流之外， 還有趙爽的一條支流。趙爽在《周髀算經》注文說：「定高遠者立兩表，望懸邈者施累矩」，表示他

---

[7]　李繼閔，〈《九章算術》中的比率理論〉，《九章算術與劉徽》（北京師範大學出版社，1982），頁228－245。

已經知道利用兩表作大地測量的可行性。在陳子答榮方一段的注中，他又
說：「候其影，使表相去二千里，影差二寸。將求日之高遠，故先見其表
影之率。」一旦留意到「表影之率」，應該很自然導入圖 2 的思考。趙爽
在〈日高圖〉注中明明白白證明了重差公式。他所使用的基本原理就是後
日楊輝所謂：「勾中容橫，股中容直，二積皆同。」這個原理與不失本率
原則雖然在邏輯上是等價的，但在認識心理上是有區別的。它的注意焦點
是幾何形的「出入相補」性質。

以吳文俊[8][9]為代表的看法，是認為劉徽重差公式的證明與趙爽的方
式相近。但是按前面內在理路的分析，劉徽沿不失本率原則發展下來似乎
更為自然，或者我們可以說由單表到雙表的理路，其證實脈絡可分為二：
劉徽的不失本率與趙爽的出入相補。

趙爽雖然也說：「察勾之損益，知物之高遠。」但是他沒有把〈日高
圖〉注文的方法，發揮到地面測量問題。劉徽不僅明白表示自己獨立創作
重差術，更在《海島算經》中充分表現了重差術的便利，因此我們把重差
術的主流歸屬於劉徽。

五、重差的變化

劉徽的思想是富於邏輯性的，前面引過他所謂「發其一端」的說法。
當他把重差的基本公式列為《海島算經》的第一問時，應該是表示其後的
諸問能由此式導出，最多只需輔以不失本率原則的運用。白尚恕[10]曾經把
這些推導的過程大部分復原，只留下第二問「望松」與第八問「望津」未
加詳述[11]。我們從吳文俊[9]的證明可看出，在設定的範圍內，「望津」的

---

[8] 吳文俊，〈我國古代測望之學重差理論評介兼評數學史研究中某些方法問題〉，《科
技史文集》，第 8 輯（上海科學技術出版社，1982），頁10－30。
[9] 吳文俊，〈《海島算經》古證探源〉，《九章算術與劉徽》（北京師範大學出版
社，1982），頁162－180。
[10] 白尚恕，〈劉徽《海島算經》造術的探討〉，《科技史文集》，第 8 輯（上海科學技
術出版社，1982），頁79－87。
[11] 本文初稿完成後，看到白尚恕《九章算術注釋》（科學出版社，1988），對「望松」
與「望津」都作了證明，不過證明方法與本文略有不同，所以本文還是保留了「望
松」的證明。

證明能從「望松」導來。所以我們此地只證明「望松」，並請參看圖 6。

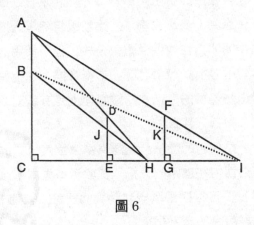

圖 6

　　「今有望松（AB）生山上（BC），不知高下。立兩表（DE，FG）齊高二丈，前後相去（EG）五十步，令後表（FG）與前表（DE）參相直。從前表卻行七步四尺（EH），薄地（H）遙望松末（A），與表端（D）參合。又望松本（B），入表二尺八寸（DJ）。復從後表卻行八步五尺（GI），薄地遙望松末（A），亦與表端（F）參合。問松高（AB）及山去表（CE）各幾何？

　　答曰：松高十二丈二尺八寸。山去表一里二十八步七分步之四。

　　術曰：以入表（DJ）乘表間（EG）爲實，相多（GI－EH）爲法，除之。加入表，即得松高。求表去山遠近者（CE），置表間，以前表卻行乘之爲實，相多爲法，除之，得山去表。」

　　我們假設由後表卻行點I，薄地望松本入後表於K點，我們先證明KG＝JE。利用不失本率原則，可以導出：

$$\frac{KG}{BC}=\frac{IG}{IC}=\frac{FG}{AC}=\frac{DE}{AC}=\frac{EH}{CH}=\frac{JE}{BC},$$

故KG＝JE。由DE，FG兩表用重差公式，可得

$$AC=\frac{EG}{GI-EH}DE+DE,$$

由JE，KG兩表用重差公式，可得

$$BC = \frac{EG}{GI - EH}JE + JE,$$

兩式相減，便得松高

$$AB = AC - BC = \frac{EG}{GI - EH}DJ + DJ。$$

山去表公式不必再證。

總而言之，利用重差公式與不失本率原則的巧妙運用，是梳理劉
徽《海島算經》內在理路的最自然方法。其他利用複雜的出入相補，相似
三角形比例運算，甚至畫平行線的證明，相較之下似乎都偏離正途太遠。

六、斜面重差

單表度日所依賴經驗性寸影千里假設被雙表景差取代後，所得的重差
公式雖然在幾何學上是正確的，但是如果水平大地的假設有問題，譬如說
大地有絕對的傾斜度，則類似圖 3 所示的情形一旦發生，重差公式就得不
出正確的日下距離。根據《周髀算經》卷下的宇宙模型看來，不得不考慮
傾斜面上的重差術。唐朝李淳風在陳子答榮方那段話之後的按語中
說：「以理推之，法云天之處心高於外衡六萬里者，此乃語與術違。勾六
尺，股八尺，弦十尺，角隅正方自然之數。蓋依繩水之定，施之於表矩。
然則天無別體，用日以爲高下。術既隨平而遷，高下從何而出。語術相
違，是爲大失。」李淳風因此將重差術加以變化，他說：「然地有高下，
表望不同，後六術乃窮其實。」特別是前四術：前下術，後下術，邪下
術，邪上術都是針對斜面大地所設計的。以往研究重差術的論文幾乎都沒
有注意李淳風的這些成果。最近傅大爲在〈論《周髀》研究傳統的歷史發
展與轉折〉[12] 一文中，有相當精闢的論述，此地不再重複他對前下術、後

---

[12] 傅大爲，〈論《周髀》研究傳統的歷史發展與轉折〉，《清華學報》，新 18
卷（1988），頁1-41。

下術的說明。但在討論邪下術，邪上術時他引用了一般平行四邊形的性質，並且把「勾中容橫，股中容直，二積皆同」的原則擴充到平行四邊形。這種說法似乎脫離了當時幾何學知識的背景，因此我們特以邪下術為例，重新加以推演。

「第三，邪下術。依其北高之率，高其勾影，令與地勢隆殺相似，餘同平法。假令髀邪下而南，其邪亦同，不須別望。但弦短與勾股不得相應。其南里數亦隨地勢，不得校平，平則促。若用此術，但得南望。若北望者，即用勾影南下之術，當北高之地。」

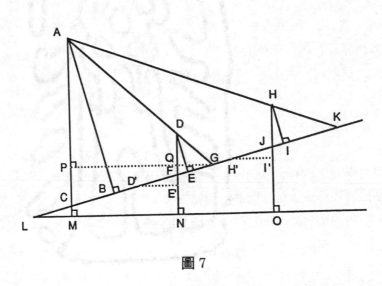

圖 7

在圖7中假想地面（LK）與絕對水平面（LO）間有一個傾斜角存在，而等長的兩表DF與HJ是垂直於LO。如果A代表太陽，則現在表間是FJ。高其勾影到傾斜的地面後，景差是JK－FG。既然餘同平法，套用重差的公式，便應該有

$$AC = \frac{FJ}{JK-FG}DF + DF,$$

$$CF = \frac{FJ}{JK-FG}FG。$$

我們可以證明這兩個式子確實是對的，並且我們用的方法應該不超過

不失本率原則的範圍，如此才比較像是李淳風知識背景中能力所及的事。

首先我們分別由A，D，H向地面LK作重線，交於B，E，I 三點。我們要證明DE＝HI。我們可以把勾股形△DEF，△HIJ翻轉到下方的勾股形中，也就是使△D′E′F與△DEF全等，△H′I′J與HIJ全等。適當的利用不失本率原則，可得下列各式：

$$\frac{DE}{DF}=\frac{D'E'}{D'F}=\frac{LN}{LF}=\frac{LO}{LJ}=\frac{H'I'}{H'J}=\frac{HI}{HJ},$$

因爲DF＝HJ，故DE＝HI。我們把DE與HI看作垂直地面的等長兩表，利用標準的重差公式便有

$$AB=\frac{EI}{IK-EG}DE+DE,$$

所以

$$\frac{AB}{DE}=\frac{EI}{IK-EG}+1=\frac{FJ}{JK-FG}+1。$$

假如我們把勾股形△LCM 翻轉到勾股形△ACB中，從不失本率原則可看出：

$$\frac{AB}{AC}=\frac{LM}{LC},$$

但是

$$\frac{LM}{LC}=\frac{LN}{LF}=\frac{D'E'}{D'F}=\frac{DE}{DF},$$

與前式合併可導出

$$\frac{AB}{DE}=\frac{AC}{DF},$$

於是

$$\frac{AC}{DF}=\frac{FJ}{JK-FG}+1,$$

即所求斜面日高公式

$$AC=\frac{FJ}{JK-FG}DF+DF。$$

要證明日遠公式，先由G向AM與DN下垂直線，交於P，Q兩點。用標準的重差日遠公式，可有

$$\frac{BE}{EG}=\frac{EI}{IK-EG}=\frac{FJ}{JK-FG},$$

所以我們只要證明$\frac{BE}{EG}=\frac{CF}{FG}$，就得證斜面日遠公式。適當利用不失本率原則，可有

$$\frac{BE}{EG}+1=\frac{BG}{EG}=\frac{AG}{DG}=\frac{PG}{QG}=\frac{CG}{FG}=\frac{CF}{FG}+1,$$

便得證所求等式。

　　劉徽變單表為雙表，使得重差術脫離寸影千里的經驗假設，在方法論的基礎上更形完備。而李淳風能把地面傾斜的因素納入重差術，相當程度弱化了平面大地的假設。在這兩類非幾何學假設被取代或弱化後，重差術似乎成了量天度日的最佳工具。

七、由天上回到地面

　　唐朝開元十二年，太史監南官說做了一次大地測影的工作[13]。夏至時滑州白馬縣，八尺之表影長一尺五寸七分。滑州南行一百九十八里百七十

---

　　[13]　本節史實與引文請見《舊唐書·天文志上》，引自《歷代天文律曆等志彙編》第三冊（中華書局，1976），頁666–669。

九步，到汴州浚儀，影長一尺五寸微強。浚儀南行百六十七里二百八十一步，到許州扶溝，影長一尺四寸四分。扶溝南行一百六十里百一十步，到豫州上蔡武津，影長一尺三寸六分半。大略五百二十六里二百七十一步，影差二寸有餘。這個結果與歷來相傳每千里影差一寸的說法出入非常大，如果我們以白馬與浚儀的兩表來作重差，所得的量天之數比《周髀算經》的數值更形渺小，不能讓人信服是真正天體的大小。所以重差術從方法論與幾何學的觀點看來似乎是量天度日的好辦法，但實際使用的結果卻遠不是那回事。問題出在什麼地方呢？

　　如果當時人把寸影千里假設徹底推翻後，進一步瓦解掉平面大地假設，那麼才有可能掌握影差計算的意義。但是他們沒有依循這條路線發展出球面大地的結論，一行反而利用視差原理，很巧妙的迴避掉看似不太合理的現象，他說：

> 夫橫既有之，縱亦宜然。假令設兩表，南北相距十里，其崇皆數十里，若置火炬於南表之端，而植八尺之木於其下，則當無影。試從南表之下，仰望北表之端，必將積微分之差，漸與南表參合。表首參合，則置炬於其上，亦當無影矣。又置木矩於北表之端，而植八尺之木於其下，則當無影。試從北表之下，仰望南表之端，又將積微分之差，漸與北表參會。表首參合，則置矩於其上，亦當無影矣。復於二表之間，相距各五里，更植八尺之木，仰而望之，則表首環屈而相會。若置火炬於兩表之端，皆當無影。夫數十里之高與十里之廣，然則邪射之影與仰望不殊。今欲求其影差以推遠近高下，猶尚不可知也，而況稽周天積里之數於不測之中，又可必乎？假令學者因二十里之高以立勾股之術，尚不知其所以然，況八尺之木乎。

　　如此一來，一行就整個把重差術由量天度日的領域內放逐出去了。一個正確的數學方法用到一個錯誤的天體模型上，所得的荒謬結果應該會提供發現模型偏差的機會。但是歷史很冷酷的告訴我們，這是次錯失交臂的良機。重差術從量天的巨大尺度上，墮入了普通地面尺度的測量。而地面測量時，水平大地的假設便保有相當程度的正確性。後代重差術再出現時, 不論是在秦九韶的《數學九章》, 楊輝的《續古摘奇算法》, 還是朱世傑的《四元玉鑒》, 基本上都脫不出劉徽《海島算經》的地面測量範圍。由天上回到地面的重差術, 眞正突顯了它是一套優美的幾何方法, 而向下影響了天元術的發展, 成爲中國古典數學中一條不容忽視的脈絡。

八、結 語

　方法論立場的選取會影響我們對史實的品評, 本文嘗試以梳理重差術發展的內在理路作爲一個樣板, 希望能更生動的掌握中國古典數學的流變。

　在不失本率的思想環境中, 把單表度日依賴的假想率, 代以雙表影差之率, 便自然導出了重差術。這是一條最經濟的合理重建歷史的途徑。重差術在缺乏正確大地模型的背景中, 逐漸脫離了宇宙論研究的傳統, 而在中國古典幾何學的傳統裡, 取得了安身所在。

FROM ONE GNOMON TO TWO GNOMONS

a methodological study of the method of double differences

by

Ko-Wei Lih

Institute of mathematics
Academia Sinica
Taipei, Taiwan, R. O. C.

(Abstract)

"Philosophy of science without history of science is empty; history of science without philosophy of science is blind." Taking its cue from this paraphrase of Kant's famous dictum, Imre Lakatos argued that (a) philosophy of science provides normative methodologies in terms of which the historian reconstructs "internal history" and thereby provides a rational explanation of the growth of objective knowledge; (b) two competing methodologies can be evaluated with the help of (normatively interpreted) history; (c) any rational reconstruction of history needs to be supplemented by empirical "external history". Within the history of mathematics, Lakatos elaborated on the point that informal, quasi-empirical mathematics did not grow through a monotonous increase of the number of indubitably established theorems but through the incessant improvement of guesses by speculation and criticism. i.e., by the logic of proofs and refutations.

The fruitful and fundamental results obtained in metamathematics in the twentieth century have been acting as a driving force to make formalist philosophy manifest in the main stream of the historical views about mathematics. Methodologies tacitly carry value judgments for otherwise they hardly can make appraisals of theories. The traditional Chinese mathematics is not expected to fare well if it is examined under the tinted glasses of formalist philosophy. Only recently attention has been shifted to alternative methodologies. With its rapidly accumulated brilliant results, computer science provides enough motivation to opt for new modes of thinking. When the traditional Chinese mathematics is examined within the framework of computer algorithms, we would realize that the procedures were frequently designed so well that proofs of correctness became too evident to be spelt out.

The algorithmic methodology has its own limitations in the understanding and appraisal of Chinese mathematics, It is notably handy in the treatment of a set of particular methods or techniques. However, it is weak in grasping the changing faces of a sequence of related methods evolving around some core problems through long periods of time and a number of different minds of mathematicians.

In dealing with the growth of informal mathematics, Lakatos used the method of proofs and refutations as a very general heuristic pattern. Due to the lack of abundant relevant documents, we have to satisfy ourselves with less dynamic techniques in the appraisal of the growth of traditional Chinese mathematics. We could elucidate the logical connections among methods, analyze the basic postulates for the validity of those methods, and pin down the factors making some methods to prosper and others to die out. The present paper is an experiment performed on *chong cha* (the method of double differences) to illustrate this methodology of clarifying the inner logical context.

The present usage of *chong cha* is referred to the set of methods

for measuring heights and distances by multiple applications of
right-angled triangles as documented in Liu Hui's *Haidao Suanjing*
(The Sea Island Mathematical Manual). In section 2 of this paper,
we suggest that the origin of *chong cha* should be found in the
proportional relations of right-angled triangles. In section 3, we
give the basic postulates for the validity of solar measurements
with a single gnomon. In section 4, we try to illustrate how Liu
Hui's introduction of the second gnomon clarified the hidden path
of reasoning of the single gnomon measurements and rid the
procedure of a *priori* factors. In section 5, we demonstrate how Liu
Hui should be able to derive formulas of *Haidao Suanjing* by means
of the first set of fundamental formulas and the conservation of
proportionality principle. In section 6, we prove one of Li
Chunfeng's *chong cha* methods on an inclined plane. In section 7,
we summarize the way of turning *chong cha's* attention from
heaven to earth.

Within the reach of the conservation of proportionality
principle, *chong cha* could be invented and justified naturally when
the *a priori* ratio for the single gnomon measurements was replaced
by the measurable ratio concerning the difference in shadow
lengths. This is the most economic way to a rational reconstruction
of the relevant history. Lacking of a correct model of the earth,
chong cha gradually moved away from the research tradition of
Chinese cosmology and settled in a comfortable niche in the
research tradition of Chinese mathematics.

我國古代對環境保護的認識

民航局氣象中心　劉昭民

一、前言

近數十年來，隨著各國工業化政策之推展以及人類活動之增加，給地球表面上的生態環境帶來了嚴重的污染。城市上空煙霧瀰漫，奔騰的河川流著腥臭污濁的河水，食物也含有各種毒物，以致常有食物中毒事件發生，使人類的正常生活飽受威脅。於是各國政府紛紛制訂了一系列環境保護法、空氣污染防治法、水污染防治法等等法令，企圖阻止環境污染之進一步惡化。

其實我國先民很早就已經有環境保護的觀念了，早在先秦時代就已經有一套完整的環境保護法令，以及一系列有系統的環境保護措施。茲分水土保持、植物資源保護、推行造林和綠化政策、環境保護法令之制訂和推行等節分別說明如下。

二、水土保持

水土保持是現代山中林地、平地上之農田和果園、河谷地帶等地區非常重視的一項工作。我國先民早在先秦時代就已經非常重視水土保持工作，《周禮》卷四〈地官司徒〉下篇有以下之記載：

> 載師，掌任土之灋（法之古字），以物地事授地職，而待其政令①。

---

① 《周禮》（上海：商務印書館縮印宋刊本，四部叢刊初編經部第一冊），頁60。

漢代鄭玄註曰：

> 任土者，任其力勢所能生育，且以制貢賦也。物，物色之，以知
> 其其所宜之事，而授農牧衡虞使職之。

按這是規劃土地的任土之法，內容是說，必須按不同地形和自然資
源，加以全面開展水土保持工作。先秦時代的《尚書》卷十二〈呂刑第二
十九〉中也記有：

> 禹平水土，主名山川②。

按前文之意思是說，大禹治平水土後，爲山川取了名字，以治理水土
保持工作爲前提。

漢代劉向在《列女傳》卷二〈周南之妻〉篇中也記載說：

> 周南之妻者，周南大夫之妻也。大夫受命平治水土，過時不來，
> 妻恐其懈於王事③。

說明我國古代的官吏奉皇帝的命令，推行水土保持工作。周南即先秦
時代負責水土保持工作的官員，其妻「恐其懈於王事」，可見我國先民早
在先秦時代已有很深刻的水土保持觀念。

三、 對植物資源的保護

我國古代自西周以後，對植物資源的保護十分重視，《周禮·地官
篇》說：

> 山虞，仲冬斬陽木，仲夏斬陰木④。

《管子》一書中也記有：

> 工尹伐材用，無於三時，群材乃植。（卷五〈法禁篇〉）

---

② 《尚書》（上海：商務印書館縮印宋刊本，四部叢刊初編經部第一冊），頁84。
③ 劉向，《列女傳》（中華書局編輯部校刊四部備要第 285 冊第二部）。
④ 《周禮》，頁 77。

山林雖廣，草木雖美，禁伐必有時。（卷五〈八觀篇〉）

山澤救於火，草木殖成，國之富也。

修火憲（製訂禁止亂燒山林的法令），敬山澤，林藪積草。夫財之所出，以時禁發焉。（以上為卷一〈立政篇〉）⑤。

可見先秦時代我國先民對山林草木之認識和保護，相當深切而積極。《孟子》卷一〈梁惠王〉中也說：

斧斤以時入山林，材木不可勝用也。⑥

說明要按照季節斫伐山林，不可濫伐，如此材木才用不完。如果濫伐，則終將有林窮材盡的一天。

《荀子》卷五〈王制篇〉中對植物資源保護措施討論得更多，而且更詳細：

山林澤梁，以時禁發。

殺生時，則草木殖。

草木榮華滋碩之時，則斧斤不入山林，不夭其生，不絕其長也

斬伐養長不失其時，故山林不童，而百姓有餘材也。

修火憲，養山林藪澤草木魚鱉百索，以時禁發，使國家足用，而財物不屈，虞師之事也⑦ 。

荀況詳盡地將亂斫亂捕的害處和有計劃地開發生物資源的好處都說明了，為當時的保護生物資源的政策和方法，作了理論上的闡述。並說明當時政府還設有虞師（掌管山澤苑囿之官）負責其事。

戰國末期的《呂氏春秋》⑧也記載了不少有關保護植物資源政策，例如：

制四時之禁，山（非時）不敢伐材下木。（卷二十六〈上農篇〉）

⑤　《管子》（上海：商務印書館縮印宋刊本，四部叢刊初編第 20 冊）。
⑥　《孟子》（上海：商務印書館縮印宋刊本，四部叢刊初編第 3 冊）。
⑦　《荀子》（上海：商務印書館縮印宋刊本，四部叢刊初編第 18 冊）。王制篇在頁 50-60。
⑧　《呂氏春秋》（上海：商務印書館縮印宋刊本，四部叢刊初編第 24 冊），頁 5-65。

正月禁止伐木。（〈孟春紀〉）

二月無焚山林。（〈孟夏紀〉）

五月令民無刈藍以染，無燒炭。（卷五〈仲夏紀〉）

六月樹木方盛，乃命虞人入山行木，無或斬伐，不可以興土功。（卷六〈季夏紀〉）

九月草木黃落，乃筏薪為炭。（卷九〈季秋紀〉）

十一月日短至，則伐林木取竹箭。（卷十一〈仲冬紀〉）

按《呂氏春秋》中所記載的當時政策，不僅僅是規定一年之中，何時可以斫伐，何時不可以斫伐，而且規定不可以燒山，不可以在樹木正在生長的時候興土功，還要派負責管理山澤苑囿之人員巡邏等。

西漢時代，戴聖所編的《禮記·月令》，基本上採取了《呂氏春秋》的觀點，它寫道：

草木零落，然後入山林。

木不中伐。

孟春之月，禁止伐木；仲春之月，無焚山林；季春之月，命野虞無伐桑柘；孟夏之月，毋伐大樹；季夏之月，樹木方盛，乃命虞人（環保人員）入山行木，毋有斬伐；季秋之月，草木黃落，乃伐薪為炭；仲冬之月，日短至，則伐木取竹箭⑨。

到了宋代，皇帝更下令禁止濫伐。《宋史》卷四四〈河渠志〉有以下之記載：

真宗咸平三年……，巡隄縣令佐迭巡隄防，轉運使勿委以他職，又申嚴盜伐河上榆柳之禁⑩。

按前文是說，宋眞宗在咸平三年（西元 1000 年）嚴申盜伐河上榆柳之禁。

明朝的王元凱在《攸縣表·雜議篇》中說，明世宗嘉靖年間，攸縣縣令裘行恕針對當時攸縣"東鄉多山，重岩複嶺，延袤百餘里，閩粤之民，

---

⑨　《禮記》（上海：商務印書館縮印宋刊本，四部叢刊初編第 2 冊），頁 46—57。

⑩　《宋史》（百衲本二十四史第 25 冊，台灣商務印書館印行）。

利其土美，結廬其上，墾種幾遍＂的情況，提出＂已開者不復禁止，未開者即多種雜樹，斷不可再令開墾，如此漸次挽救，設法保衛，庶幾合縣之山，尚可十留三＂⑪。

清朝的《大清世宗憲皇帝實錄》卷16記載，清世宗雍正二年（西元1724年），皇帝諭直隸各省撫等官：

> ……舍旁四畔，以及荒山曠野，量度土宜，種植樹木。桑柘可以
> 飼蠶，棗栗可以佐食，柏、桐可以資用，即榛楛雜木，亦足以供
> 炊爨（音竄），其令有司督率指畫，課令種植，乃嚴禁非時之斧
> 斤，牛羊之踐踏，奸徒之盜竊，亦為民利不小⑫。

可見我國古代先民是依按時開發，禁止濫伐等措施，來保護環境。

四、對動物資源的保護

我國先民很早就認識到亂獵、亂捕殺動物會造成對動物資源的嚴重破壞。為了保護動物資源，做到有計劃地開發利用動物資源，早在先秦時代就已經制訂了按時開發山林川澤動物資源的政策，這些政策在先秦古籍中有不少的記載。例如《荀子·王制篇》載：

> 山林澤梁，以時禁發。
> 黿鼉魚鱉鰍鱣孕別之時，網罟毒藥不入澤。不夭其生，不絕其長
> 也。
> 污池淵沼川澤，謹其時禁，故魚鱉優多而百姓有餘用也。

說明當時規定，山林沼澤，不能隨便濫墾濫伐。各種魚類在繁殖階段時，禁止使用細網和毒藥捕魚，這樣魚鱉才能保持一定的數量，而百姓才有餘用。今人則反古人之道以行，以致各種魚類愈來愈少，甚至遭受到絕種之命運，令人浩嘆。

《呂氏春秋·孟春紀》也有以下之記載：

---

⑪　王元凱，《攸縣表》（同治十年刊本）。
⑫　《大清世宗憲皇帝實錄》（民國53年台灣華聯書局印行），卷16頁254。

是月也，無覆巢，無殺孩蟲、胎夭、飛鳥、無麛（鹿子）、無
卵。

按前文是說，初春一個月，不要翻鳥窩，不要捕殺小動物以及即將產
崽的狗，不要捕捉飛鳥，也不要取鳥蛋吃。只有這樣，才能讓動物繁殖、
長大。對於前述之規定，《禮記·月令》也有這樣的記載：

孟春之月，……毋覆巢，毋殺孩蟲、胎夭、飛鳥、毋麛、毋卵。
孟夏之月，……毋大田獵。
孟冬之月，雁北鄉（雁往北方飛）……，命漁師始漁。

對一年四季中，捕捉野外之動物和鳥類、魚類的原則，都有嚴格的規
定，不能濫捕、濫殺，如此才能保護動物資源，不致絕種。

《孟子·梁惠王》亦載：

數罟不入洿池，魚鱉不可勝食也。

所包含的意思和道理和前面所述都是一樣的。所以《大戴禮記·易本
命篇》說：

故帝王好壞巢破卵，則鳳凰不翔焉。好竭水捕魚，則蛟龍不出
焉。好剖胎殺夭，則麒麟不來焉。好填谿塞谷，則神龜不出
焉。……五穀不滋，六畜不蕃息⑬。

不啻給今日破壞生態環境的人們一記棒喝。

在保護益鳥和有益動物方面，我國古代也有優良的傳統。《前漢書·
宣帝紀》曾記載，西漢元康三年（西元前 63 年）春，宣帝曾下詔：

今春五色鳥以萬數飛過屬縣（三輔諸縣）翱翔而舞，欲集未下，
其令三輔毋得以春夏摘巢探卵，彈射鳥飛⑭。

---

⑬ 《大戴禮記》（民國 72 年台北商務印書館出版，景印文淵閣四庫全書第 128 冊），
頁 539。
⑭ 《前漢書》（台北：台灣商務印書館，百衲本二十四史第二冊），頁 1324。

說明漢宣帝曾下令天下百姓，禁止在春天和夏天翻鳥窩取卵，不准彈射飛鳥。《太平御覽》卷九一七引《十三州記》曰：

> 上虞縣有雁，為民田春銜拔草根，秋啄除其穢，是以縣官禁民不
> 得妄害此鳥。犯則有刑無赦⑮。

說明雁是益鳥，所以縣官禁止百姓加害此鳥，違反規定的，"則有刑無赦"。

《太平御覽》卷九五○〈蟲豸部七〉亦引《漢實錄》之文曰：

> 《漢實錄》曰：乾佑初，開封府陽武、雍丘、襄邑蝗府尹侯益遣
> 人以酒醑致祭，三縣蝗為鸛鴒聚食，勒禁羅弋鸛鴒，以其有吞食
> 之異也⑯。（亦見於《舊五代史·五行志》》

這是說，五代後漢隱帝乾佑年間（西元 948－950 年），陽武（今河南原陽縣）、雍丘（今河南杞縣）、襄邑（今河南睢縣）發生蝗災，三縣的蝗蟲都被鸛鴒鳥聚食，所以皇帝下令百姓，禁止張網捕捉鸛鴒鳥，因為牠有吞食蝗蟲之特異本領。

青蛙能捕食害蟲，是有益動物，所以我國先民很早就知道要保護牠。北宋哲宗元祐元年撰成之《墨客揮犀》卷六記載：

> 浙（江）人喜食蛙，沈文通在錢塘日，切禁之⑰。

南宋趙葵在《行營雜錄》中也記載說：

> 馬裕齋知處州，禁民捕蛙。有一村民犯禁，乃將冬瓜切作蓋，刳
> 空其腹，實蛙于中，黎明持入城，為門卒為捕，械至於庭。公心
> 恠之問曰：汝何時捕此蛙。答曰：夜半。……公窮究其罪⑱。

可見宋代我國先民對有益動物之保護，是很積極的。

---

⑮ 《太平御覽》（台北：台灣商務印書館，景印文淵閣四庫全書第 901 冊），頁 206。
⑯ 同上，頁 446。
⑰ 彭乘，《墨客揮犀》（筆記小說大觀第 21 編第 3 冊），頁 1746。
⑱ 趙葵，《行營雜錄》，見《說郛》卷四十七。

五、推行造林和綠化環境政策

樹林對人體健康、環境保護、空氣污染防治等之益處十分大。根據現代科學家的研究，一株高度十公尺以上的大樹所製造的氧氣，可以供應二十個成人呼吸之用。綠樹還具有調節氣溫、防治噪音、防治空氣污染等多種功能。尤其是榕樹、竹柏、羅漢松、樟樹、夾竹桃、木麻黃等樹木，最能耐久承受空氣污染，故可作為空氣污染嚴重地區之綠化樹種和美化樹種[19]。我國歷代文獻中，有關推行造林和綠化環境方面的記載也有不少，茲分道路兩旁造護路林、綠化環境和種植經濟林、城市造林、河渠兩岸造護堤林等四方面加以說明[20]。

（一）道路兩旁造護路林

秦始皇統一六國以後，廣開馳道於天下，並在馳道兩旁種植青松。《漢書·賈山傳》有以下之記載：

> 秦為馳道於天下，東窮燕齊，南極吳楚，江湖之上，瀕海之觀畢至。道廣五十步，三丈而樹，厚築其外，隱以金椎，樹以青松。

晉代王猛亦曾在關中長安通往中原各州之道路上廣植槐樹、楊樹和柳樹。《晉書》卷113〈符堅載記（上）〉有以下之記載：

> 王猛整齊風俗，……自長安至於諸州，皆夾路樹槐柳，二十里一亭，四十里一驛，……百姓歌之曰，長安大街，夾樹楊槐[21]。

南北朝時代北周各州亦夾道廣植槐樹，一里種一樹，十里種三樹，百里種五樹。《周書》卷三十一〈韋孝寬傳〉有以下之記載：

> 廢帝二年，孝寬為雍州刺史，先是路側一里，置一土堠，經雨頹

---

[19]　賈亦珍，〈那種樹較耐空氣污染？〉，1989年5月29日《台灣聯合報》第11版。
[20]　楊文衡、唐錫仁，〈古代對生物資源的合理開發和保護〉，在《中國古代地理學史》（科學出版社，1984），第五章第三節，頁196-201。
[21]　《晉書》（百衲本二十四史第七冊），〈符堅載記〉在頁5747。

毀，每須修之。自孝寬臨州，乃勒部內，當堠處植槐樹代之，既
免修復，行旅又得庇蔭。周文後見，怪問知之，曰：豈得一州獨
爾，當令天下同之。於是令諸州夾道一里樹，十里種三樹，百里
種五樹焉㉒。

《古今圖書集成·博物彙編·草木典》卷二六九〈榆〉部引《鄴中
記》之文曰：

襄國鄴路千里之中，夾道種榆。盛暑之月，人行其下㉓。

說明南北朝時代襄國鄴路路旁皆種榆樹，故炎夏人行其下。

隋煬帝開運河，自板渚引河至淮河，並在河畔築路，廣植柳樹。《隋
書》卷十九〈食貨志〉有以下之記載：

煬帝即位，……自板渚引河達於淮海，謂之御河，河畔築御道，
樹以柳㉔。

唐德宗貞元年間（785－801），渭南縣尉張造反對砍伐洛陽長安間道
旁槐樹造車。唐憲宗元和十五年，李肇在《國史補》卷上記述說：

貞元中，度支欲砍取兩京道中槐樹造車，更栽小樹，先符牒渭南
縣尉張造，造批某牒曰：近奉文牒，令伐官槐，若欲造車，豈無
良木？恭維此樹，其來久遠。東西列植，南北成行，輝映秦中，
光臨關外。不惟用資行者抑亦曾蔭學徒。拔本塞源，雖有一時之
利；深根固蒂，須存百代之規……運斧操斤，情所未忍㉕。

說明張造反對砍伐槐樹，因為槐樹在兩京道上東西列植，南北成行，
輝映秦中，光臨關外。運斧操斤，砍取它造車，「情所未忍」。

《宋史·李璋傳》也記述宋代李璋知鄆州時，曾經修路植柳之事說：

㉒ 《周書》（百衲本二十四史第十四冊）。
㉓ 《古今圖書集成》（台北：鼎文書局，民國65年），草木典在第65－67冊。
㉔ 《隋書》（百衲本二十四史宋本第十五冊）。
㉕ 李肇，《國史補》（筆記小說大觀第21編第2冊），頁665。

發卒城州西關，調夫修路數十里，夾道植柳，人指為李公柳。

到了元代，《馬哥波羅遊記》第九十九章記忽必烈「命人沿途植樹」之事說：

> 大汗曾命人在使臣及他人所經過之一切要道上種植大樹，各樹相距二、三步，俾此種道旁皆有密接之極大樹木，遠處可以望見，俾行人日夜不至迷途[26]。

（二）綠化環境和種植經濟林

我國古代有關造林和綠化環境之文獻也有不少。例如漢代，司馬遷在《史記·貨殖列傳》中記載說：

> 山居千章之材：安邑千樹棗，燕秦千樹栗，蜀漢江陵千樹橘，淮北常山巳南，河濟之間千樹楸，陳夏千畝漆，齊魯千畝桑麻，渭川千畝竹。此其人皆與千戶侯等[27]。

這是我國古代營造經濟林致富的最早紀錄。

《漢書·循吏傳》也記載漢朝渤海太守龔遂要百姓一人種一棵榆樹之事，文曰：

> 龔遂為渤海太守，勸民務農桑，令口種一樹榆。

三國時代，鄭渾為魏郡太守，曾獎勵百姓種植榆樹和水果，《三國志·魏書》卷十六〈鄭渾傳〉有載：

> 渾為魏郡太守，其治放此，又以郡下百姓苦乏材木，乃課樹榆為籬，並皆樹五果，榆皆成藩，五果豐實[28]。

南北朝時，《南史·劉善明傳》記載：

㉖　馮承鈞譯，《馬哥波羅遊記》（台北：中華書局，1957 年），第十九章。

㉗　《史記》（百衲本二十四史第一冊）。

㉘　《三國志》（百衲本二十四史第六冊）。

文秀既降，除善明海陵太守，郡境邊海無樹木。善明課人種榆檟
雜果，遂獲其利㉙。

宋太祖開寶五年（972）正月，宋太祖曾下詔天下百姓種植桑棗及榆
柳等樹。《宋史·河渠志》有以下之記載：

開寶五年正月，太祖詔曰：應緣黃、汴、清、御等河州縣，除淮
舊制種藝桑棗外，委長吏課民別樹榆柳及土地所宜之木。仍案戶
籍高下，定為五等：第一等歲樹五十本，第二等以下遞減十本。
民欲廣樹藝者聽，其孤寡惸獨者免。

宋神宗熙寧五年（1072），東頭供奉官趙忠政言：

界河以南至滄州凡二百里，夏秋可徒涉，遇冬則冰合，無異平
地。請自滄州東接海，西抵西山，植榆、柳、桑、棗，數年之
間，可限契丹。（見《宋史·河渠志》）

宋神宗熙寧七年（1074），河北沿邊安撫司請付邊郡屯田司。又言於
沿邊軍城植柳蒔麻，以備邊用（見《宋史·河渠志》）。

明太祖洪武二十七年（1394），朝廷要求百姓多種桑棗和柳樹。《天
府廣記》卷二十一〈工部篇·樹植條〉有以下之記載：

洪武二十七年，令工部行文書教天下百姓，務要多栽桑棗，每一
里種二畝秧，每一百戶內共出人力挑運柴草燒地，耕過再燒，耕
燒三遍下種，待秧高三尺，然後分栽，每五尺闊一壟。每一百戶
初年二百株，次年四百株，三年六百株。栽種過數目，造冊回
奏。違者全家發雲南金齒充軍。……京城渠路及邊境地宜多種柳
樹，可以作薪，以備易州山廠之缺㉚。

明末徐光啟在《農政全書》卷三十八中記載了當時種植烏桕得到的好
處：

㉙　《南史》（百衲本二十四史第十六冊）。
㉚　孫承澤，《天府廣記》（筆記小說大觀第33編第10冊），頁289—290。

臨安郡中，每田十數畝，田畔必種柏數株，其田主歲收柏子，便
可完糧。如是者租額亦輕，佃戶樂於承種……兩省之人，既食其
利，凡高山大道，溪邊宅畔，無不種之……且樹久不壞，至合抱
以上，收子逾多。故一種即為子孫數之利……其種之佳者有二：
曰葡萄柏，穗聚子大而殼穰厚；曰鷹爪柏，穗散而殼薄[31]。

可見我國古代先民是很重視造林工作以及環境綠化工作。

（三）城市造林

城市造林可以調節城市中之氣溫、防治城市中之噪音、防治空氣污
染，又可以鬆弛並調劑居民忙碌緊張的生活，並美化都市之市容和環境，
所以今人極重視城市造林和綠化工作。我國古代很早也有城市造林工作
了。《太平御覽》卷九五四〈槐〉條中有這樣的記載：

漢平帝元始四年（4）春魏志，起明堂辟雍為博士舍，三十區為
會市，但列槐樹數百行。

說明漢平帝時，曾在城市中種植槐樹數百行。
《三國志·魏志·王昶傳》裡也有以下之記載：

王昶為洛陽典衣，時都畿樹木成林。

說明三國時代，洛陽的官員王昶曾在洛陽城市中造林。
《舊唐書》卷九〈玄宗本紀（下）〉也記載說：

開元二十八（740）春正月，兩京（長安、洛陽）路及城中苑內
種果樹。
代宗永泰二年（766）種城內六街樹[32]。

《舊唐書·范希朝傳》也記載說：

---

[31] 徐光啟，《農政全書》（景印文淵閣四庫全書第 731 冊），頁 554。
[32] 《舊唐書》（百衲本二十四史第十九冊）。

　　范希朝為振武（今日內蒙古和林格爾西北）節度使，單于城中舊
　　少樹，希朝於他處市柳子，命軍人種之，俄遂成林，居人賴之。

《新唐書》卷八十四〈吳湊傳〉也記述吳湊任京兆尹時，在長安城內
廣植槐樹之事說：

　　先是街樾（樹蔭）稀殘，有司蒔榆其空。湊曰，榆非人所蔭玩，
　　悉易以槐㉝。

（四）河堤兩旁造護堤林

　　我國早在先秦時代，就已經知道在河堤上造護堤林，可以護堤，防止
洪水泛濫。戰國時代的著作《管子》卷十八〈度地篇〉中就已經記載了河
堤上種樹的好處：

　　堤上樹以荊棘，以固其地，雜之以柏、楊，以備決水㉞。

晉代盛弘之在《荊州記》中也說：

　　緣城邊隄悉植細柳，綠條散風，清陰交陌㉟。

《古今圖書集成·博物匯編·草木典》卷二六七〈柳〉部引《開河
記》文曰：

　　隋大業中（611）開汴渠，兩堤上栽垂柳，詔民間有柳一株賞一
　　縑，百姓競植之。

說明隋煬帝時，朝廷曾鼓勵百姓在汴渠兩堤上種植柳樹，效果良好。
　　宋朝時代也非常重視在河堤上種植護堤林，所以《宋史》中有以下之
記載：

㉝　《新唐書》（百衲本二十四史第二十二冊），頁 17067。
㉞　頁 107。
㉟　盛弘之，《荊州記》，見《說郛》卷 61，第 10 函。

建隆三年（962）太祖詔：緣汴河州縣長吏，常以春首課民夾岸
植榆柳，以固堤防。（見《宋史》卷九十三〈河渠志〉）

陳堯佐（963-1044）知河南府，徙并州，每汾水暴漲，州民輒
憂擾。堯佐為築堤，植柳數萬本作柳溪，民賴其利（見《宋史·陳堯
佐傳》）

元祐四年（1089），蘇軾（1036-1101）知杭州，取葑田積湖
中，南北徑三十里為長堤，以通行者⋯⋯，堤成，植芙蓉楊柳其
上，望之如畫圖，杭人名蘇公堤。（見《宋史·蘇軾傳》）

重和元年（1118）三月己亥，徽宗下詔，令滑州、濬州界萬年
堤，全藉林木固護堤岸，其廣行種植，以壯地勢。（見《宋史》卷九
十三〈河渠志〉）

紹熙五年（1194），淮東提舉陳損之言：乞興築自揚州江都縣至
楚州淮陰縣三百六十里，又自高郵，興化至鹽城縣二百四十里，
其堤岸傍開一新河，以通舟船，仍存舊堤以捍風浪。栽柳十餘萬
株，數年後，堤岸亦牢，其木亦可備修補之用。（見《宋史》卷九十
七〈河渠志〉）

到了清代，洪肇楙在《寶坻縣志》中也記述築護堤林的好處說：

築堤以捍水，尤須栽樹以護堤。誠使樹植茂盛，則根柢日益蟠
深，堤岸亦日益堅固⋯⋯，數年以來，夾岸成林，田圍如蔭，不
獨護堤，且壯觀焉㊱。

說明在寶坻縣栽護堤林，不僅使堤岸日益堅固，而且外貌十分壯觀。

六、環境保護法令之制訂和推行

我國古代先民對環境保護工作十分重視，政府官員亦將此工作列為施
政方針，管仲就認為「為人君而不能謀守其山林菹澤草萊，不可以為天下

㊱ 洪肇楙修，乾隆《寶坻縣志》，卷十六〈集說〉。

王。」將帝王視爲自然環境的守護神。我國先民甚至將生態保護和環境保
護之法令放在人地觀、天人觀、陰陽五行之理論中加以規範。例如《管
子》卷十四〈五行第四十一〉即有這樣的記載：

> 然後作立五行，以正天時五官，以正人位與天調，然後天地之美
> 生。日至睹甲子，木行御（春日既至，睹甲子，用木行御時
> 也），天子出令命左右大師內御（內御之官）。……發故（舊）
> 粟以田數，出國衡順山林，禁民斬木，所以愛草木也。然則水解
> 而凍，草木區（屈生）萌，贖（去）蟄蟲卵菱，春辟（闢）勿
> 時，苗足本，不瘮（殺）雛穀（不殺子鳥隨母鳥吃），不
> 夭（殺）麛（小鹿）麝（小狗）。睹甲子，木行御，天子不賦，
> 天子不賦不賜賞，而大斬伐傷也（逆時政所致災禍也）。君危不
> 殺，太子危，家人夫人死（若君雖危而不見殺，則太子危，而家
> 人夫人有死禍也）。……
> 睹庚子，金行御，天子攻山擊石，有兵作戰而敗，士死，喪執
> 政。……。睹壬子，水行御，天子使塞動大水，王后夫人薨。不
> 然，則羽卵者段（假借），毛胎者膭（胎敗潰也），膃婦（孕
> 婦）銷棄，草木根本不美，七十二日而華也。

前文雖帶有讖緯色彩，但是亦足以反映我國先民當時將天、地、人觀
以及陰陽五行理論等之運用情形，他們當時非常重視天、地、人之間的關
係以及大自然界生態環境之均衡，動物和植物之保護，所以他們將生態保
護和環境保護之法令放在天、地、人觀及陰陽五行之理論中加以規範。

在先秦時代，我國先民也曾經建立專門機構，設置專門的官員負責鳥
獸、水域、土地的封禁和管理，《周禮》中所謂的「稻人」、「迹
人」、「遂人」、「匠人」之屬，就是專門管理自然環境生態的管理官員
和技術人員。例如「迹人」是主管田獵的官，負責所管地區鳥獸資源的保
護，規定打獵時，「禁麛卵者與其毒矢射者」，即禁止覆巢取卵，禁止使
用毒矢射殺鳥獸。《尚書·堯典》記載舜時設有「虞官」，以管理山林川
澤草木鳥獸，當時的「虞官」是伯益。《尚書·堯典》原文是：

> 舜帝曰：疇若予上下草木鳥獸？僉（全體）曰：益哉！帝曰：俞
> 咨（是啊！）！益（伯益），汝作朕虞。

接「虞」即專管山林川澤以及草木鳥獸的官，伯益可以說是我國古代第一位環保署署長。

為了推行環境保護政策，當時政府訂有賞罰的法令，《管子》卷二十三〈地數篇〉，載有嚴厲的禁令：

> 苟山之見榮焉者，謹封而為禁。有動封山者，罪死而赦。有犯令者，左足入，左足斷；右足入，右足斷[37]。

藉以嚇阻那些破壞自然環境的人。《韓非子》卷九〈內儲說上·七術第三十〉也說：

> 殷之灋，棄灰於公道者斷其手[38]。

《說苑》中也記載說：

> 秦灋，棄灰於道者刑[39]。

可見當時對亂倒灰於路上者之處罰相當重，而且孔子亦認為斷其手之處罰不算重。

對於環境保護法令，也要求嚴格執行，《呂氏春秋·務大篇》中說：

> 制四時之禁，山不敢伐材下木，澤人不敢灰僇，縵（落）網，罝
> 孚不敢出於門，不敢入於淵，澤非舟虞不敢緣名，為害其時也。

按前文之意思是說，一定要按照春夏秋冬的禁令行事，否則就不准在山中砍伐樹木和在澤中割草燒灰，也不得用網具捕捉鳥獸和魚類；除舟虞外，任何人不准在湖中乘船捕魚，以防危害魚類的繁殖。

《國語·魯語》有這樣一段記載：

---

[37] 頁 136。
[38] 《韓非子》（上海：商務印書館縮印宋刊本，四部叢刊初編第 20 冊），頁 47。
[39] 劉向，《說苑》（景印文淵閣四庫全書第 696 冊）。

宣公夏濫於泗淵，里革斷其罟（網）而棄之。曰：古者大寒降，土蟄發，水虞於是乎講罛罶，取名魚，登川禽，而嘗之寢廟，行諸國人，助宣氣也。鳥獸孕，水蟲成，獸虞於是乎禁罝羅䍟（刺）魚鱉以為夏槁，助生阜也。鳥獸成，水蟲孕，水虞於是乎禁罜麗（篩物之具及細網），設阱（陷）鄂，以實廟庖，畜功用也。且夫山不槎（砍）蘖（嫩枝），澤不伐夭（草木未成曰夭），魚禁鯤鮞（小魚及子魚），獸長麑（鹿子）麌（麋子），鳥翼鷇（生哺曰鷇）卵（未孵曰卵）蟲含蚳（幼蟻）、蟇（幼蝗），蕃庶物也。古之訓也。今魚方別孕，不教魚長，又行網罟，貪無藝（厭）也。④⓿

　按前文之意思是說，魯國君宣公違禁撒網捕魚，里革見了，將宣公的網割斷丟到岸上，並講了一番保護生物資源的知識，進諫宣公：從國君到百姓，都要遵守保護生物資源的法規，鳥獸懷孕後，水中的魚蝦已經長成，掌管鳥獸禁令的官員，就要下令禁止捕捉鳥獸；等到鳥獸已經長成，水蟲正在懷孕，掌管魚類禁令的官員就要下令禁止使用細網捕魚。此外，山上剛長出來的樹枝不准砍伐，湖泊裏未長成的水草不能採割；禁止捕獵小魚和幼獸，以便它們長大；殺蟲時要留下那些幼蟻和幼蝗。這些都是為了使萬物繁殖不息，這是我國自古以來的準則。現在正值魚群生育之時，您不讓它們繁殖生長，下網捕殺，不讓它們繁殖生長，便是貪得無厭④⓵。

　西元 1975 年，我國湖北省雲夢縣睡虎地 11 號墓曾出土了大量的秦簡，其中在《秦律十八種·田律》中有很完備的環境保護法令④⓶，足證先秦時代有關環境保護法令之文獻是信而有徵的。該《秦律十八種·田律》全文如下：

────────────
④　《國語》，卷四〈魯語上〉（景印文淵閣四庫全書第 406 冊），頁 51－52。
⑪　唐錫仁，〈論先秦時期的人地觀〉頁 9－11，1987，12 年月 16 日發表於香港大學中文系六十週年紀念「儒學與中國文化」研討會。並發表於《自然科學史研究》1988 年第七卷第四期（科學出版社），頁 311－317。
⑫　睡虎地秦墓竹簡整理小組，《睡虎地秦墓竹簡》（文物出版社，1978 年），頁 24－30。

春二月，毋敢伐材木山林及雍（壅）隄水。不夏月，毋敢夜（擇，取草之意）草為灰，取生荔（甲，種皮）、麛（幼獸）、鷇（鳥卵）、鷇（需哺食之幼鳥），□□□□□□□毒魚鱉，置罙罔（網），到七月而縱之。唯不幸死而伐綰（棺）享（槨）者，是不用時。邑之紀（近）皂（牛馬圈）及它禁苑者，麛時，毋敢將尤以之田。百姓犬入禁苑中而不追獸及捕獸者，勿敢殺；其追獸及捕獸者，殺之。河（呵，呵責）禁（警戒區）所殺犬，皆完入公；其它禁苑殺者，食其肉而入其皮。

按前文的意思是說，從春天二月開始，政府即規定不准進入山林中砍伐木材，不准堵塞水道（阻斷水流）。不到夏季，不准燒草作為肥料，不准採取剛發芽的植物，或捉取幼獸、鳥卵和幼鳥。不准毒殺魚鱉，不准設置捕捉鳥獸的陷阱和網罟，到七月時，才解除禁令。只有因死亡而需伐木製造棺槨的，不受季節限制。居邑靠近養牛馬的皂和其他禁苑（王室畜養禽獸的苑囿）的，幼獸繁殖時，不准帶著狗去狩獵。百姓的狗進入禁苑而沒有追獸和捕獸者，不准打死；如追獸和捕獸者要打死。在專門設置警戒的地區，打死的狗都要完整地上繳官府，在其他禁苑打死的，可以吃掉狗肉而上繳狗皮。

這不但是我國古代一部相當完備的「環境保護法」，而且可以證明前述《管子·地數篇》、《呂氏春秋·務大篇》、《國語·魯語》等文獻中所敘述的環境保護法規和環境保護措施是真實的。

七、結　語

自古以來，我國先民就一直非常講究山川園林之美，對自然生態環境的保護不遺餘力，古代雖無重工業工廠和汽車、飛機等現代文明物所製造的污染，他們猶建立環境保護機構，設置環境保護官員，制訂「環保法令」，明文規定環境保護措施。由本文之論述，可知我國古代先民對環境保護十分重視，吾人豈可再昧著良心，漠視日益嚴重的環境污染在破壞我們的祖先所留給我們的美好的自然環境。

附記: 本研究之動機主要來自唐錫仁主任之〈論先秦時期的人地觀〉一文，謹向唐錫
仁主任致謝。

本文撰寫期間，驚聞本人從事中國科學史研究之啟蒙者陳勝崑先生不幸英年去
世，謹於此致哀悼之意。

THE KNOWLEDGE OF ENVIROMNENTAL PROTECTION
IN ANCIENT CHINA

by

Liu Chao—Min

(Abstract)

The ancient Chinese have paid much attention to protect the environment since Pre—Chin dynasty. Therefore they had much information about environmental protection.

Recently Professor Tang Xi—Ren has shortly diecussed the environmental protection in ancient China. Now this paper will introduce more these knowledge concerning the reservation of water and soil, the protection of plant resources, the protection of animal resources, the beautification of environment, and the laws of environmental protection.

極星與古度考

清華大學歷史研究所　黃一農

一、前　言

夜觀恆星在天空中的運動時，將見所有的星均繞著一固定點（即天極）旋轉，此即古人所謂"居其所而眾星共之"的現象。我們現在知道這是由於地球自轉所致，而地球自轉軸所指的方向即天極。

由於我國古天文主要是採用赤道座標系①，故天極位置的決定，將直接影響各星體座標測量的準確度，進而與曆法的精密與否發生密切關聯。歷代的天文家因而對此均十分重視，又為求辨識方便，常選取一鄰近天極的星以為極星②。宋儒朱熹（1130－1200）即曾清楚地對其門人解說天北極（常以北辰名之）與極星（有時亦稱為紐星或天樞星）間的關係：

> 問北辰。曰：北辰是那中間無星處，這些子不動，是天之樞紐。
> 北辰無星，緣是人要取此為極，不可無箇記認了，故就其傍取一
> 小星，謂之極星③。

但由於太陽和月亮的引力作用，地球自轉軸會沿著一半徑約23.5°（本文中將保留"度"字以代表中國古度）的圓周緩慢地繞黃極旋轉，此一週期為 25,800 年的運動，天文學上稱為歲差（precession）。由於天極位置不斷移動，連帶使得赤道亦沿黃道西滑，而做為黃道座標參考

---

① 中國天文學史整理研究小組編，《中國天文學史》（北京：科學出版社，1981），頁46－47。

② 極星之名出現甚早，如在大約春秋末期成書的《考工記》（台北：藝文印書館，收入《叢書集成續編》之十六第三函《關中叢書》）有云："晝考諸日中之景，夜考之極星，以正朝夕"（卷下頁 11）。

③ 《徽州本朱子語類》（京都：中文出版社，1982，朝鮮古寫徽州本），卷 23 頁 337。

點的春分點（即赤道與黃道在天球上的兩交點之一），亦因此漸向西移。

　　西元前二世紀，希臘天文家喜帕恰斯（Hipparchus）在編制恆星表時，發覺諸恆星的黃經已較前人所測值發生顯著變化，他推論此因眾星均循黃道東進所致，並估計其移動速率爲每百年至少 1°④。直到十六世紀時，哥白尼（Copernicus）始提出歲差現象的正確解釋⑤。

　　我國的天文家遲至第四世紀時，始由晉朝的虞喜（281－356）獨立發現歲差現象⑥。虞喜根據古今所載冬至日過中天恆星的不同，得出冬至點每五十年後退一度的結論。到了南北朝時，祖沖之（429－500）更首度將歲差納入我國曆法的推步中⑦。但中國古代一直將歲差誤釋爲黃道沿赤道西滑所造成的⑧。

　　由於天極位置在過去數千年間改變相當多，故不同時代所選定的極星常不同。目前我們所用的北極星乃爲小熊座α（中名勾陳大星或勾陳一），此星現距極 0.8°，並仍繼續接近中，至西元 2100 年時將到達最近點，彼此相隔約僅 28' 左右。

　　有關我國歷朝所定極星的考證，尚未見詳細的研究。李約瑟在其《中國之科學與文明》一書中雖曾論及此，但並未做全面且深入的討論，且其所據的天極軌跡圖竟然出現近 5° 的偏差⑨。

---

④　J. L. E. Dreyer, *A History of Astronomy from Thales to Kepler* (New York: Dover Publ., 1953, 2nd edition), pp. 202－206.

⑤　Edward Rosen, "Copernicus," in *Dictionary of Scientific Biography* (New York: Charles Scribner's Sons, 1981), ed., Charles Coulston Gillispie, vol. 3, p. 405.

⑥　有關我國古代天文家對歲差的認識，參見何妙福，〈歲差在中國的發現及其分析〉，收入《科技史文集》（上海：上海科學技術出版社，1978），第一集頁 20－30；林鑒澄，〈歲差在我國的發現、測定和歷代冬至日所在的考證〉，收入《中國天文學史文集》第三集（北京：科學出版社，1984），頁 124－137。

⑦　《宋書·律曆志下》（北京：中華書局，1975 年點校本；以下所引二十四史版本均同此），卷 13。

⑧　如《新唐書·天文志一》所引一行的〈大衍曆議〉中即稱："所謂歲差者，日與黃道俱差也……黃道不遷，日行不退，又安得謂之歲差乎？"（卷 27 上頁 601），參見何妙福，〈歲差在中國的發現及其分析〉一文的討論。

⑨　此見於李氏原書圖 97，據筆者以電腦推算，天極的正確軌跡應十分接近天龍座 α 星（古名右樞），而與天龍座 τ 星（古名左樞）相距約 4.5°，但在李氏所用的圖中，其軌跡卻通過天龍座 τ 星；參見如 Sky Publishing Corporation 於 1958 年出版的 *SC2 Constellation Chart－North Circumpolar Region* 上的天極軌跡及 Joseph Needham and Wang Ling, *Science and Civilisation in China* (Cambridge: Cambridge University Press, 1959), vol. 3, pp. 259－262.

　　由於先秦文獻中有關極星的資料多非定量⑩，不易做成較確切的推定，故本文將著重於討論近兩千年間極星的變遷。又因古文獻中常見以 " 度 " 來表示天極與極星間的距離，惟前人多錯解此一單位的真正涵意，故文中亦將以相當篇幅先就此詳加討論。

二、中國古度的真意

　　我國古代絕大部分的天象觀測均是經由各儀象中的窺管所完成的，故下文將從幾個涉及窺管觀象的實例（多與天極位置的測定有直接或間接的關聯）出發，嘗試探究其中所記古度值的真正意義。

（一）以窺管測定天極所在

　　宋沈括（ 1031 – 1095 ）在其《夢溪筆談》一書中，曾詳述其以窺管測定當時天極所在的過程，文曰：

> 漢以前皆以北辰居天中，故謂之極星。自祖暅以璣衡考驗天極不動處，乃在極星之末，猶一度有餘。熙寧中，予受詔典領曆官，雜考星曆以璣衡求極星，初夜在窺管中，少時復出，以此知窺管小，不能容極星遊轉，乃稍稍展窺管候之，凡歷三月，極星方遊於窺管之內，常見不隱，然後知天極不動處，遠極星猶三度有餘。每極星入窺管，別畫為一圖，圖為一圓規，乃畫極星於規中，具初夜、中夜、後夜所見，各圖之，凡為二百餘圖，極星方常循圓規之內，夜夜不差⑪。

沈括初以窺管觀測極星時，發覺不多久極星即游出視野之外（此為地球的自轉所致），故他乃稍加大窺管的視野後再測⑫。每天分於初夜、中夜、

---

⑩　如瞿曇悉達，《開元占經》（台北：台灣商務印書館，收入《欽定四庫全書》第 807 冊）中引戰國甘德曰：" 四輔四星，抱北極樞 "（卷 69 頁 1 ），此處雖描述了極星與四輔的相對位置，惟四輔當時究竟指的是那四星卻並不易完全確定。

⑪　沈括，《夢溪筆談》卷 7；見胡道靜，《夢溪筆談校證》（上海：上海古籍出版社，1987），上冊，頁 295 – 296。

⑫　雖然削減管長與擴大管徑均可加大窺管的視野，但由 " 稍稍展窺管候之 " 句中 " 展 " 字的意義推測，沈括當時所採的方法乃加大管徑。此與朱熹在《徽州本朱子語類》中

後夜各紀錄極星的位置，前後共經三月，終於確定天極與極星相距"猶三度有餘"。

沈氏這一觀測是我國古代少數記載較詳盡的天文實驗之一，其方法似乎相當周延。但近代許多學者對此實驗的評價卻是極端負面的，如在《沈括研究》一書中即有學者批評稱：

> 祖暅至沈括時的極星不是現在的北極星，而是紐星，又名天樞，即鹿豹座 4639 號星（Schlesinger 星表）。沈括的測量是在 1074 年前後進行的，當時的天極與紐星的角距離是 1.52 度，沈括宣布他所測數據是"三度有餘"，比正確數值大了一倍，這是從祖暅的正確結論倒退。沈括的這一數據曾被後人引用多年，在一定程度上造成了不良的影響[13]。

由於此一實驗並不困難，僅較耗神費時，況且在《夢溪筆談》中嘗見如下的記載：

> 予占天候景，以至驗於儀象，考數、下漏，凡十餘年，方粗見真數……熙寧中，予領太史令，衛朴造曆，氣朔已正，但五星未有候簿可驗。前世修曆，多只增損舊曆而已，未嘗實考天度。其法須測驗每夜昏、曉、夜半月及五星所在度秒，置簿錄之，滿五年，其間別去雲陰及晝見日數外，可得三年實行，然後以算術綴

(續) 所稱沈括"旋大其管，方見極星存管弦上轉"相合（卷 23 頁 337–338）。與沈氏幾乎同時的蘇頌（1020–1101），在其《新儀象法要》（台北：台灣商務印書館，收入《萬有文庫薈要》第 499 冊）中嘗記載一改良的窺管，其形狀爲一中空的長方柱，截面的邊長各爲一寸六分，兩端分置邊長一寸七分的方掩，方掩中各鑿孔徑七分半的圓孔（卷上頁 40）。此一設計或在求減少傳統窺管（孔徑與截面相同）內壁的嚴重反光。沈括所謂的"旋大其管"，或即指將此類窺管兩端方掩的圓孔鑿大。

[13] 此段敍述中誤以爲宋代的極星與南北朝時相同，且誤認爲即 HR 4639 (HD 105943)，又即使沈括確以 HD 105943 爲極星，其距天極的角距離（3.1°）亦遠大於此文中所稱的 1.52°；文見王錦光、聞人軍，〈沈括的科學成就與貢獻〉，收入杭州大學宋史研究室編，《沈括研究》（杭州：浙江人民出版社，1985），頁 64–123。此一批評沈括的說法，最早或出現於李志超，〈沈括的天文成就——日食和星度〉，《中國科學技術大學學報》，第 10 卷 1 期（1980），惟筆者未得見此文。但很有趣的，在中國天文學史整理研究小組編，《中國天文學史》頁 54 中，敍及李志超等人曾提出一與本文相同的解釋，然其說似乎並未能爲近代研究中國科技史的學者所接受。

之……⑭ 。

　　因知沈括相當重視實測，並爲一擁有豐富觀測經驗的天文家，他甚至
曾爲求減少因人眼移動所可能導致的星體位置測量誤差，而對傳統窺管進
行重要改良（詳見後）⑮。故若說他在重覆兩百餘次同一性質的觀測後，仍
出現一倍以上的不準度，實令人訝異。

　　事實上，沈氏所得的數據相當正確，前述誤解乃肇因於今人太過主觀
地以現代幾何學中的角度觀念來理解古代 " 三度有餘 " 一句的涵意。或因
我國古文獻中常見如 " 日行一度，月行十三度……周天三百六十五度四分
度之一 " ⑯、" 歲星……歲行三十度十六分度之七，率日行十二度之一，
十二歲而周天 " ⑰ 等敍述，致今人多直覺地以爲中國古代所用的 " 度 " 與
西方幾何學中的 " 角度 " 觀念相同，僅其數值稍異⑱。

　　然而中國古代實不具備西方幾何學的角度概念，如在宋代〈蘇州天文
圖〉的圖跋中即以 " 度 " 來表示天體直徑，其文曰：

　　　　天體，周圍皆三百六十五度四分度之一，徑一百二十一度四分度
　　　　之三⑲。

筆者以爲古人測天數據中所用的 " 度 "，其涵意並非絕對的，乃與所用天
文儀象的實際運作方式甚或觀測者個人的習慣有密切關係。故下文將先簡
述古人以儀象測天的過程，次嘗試闡明古度的眞意。

　　在古代諸觀天儀象中，窺管一直爲其中不可或缺的組件之一⑳，如以
元郭守敬（ 1231 – 1316 ）所製的簡儀爲例（見圖 1）㉑，其設計乃令窺
衡（此爲傳統渾儀中窺管的改良型）可在四游環平面上繞環心自由旋轉，

---

⑭　《夢溪筆談》卷 7 及卷 8；見《夢溪筆談校證》上冊頁 304，334。
⑮　參見拙文〈中國古代窺管考〉，《科學史通訊》，第 8 期（ 1989 ），頁 28 – 37。
⑯　《晉書·天文志上》，卷 11 頁 279 – 281。
⑰　《史記·天官書第五》，卷 27 頁 1313。
⑱　如在中國天文學史整理研究小組編，《中國天文學史》一書中即稱 " 我國古代把周天
　　分作 365.25 度，而不是 360°，所以中國的古度要稍小 "（頁 47）。
⑲　《宋會要輯稿》（台北：新文豐出版社，民 65 年），第 53 冊，運歷二之一七。
⑳　參見拙文〈中國古代窺管考〉。
㉑　圖 1 乃改繪自郭盛熾，《中國古代的計時科學》（北京：科學出版社，1988），圖

而四游環的轉動軸則和天球南北極的方向一致。由於窺衡的長度幾與四游環的直徑相同，故觀測後即可當做一標針，直接自環上所刻的度數讀出所測量體的去極度。又觀測者亦可從位於四游環南端的赤道環（共刻劃成365.25度）上，直接讀出四游環平面（即一赤經平面）所對應的赤經座標，以求得其入宿度。

又在如渾儀等觀天儀象中，亦多設有極軸（常以天樞名之），其結構與傳統窺管類似，同為一小口徑的長管。當儀器初安置時，即校正天樞中心的位置，令其與極星運行軌跡的中心重疊。古代許多有關極星去極度的測量即是經由儀象中的天樞或獨立的窺管所獲得的。

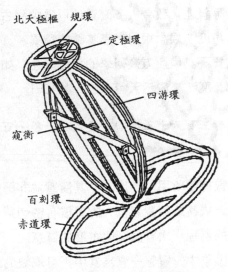

北天極樞　規環
定極環
四游環
窺衡
百刻環
赤道環

圖 1　元郭守敬簡儀略圖

圖 2 中繪出渾儀環中窺管及天樞的平面圖。當欲測量距極稍遠一星的距極度時，若窺管口移至圖中 A'B' 處時恰測見此星，則由環上的刻劃（由北極的 0 度至南極的約 182.6 度），即可直接讀出古人所給的古度值，惟其值為今幾何學中角距離（即圖 2 左圖中的圓心角 θ）值的 365.25／360 倍。

(續) 49；另參見中國天文學史整理研究小組編，《中國天文學史》，頁 190－193；Robert Temple, *The Genius of China* (New York: Simon and Schuster, 1987), pp. 37－39.

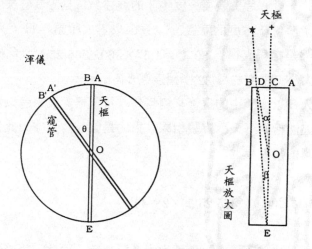

圖2　渾儀中窺管與天樞的平面圖

　　但若所測物體全在窺管視野之內，如在沈括所做測極星去極度的實驗時，筆者以爲古人所給的度數，有時指的是所欲測兩點對應於環上兩刻劃值之差（其值近於圖2右圖中的圓心角 α），而與今幾何學中所定義的角距離（即圓周角 β）相差甚多。因渾儀環上 CD 兩點的刻劃差相當於 CD 弧長與圓周長之比　（ $=\alpha/360°$）　乘以 365.25，　且 $\alpha=2\beta$（因 OE=OD），故沈括所指的古度值應等於

$$2\times\text{角距離 }\beta\,(°)\times365.25/360.$$

　　在沈括的時代，北極星爲 HD　112028（見後文），此星距極約 1.58°，若據前述有關古度的公式推算，約合 3.21 度，正與沈氏所稱的"三度有餘"若合符節。

（二）以窺管測日、月體徑

　　又沈括在其所上的〈渾儀議〉一文中，嘗提及傳統窺管上端多取內徑爲"一度半"的原因，在使"日月正滿上衡之端，不可動移，以審日月定

次 ”。類此 “ 日（月）體徑一度半 ” 的敍述，常見於其它文獻中[22]，然而今人因不了解傳統古度的意義，以致誤以古人所謂 “ 日（月）體徑一度半 ”，必然是指視直徑爲 89'（＝1.5°×360／365.25），此較太陽與月亮的實際視大小（平均約爲 32'）相差甚多[23]。

因古人多以渾儀中的窺管來測量日、月體徑，故筆者以爲此一觀測值亦應與前述沈括的測天極實驗相同，指的是圓心角，亦即此處 “ 一度半 ” 所實際對應的角大小爲

$$1.5 度 \times 360° / 365.25 度 / 2 = 44'.$$

其值較日、月的眞正視直徑僅稍大十多弧分[24]。而此一誤差形成的主要原因或以日光在管中過於明耀，故不易確定圓盤的界限所致。

（三）以句股法求改良窺管的下徑

或由於沈括在前述以窺管測天極所在的實驗中，累積了豐富的使用經驗，故發現傳統窺管兩端口徑相同的設計（上下兩端皆徑 “ 一度半 ”），很容易導致觀測誤差，據沈氏所稱當 “ 人目迫下端之東，以窺上端之西 ” 時，其差可能 “ 幾三度 ”，故他以 “ 鉤股法 ” 求之，算出當測量日、月體徑時，若取 “ 下徑三分，上徑一度有半 ” 時，則 “ 兩竅相覆，大小略等，人目不搖，則所察自正 ”[25]。

---

[22] 相關的討論請參閱拙著，〈蘇州石刻天文圖新探〉，《清華學報》，新 19 卷第 1 期（1989），頁 115－131。

[23] 〈蘇州天文圖〉的圖跋中因稱 “ 日、月體徑一度半 ”，致有研究者誤以該圖作者黃裳是不懂天文的；詳見筆者〈蘇州石刻天文圖新探〉一文。

[24] 我國古代對日、月體徑亦曾有較精確的測量值，如張衡（78－139）在其〈靈憲〉一文中稱：“ 垂象著明，莫大乎日月，其徑當天周七百三十六分之一 ”，其所指的日、月的視直徑爲 29.3'（＝360°／736），與實際值甚爲接近。又元趙友欽的《革象新書》中亦云：“ 日之圓徑一度，以算術求其周圍計三度一十四分一十六秒，月之周徑比似之 ”，即以日、月體徑爲古度一度，約合今之 29.6'；參見南朝梁劉昭（約西元 510 年左右在世）爲晉司馬彪（？－306）《續漢書‧天文志》作注時的引文（錄自《後漢書》志第 10 頁 3216）及趙友欽，《革象新書》（台北：台灣商務印書館，《欽定四庫全書》第 786 冊），卷 5 頁 13。至於西方古代的文獻中，對太陽視直徑的估計多在 29' 至 36' 之間，但亦有將此值定成 1.7° 或 2° 者；Thomas Heath, *Aristarchus of Samos－The Ancient Copernicus* (New York: Dover Publ., 1981), pp. 311－314. ”

[25] 《宋史‧天文志一》，卷 48 頁 958。

因沈氏在敍述改良窺管的口徑時，是以度來表示上徑，故其所稱下徑三分的"分"，應非長度單位"尺、寸、分"中的"分"，而是指下徑在渾儀環上刻劃的周天度數中佔了"三分"（此處一度等於十分㉖）。下文即嘗試還原沈括所使用的"鈎股法"計算，藉以更進一步驗證前述有關古度值的假說。

圖3中繪出沈括所稱"兩竅相覆，大小略等"（即指 AED 與 BFC 分別在一直線上）的示意圖。因當時已知梯形面積求法㉗，故

$$□ABCD = □ABFE + □EFCD$$
$$c(d+b)/2 = (c-e)(a+d)/2 + e(a+b)/2$$

經整理後得

$$e/c = (a-b)/(d-b)$$
$$= (a-b)/d \qquad (因 d >> b)$$
$$d/c = (a-b)/e$$

又因窺管長約等於渾儀環的直徑，故若依前二例所述，欲以圓心角的古度表示 a−b 時（亦即以環上相對於 DC 兩點的刻劃差表示 a−b），其值應爲

㉖ 雖然在宋以前曆法的演算中，常可見"分滿百爲度"的記載（如見《宋史·律曆志》，卷72頁1634及卷81頁1924–1927），但在實際的測量值中，亦有以一度爲十分者。此可從《宋史·天文志一》得一旁證，因其中有云："唐貞觀初，李淳風於浚儀縣古岳臺測北極出地高三十四度八分，差陽城四分"（卷48頁954），而浚儀縣（即今開封）與陽城的緯度差爲 0.4°，若換算成古度，亦約爲 0.4 度，故此處一度應定義成十分。又在《新唐書·天文志一》所引一行的〈大衍曆議〉中，論及各地極高時，亦均以一度爲十分（卷31頁813–814）。由於古代在曆法演算時所得的小數點後面位數，遠較各觀天儀象所能提供者（通常僅能達到約 0.1 度）爲多，故雖用語相同，但卻很可能因實際的方便而採用不同的進位制。又郭守敬簡儀的環上將每度刻劃成十等分，亦爲此說之一間接支持，參見《中國古代的計時科學》頁176。

㉗ 如東漢初成書的《九章算術》中即有求梯田面積的問題，見白尚恕，《九章算術注釋》（北京：科學出版社，1983），頁33–34。

$$d/c \times (365.25/\pi).$$

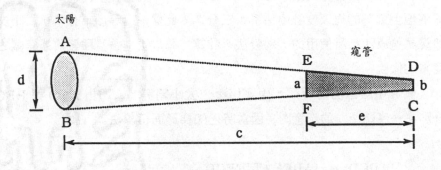

圖 3　沈括改良窺管示意圖

　　因窺管長（ e ）及上徑（ a ）爲已知，故若知日徑與日距比（ d／c ）及圓周率（ π ）值，即可求得窺管的下徑。雖然在沈括文中並未見任何有關求 d／c 值的敍述，但早在約漢初成書的《周髀算經》中，此值求法即已出現：

> 周髀長八尺，夏至之日晷一尺六寸。髀者，股也。正晷者，句
> 也。正南千里，句一尺五寸；正北千里，句一尺七寸。日益表
> 南，晷日益長。候句六尺，即取竹，空徑一寸，長八尺，捕影而
> 視之，空正掩日，而日應空之孔。由此觀之，率八十寸而得徑一
> 寸[28]。

亦即立一髀（表），待其影長爲六尺時（應指秋分），取內徑一寸、長八尺的竹管窺視太陽，因 " 太陽的影像恰佔滿此管的視野 " ，故從圖 4 中相似三角形對應邊之比相同的原理，可以推知邪至日（太陽與觀測者之距離；即圖 3 中之 c ）與日晷徑（太陽直徑；圖 3 中之 d ）之比恰等於管長與管徑之比，亦即 d／c＝1／80。惟因日體事實上尚未能完全佔滿《周髀》所用窺管的視野，故此處所求得的管長與管徑比要較實際值（～1／107.5）稍大。

　　除了《周髀算經》外，唐瞿曇悉達在《開元占經》中，亦嘗明確指

---

[28] 《周髀算經》（台北：台灣商務印書館，1974 年；收入《算經十書》），卷上頁
9－10。

出：

> 望日月法，立於地中，以人目屬徑寸之管而望日月，令日月大滿
> 管孔，及定管長，以管徑乘天高，管長除之，即日月徑也[29]。

即稱當日、月佔滿管的視野時（“日月大滿管孔”），日月徑恰等於管徑
乘天高（《周髀算經》中稱爲邪至日）除以管長。

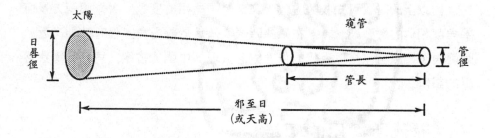

圖4　以窺管測地球至太陽距離與太陽直徑之比

前述傳統求 d／c 值的原理，應已爲宋代的天文家所熟知。《宋史·
律曆志九》有云：

> 皇祐（1049－1054）渾儀……第三重名四游儀，外圍一丈八尺二
> 寸一分，直徑六尺七分……橫簫望筒，長五尺七寸，外方內圓，
> 中通望孔，其徑六分，周於日輪……[30]。

此一渾儀中的望筒（窺管別名），取管長五尺七寸、徑六分的目的，即爲
求其“周於日輪”（使太陽佔滿筒的視野），據此所推得的 d／c 值爲 1／
95（＝6／570），已較前周密。

　　至於當時所使用的圓周率 π 值，經查閱沈括的著作，發覺他嘗用 22
／7[31]。故若將沈氏最可能使用的 d／c＝1／95 及 π＝22／7 值分別代入

---

[29]　《開元占經》，卷 1 頁 31－32。

[30]　《宋史·律曆志九》，卷 76 頁 1745。

[31]　沈括，《補筆談》卷 2：“黃鍾長九寸，圍九分。古人言黃鍾圍九分，舉盈數耳。細
　　　率之，當周九分七分之三”（見《夢溪筆談校證》下冊頁 944）。據孟康注《漢書·
　　　律曆志》中所稱：“（黃鍾）律孔徑三分，參天之數也；圍九分，終天之數也”（卷

後，即可求得

$$a - b = 1.22 \text{ 度。}$$

窺管的上徑 a 已知爲 1.5 度，故得下徑 b＝0.28 度，此與沈氏所得的 " 三分 " 相合[32]。此一下徑所對應的長度約相當於 0.4 公分，僅較人眼的瞳孔略小，因而即使眼睛移動，亦不致影響位置的測量。

　　由以上的討論可知我國古代天文文獻中所用的度數，欠缺與西方幾何學角度相似的嚴整觀念[33]，在某些時候其值近於圓心角，但有時則又近於圓周角[34]，故若完全以現代的角度觀念去理解中國的古度，將可能導致嚴重的誤解。

三、歷代所採用的極星

　　在西元前 2800 年時，天北極與右樞（ 天龍座 α ）間的距離僅約 0.1°，由於右樞相當亮（ 3.65 等 ），故應爲當時理所當然的極星。但在此後四千多年間，天北極的軌跡附近幾乎僅有六等星得見，故考定極星相當困難。

　　下文將就文獻中所記有關極星位置的資料，析論我國近兩千年間所採用的極星究竟爲何，此一研究結果不僅對古星圖上近極諸星的辨識有相當

（續）21 上頁 964 ），因知黃鍾孔徑三分，而沈氏以其周長爲九分七分之三，亦即圓周率用 22／7，此即祖沖之所使用的約率值。

[32] 此乃以皇祐渾儀環直徑爲六尺七分估計所得。若我們採用一度百分之制去理解沈括的敍述，則 " 三分 " 所對應的長度約爲 0.04 公分，此一口徑過小，無法符合實際觀星的需要。又若 " 三分 " 爲長度的單位，則其相當於環上刻劃的 0.6 度，此與 " 句股法 " 所求得之值相差一倍以上。

[33] 我國古代雖然有如 " 矩 "、" 宣 "（ 相當於今所謂的 90° 及 45° ）等專有名詞的出現，但卻僅爲工藝等實用需要而存在，一直未發展成普遍性的角度觀念；參見陳良佐，〈 先秦數學的發展及其影響 〉，收入《 中國上古史待定稿 》（ 台北：中央研究院歷史語言研究所，民 74 年 ），第 4 本，頁 667－724。

[34] 筆者對古度涵意的拙見，曾於 1988 年在美國 San Diego 舉行的 " 第四屆國際中國科技史會議 " 中有關 " Astronomy: Observation, Instrumentation, and Calendrical Science " 部分的論文討論時概略提出，然而在本文初稿完成後，很興奮地發現清初大天文家梅文鼎，在其《 曆算全書 》（ 台北：台灣商務印書館，收入《 欽定四庫全書 》第 794 冊 ）中亦持相近的看法（ 卷 19 頁 51－53 ）。

助益，亦可幫助我們間接粗估古代各觀天儀象在測量時因極軸校不準所可能造成的系統誤差。爲方便起見，下文將依時間順序分成南北朝之前、隋唐至元以及明清兩代三部分討論。

（一）南北朝之前

據文獻中所記，至少在呂不韋（？-235 B.C.）的時代，人們即已知極星並非天極[35]，因《呂氏春秋·有始覽》中有云：「極星與天俱游，而天極不移」[36]。但漢代的學者們似乎並未承襲此一知識，如蔡邕（132-192）在其《月令章句》中有云：

> 史官以玉衡長八尺，孔徑一寸，從下端望之，此星（按：指極星）常見于孔端，無有移動，是以知其爲天中也[37]。

又賈逵（30-101）、張衡（78-139）、王蕃（219-257）、陸績（187-219）等亦皆以紐星即天極所在[38]。當時所流行的「紐星即不動處」之說，或應僅爲一概略的現象描述而已，因在這兩百多年間，天北極的位置已改變約 3°，顯見這些學者多因循前人而未經實測。

經筆者推算，在第一至第五世紀間，肉眼可見星中惟 G 星最接近天北極（見圖 5；爲方便起見，下文中將以英文字母爲各主要星的代號，各星的詳細資料則參見表 1）。在西元 310 年左右，此兩者間的角距離甚且近至 0.05°。此星的光度相當暗，爲 6.3 等，但在古代清朗且無光害的夜空中，當時的天文家應無困難視見。故在這數世紀中，極星（亦即紐星）最可能爲 G 星。

南朝時，祖暅首度定量給出極星與天北極的距離，他測得 “紐星去極

---

[35]　希臘天文家 Pytheas 在西元前 320 年時，亦覺察當時所用的極星並非恰好即天極所在，有關其它文明所用極星的討論，參見 Richard Hinckley Allen, *Star Names, Their Lore and Meaning* (New York: Dover Publ., 1963 ed.), pp. 453-458.

[36]　此見於陳奇猷〈晚翠園科學技術史札記〉一文，收入《中華文史論叢》第 3 輯（1979）頁 185 中，但陳氏卻將此一恆星周日運動的敘述誤推成代表歲差現象的發現。據筆者推算，西元前 235 年時，距極最近且肉眼可見的恆星爲 HD 113049（6.0 等），彼此相距 2.2°。至於漢代所用極星 HD 111112 當時則距極 3.1°。

[37]　《開元占經》卷 1 頁 9-10 引蔡邕《月令章句》之言。

[38]　《隋書·天文志上》，卷 19 頁 529。

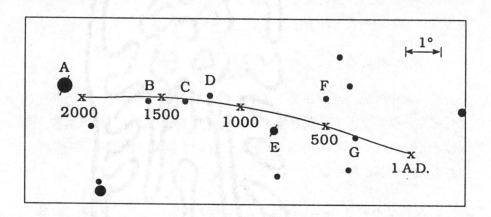

圖 5　近兩千年天北極之運行軌跡。圖中僅標示出較 6.5 等爲亮的星（參見表 1）。

表 1　天北極附近肉眼可見的恆星

代號	星名	座標（2000 年春分點）星等			距北極最小值[+]	
		赤經	赤緯			
		hms	°　′	mag	°	（發生時間）
A	Polaris	2　31　50	+89　16	2.02	0.46	(2100 A.D.)
B	HD 107192	12　15　20	+87　42	6.28	0.06	(1590 A.D.)
C	HD 107113	12　16　52	+86　26	6.33	0.03	(1360 A.D.)
D	HD 104904	12　4　28	+85　35	6.27	0.29	(1210 A.D.)
E	HD 112028	12　49　13	+83　25	5.28	0.55	(810 A.D.)
	HD 112014	12　49　7	+83　25	5.83	0.55	(810 A.D.)
F	HD 105943	12　11　0	+81　43	6.00	0.94	(550 A.D.)
G	HD 111112	12　44　26	+80　37	6.3	0.05	(310 A.D.)

[+]此爲西元元年至 2500 年間每十年作一計算，所得的最小值。

一度有餘"。在肉眼可見的星中，經推算當時（約西元 510 年）只有 F, G, E 三星在天北極附近，其角距離分別爲 0.96°, 1.11°, 1.72°。據梅文鼎（1633－1721）的臆測，祖氏當時所用的"度"指的是圓心角，其文曰:

　　祖氏所用儀器恐亦是自南周用目以窺北周，則雖云離一度有餘，若其真度，恐未及一度㊳。

亦即梅氏以爲祖暅對“度”的用法乃與沈括相同，故其所謂的“一度有餘”，或相當於今所稱的“稍大於0.5°”。但當時不論採取何者爲極星，其距極度與“稍大於0.5°”相較，誤差均在約0.5°（相當於日、月的視直徑）以上。

由於祖暅僅需簡單的儀器即可測得較0.5°誤差小數倍的去極度，故筆者懷疑祖暅的數據指的是圓周角（見後文有關郭守敬簡儀的討論），因當時若仍襲用前代的極星G星，則所推得的極星去極度爲1.11°，合圓周角1.13度，恰與祖暅所稱的“一度有餘”密合。

（二）隋、唐至元

從唐以迄宋初，曆家多以“中國南北極之正，實去極星之北一度有半”㊵。經推算，當時距極最近的星爲E星，此星除在唐初及宋初時距極（以前述代表圓心角的古度表之）爲約“二度”，且在西元800年左右爲約“一度”外，此段期間內距極均約爲“一度半”，故知唐迄宋初所用的極星應爲E星㊶。此星爲一雙星系統，主星5.28等，伴星5.83等，故合起來的光度相當於4.8等，是周圍5°半徑內最亮的星。至於隋代（581－618）所用的極星究竟爲G星或E星，則因文獻不足已難考究，當時此二星距天極幾乎同近，均稍大於1°。

兩宋時有關極星距極度的測量，前後共進行過數次。皇祐時周琮等曾以新製渾儀觀測周天星象，據《靈臺秘苑》中所載，當時測得紐星距極“一度少強（1.33度）”㊷。

㊳ 《曆算全書》，卷19頁52。
㊵ 《宋史·天文志一》，卷48頁976。
㊶ 《新唐書·天文志一》中載有梁令瓚於開元十一年（723）所製黃道游儀的規制（卷31頁806－807），其中稱此儀天樞的孔徑爲“兩度半”。沈括在其〈渾儀議〉中以爲此一設計乃欲使極星游於軸徑中，亦即當時以北極距極星約1.25古度，此值與實際值差近。
㊷ 此據北庾季才原撰，宋王安禮等重修，《靈臺秘苑》（台北：台灣商務印書館，收入《欽定四庫全書》第807冊），卷10頁1。清黃鼎，《天文大成管窺輯要》（台北：老古文化事業公司，民73年）中亦云：“皇祐宋仁宗年號，以銅儀管候之，其不動處猶在樞星之末一度，銅儀管即渾天儀窺管”（卷18頁31），其中所記的距極度值較《靈臺秘苑》稍異，惟因其書已在順治，故或較不可信；另參見潘鼐、王德昌，

稍後沈恬亦測得 " 天中不動處， 遠極星乃三度有餘 " （見先前的討論）。
在其〈渾儀議〉一文中曾批評當時銅儀中天樞取內徑爲 " 一度有半 "， 是
錯用了窺管的尺寸， 以致 " 極星常游天樞之外 "[43]。根據此一新的實驗數
據， 沈括建議應將銅儀中天樞的內徑改爲 " 七度 "[44]， 如此方可使 " 人目
切南樞望之， 星正循北極樞裏周， 常見不隱， 天體方正 "[45]。與沈括大約
同時的蘇頌， 在其《 新儀象法要 》中則測得一與沈括相差頗大的數
據， 稱：

> 舊說皆以紐星即天極， 在正北， 為天心， 不動。今驗天極亦晝夜
> 運轉， 其不移處乃在天極之內一度有半[46]。

宋室遷都臨安後， 高宗欲更造渾儀， 邵諤在負責鑄儀時， 曾以 " 清臺
儀校之 "， 測得北極 " 實去極星四度有奇也 "[47]。又《 宋史‧天文志二 》
在敍述紫微垣諸星時， 則稱紐星去極 " 四度半 "。

以上這幾個去極度值，差別頗大， 由於同屬宋代卻採用不同星爲極星
的可能性不大， 故若上述的各次記載均爲精細的實測結果， 則其所
用 " 度 " 的涵意必然不一。 經回推後發現當時的極星最可能是因襲唐代
的 E 星（參見表2）， 而沈括、邵諤及《宋史‧天文志二》（應爲約西元
1200 年時所測 ）中的數據應均指的是圓心角， 周琮與蘇頌的測值則爲圓

(續)〈 北宋的恆星觀測及《 宋皇祐星表（上）》，《 科技史文集 》第 10 輯（上海：上海科
　　　學技術出版社， 1983 ）， 頁 98 – 121。

[43]　《 宋史‧天文志一 》， 卷 48 頁 958。

[44]　熙寧六年六月， 提舉司天監陳繹依沈括之說， 上言司天監及天文院中的渾儀尺度不
　　　合， 其中提及兩儀均有 " 天樞內極星不見 " 的缺陷， 故他建議 " 增天樞爲二度半， 以
　　　納極星 "， 並於七年六月依此新式製成一渾儀， 沈括亦因此事有功而升官（《 宋史‧
　　　律曆志十三 》卷 80 頁 1905 ）。 惟不知當時爲何未依沈括的建議， 正確的將天樞的內
　　　徑改爲 " 七度 "？ 此應不可能爲選用不同的極星所致， 因星 D 的位置那時雖然已較
　　　星 E 接近北極， 但若要令星 D 得以在天樞內常見不隱， 所需的內徑亦至少需 3.3 古
　　　度， 仍大於新儀所用之 " 二度半 "。

[45]　此見《 宋史‧天文志一 》卷 48 頁 958， 惟其中斷句 " 星正循北極， 樞裡周常見不
　　　隱…… "， 與筆者所斷稍不同。

[46]　《 新儀象法要 》， 卷中頁 55。

[47]　參見《 宋史‧天文志一 》， 卷 48 頁 967。因北宋首都與臨安的地理緯度差恰亦爲
　　　4°34'， 故修史之人誤以 " 北極出地之高下差， 爲極星去不動處之距度 " 梅文鼎在
　　　其《 曆算全書 》中即批評曰： " 苟稍知曆法者宜知之， 奈何史家瞶瞶也 "（卷 19 頁
　　　53 ）。

周角⑱。在這一假說下，各去極度的測量誤差均不逾約 10％，此值對自一長窺管中觀測光度僅 4.8 等的 E 星的周日運動而言，應屬相當合理。

表 2　宋代極星 HD 112028（E 星）的座標及其與天北極的角距離

春分點	座標			與北極間之角距離			
西元年	赤經 h m s		赤緯 ° ′	古度計算值 圓周角	圓心角	文獻記載	觀測者
1052	13 34 50		+88 32	1.49	2.97	一度少強	周琮
1074	13 29 1		+88 25	1.60	3.21	三度有餘	沈括
～1089	13 25 3		+88 21	1.68	3.37	一度有半	蘇頌
～1160	13 11 23		+87 58	2.07	4.14	四度有奇	邵諤
～1200	13 6 31		+87 45	2.29	4.59	四度半	

沈括所做測天極所在的實驗，似已為當代學者所熟知，如朱熹在與其門人問答時即稱：

> 今人以管去窺那極星，那有一星動來動去，只在那管裡面，不動出去底。向來人說北極便是北辰，皆只說北極不動，至本朝人方去推得，是北極只在北辰頭邊，而極星依舊動……沈存中（按沈括字存中）謂始以管窺，其極星不入管，後旋大其管，方見極星存管弦上轉……⑲。

因《朱子語類》中其它涉及北辰與極星的討論，尚可見多處，且朱熹家藏渾儀⑳，故他很可能亦曾進行過實測。據其所稱：

---

⑱　胡道靜、金良年，《夢溪筆談導讀》（成都：巴蜀書社，1988）中以為：「沈括把極星距離天極的度數錯定成眞值的二倍，這一訛誤，後來蘇頌在《新儀象法要》中曾予以駁正」（頁 92－93），事實上，沈括的測量值相當精確，且蘇頌文中亦未曾駁斥沈氏。

⑲　《徽州本朱子語類》，卷 23 頁 337－338。

⑳　《宋會要輯稿》，運歷二之一六。

北辰中央一星甚小，謝氏（指謝上蔡）謂天之機，亦略有意，但
不似天之樞較切……眾星亦皆左旋，唯北辰不動，在北極五星之
旁。［紐星］，一小星是也，蓋此星獨居天軸，四面如輪盤環繞
旋轉，此獨為天之樞紐是也[51]。

此處稱極星為"一小星"，亦與 E 星的光度相合。

　　由於祖暅所測的極星去極度值較沈括差數度，故沈氏相當自信的以為
"則祖暅窺考，猶為未審"，沈括當時不僅不明白宋時的極星已與南北朝
時不同，且亦不知天極的位置在這段期間已移動了將近 8°。

　　又元代的大天文家郭守敬因製造觀天儀器的實際需要，亦相當重視極
軸的校準。為求準確地測定天極的所在，郭氏在簡儀上安設了一候極
儀（見圖 1），此儀分兩部分，其一為置於四游儀北端的定極環，此環中有
一斜十字距，距的中心為一直徑五釐的小孔，另外則在四游儀南端置一銅
板，中有一直徑一分的圓孔。候極儀南北兩圓孔中心的連線乃平行於四游
儀的轉動軸，但距軸為六寸五分。當欲校準簡儀時，即自銅板孔觀測極
星，令其周日運動的軌跡中心恰位於定極環小孔的中心即可[52]。

　　《元史·天文志》在敘述簡儀規制時，稱"定極環……中徑六度，度
約一寸許。極星去不動處三度，僅容轉周"[53]，亦即自候極儀的銅板孔觀
測極星時，恰可見其軌跡循著定極環的內周移動。從這些資料，我們即可
估算出郭守敬時極星去極度應為

　　　tan^{-1}（定極環半徑／定極環與銅板距離）

----

[51] 《徽州本朱子語類》，卷 2 頁 23；筆者疑其中脫兩字，或為"極星"、或為"紐
星"，因原文中似以北辰為一小星，但朱熹深知北辰本無星。在現存的蘇州石刻天文
圖上，可清楚發現《朱子語類》中所謂的"北極五星"乃指太子、帝、庶子、后宮及
紐星，其中紐星被置於該圖的正中。此圖約成於朱熹的時代，其作者黃裳
（1146－1194）曾舉薦朱熹，並為光宗所嘉納（《宋史》，卷 393 頁 12001）。

[52] 《元史·天文志一》，卷 48 頁 990－993；《中國大百科全書·天文學》（北京：中
國大百科全書出版社，1980），頁173－174；中國天文學史整理研究小組編，《中國
天文學史》頁 191－193。

[53] 《元史·天文志一》，卷 48 頁 992。

因定極環的直徑爲“六度”，而每度爲約“一寸許”，故知其半徑較三寸稍大，至於定極環與銅板的距離則應與四游儀的直徑（六尺）相若，如此求得的極星距去極度爲稍大於 2.9°，若以 1°＝（365.25／360）古度的公式換算，則恰與郭守敬所稱的“三度”十分貼近，因知《元史》中所稱極星距天極的度數，顯然指的是如周琮與蘇頌所用的圓周角而非沈括所習用的圓心角(54)。

經計算表 1 中各星與天極的距離，發現 E 星當時距極爲 2.68°，遠較它星接近郭守敬的觀測數據，故元代顯然仍因襲唐、宋時所使用的極星(55)。由於郭氏對以簡儀測天的精度充滿信心，故當己親測的極星去極度與沈括所得之値出現數度的差別時，即以爲“昔人（按：指沈括）嘗展管望之，未得其的”(56)。事實上，簡儀設計的精神與沈括的改良窺管極爲相近，但其測量精度則並不見得優於沈括(57)，郭氏對前人的批評乃肇因於其不解沈括所用“度”的涵意所致(58)。

（三）明清兩代

《明史·天文志》中錄有一源自徐光啟《崇禎曆書》的星表，其中指稱天樞星即北極星，並給出其座標爲：

> 鶉首宮，黃道經度八度弱，黃道緯度北六十七度少強；赤道經度一百九十九度少強，赤道緯度北八十六度太弱(59)。

(54) 梅文鼎在其《曆算全書》中，亦持相同看法，稱“元候極儀亦徑七度（按：應爲六度），然設於簡儀是從心窺周，其度眞確……足證郭太史簡儀之妙，然自昔無人見及”（卷 19 頁 51－53）。

(55) 當時距極最近者爲 C 星（僅 0.3°），但 E 星則要亮得多。

(56) 《元史》，卷 164 頁 3847。

(57) 候極儀的基本結構，事實上相當於將沈括測天極所用之窺管（天樞）去除掉管壁，且候極儀南端小孔的功用，亦近於沈括改良窺管中所用的較小下徑。但郭守敬以候極儀所測得的極星去極度誤差（0.22°）並不如其所認爲的精密，此或因其候極儀的軸心稍偏離簡儀的極軸所致；參見陳鷹，〈《天文匯抄》星表與郭守敬的恆星觀測工作〉，《自然科學史研究》第 5 卷第 4 期（1986），頁 331－340。

(58) 今人亦往往因錯解古度之意而低估了前人的觀測精度，如朱文鑫在分析各史中去極度的數據後，即總結曰：“綜觀各志所測，皆未能密合，良以儀器未精，推步未密耳”；參見朱著《史記天官書恆星圖考》（北平：中華書局，1927），頁 3。

(59) 《明史·天文志一》，卷 25 頁 347。徐光啟等撰的《新法算書》中，亦給出類似的座標値，惟其精密度較高（至弧分）；見《新法算書》（台北：台灣商務印書館，收入由於鶉首宮的黃道經度是自九十度起算，而“弱”、“少強”、“太弱”
為古代計數術語，分別代表“ −1/12 ”、“ +1/3 ”、“ +2/3 ”[60]，又
此書中對角度的定義已採行西法，故此數據（為 1628 年測量值）的現代
表達式應為：

黃經＝97.92°，黃緯＝67.33°；
赤經＝$13^h17^m19^s$，赤緯＝86°40’。

若將所給的黃道經緯度換算成赤經、赤緯，並與所給的赤道經緯度平均後
則得：

赤經＝$13^h15(\pm2)^m$，赤緯＝86°44（ ±4 ）’。

經對照星表後發現 E 星的位置遠比它星距此座標為近[61]，雖兩者之間仍
差至 1.4°，但知明末時的極星顯然仍因襲唐、宋、元的習慣。

徐光啟在崇禎初兼理曆法時，曾上言：

然古時北極星正當不動之處，今時久漸移，已去不動處三度有
奇，舊法不可復用[62]。

此處“三度有奇”應已採用西方傳入的角距離概念，亦即為稍大於 3°，
其值應即據《崇禎曆書》中不太準確的極星座標計算所得（計算值為
3.27°）[63]。

清初亦因襲明之極星，因在《清史稿・天文志》中列有康熙十一
年（1672）所測恆星黃道經緯度表，其中天樞星的座標為

黃經＝98°35’，黃緯＝67°20’。

(續)《欽定四庫全書》第 789 冊），卷 59 頁 29。

[60] 陳遵媯，《中國天文學史》（台北：明文書局，民 74 年重印），第 2 冊頁 79。

[61] E 星的座標若換算成西元 1628 年春分點時，赤經為 12^h48^m，赤緯為 85°26’。

[62] 《明史・天文志一》，卷 25 頁 361。

[63] 《崇禎曆書》恆星表中二十八宿距星的座標誤差，據估計多在 ±4’ 以下；參見潘鼐、
王慶餘，〈《崇禎曆書》中的恆星圖表〉，收入席澤宗、吳德鐸主編，《徐光啟研究
論文集》（上海：學林出版社，1986），頁 92−99。惟對通常誤差較大的近極恆星的
座標準確度，目前尚無詳細的研究。

指的即 E 星， 但其測量值與實際值相較仍有 1.4° 的誤差， 並未較明末精進。又此星表中所列天樞星的光度為六等， 與 E 星的 5.28 等接近[64]。

　　乾隆間由耶穌會會士戴進賢（ Ignatius Kögler, 1680 – 1746 ）等所編製的《儀象考成》星表中， 亦列有天樞與北極兩星的資料（表3）[65]。經回推後發現當時天樞星已專指北斗一（ 大熊座 α; 1.79 等 ）， 而北極星仍為 E 星。又此一星表的準確度遠較康熙或崇禎時的測量為高， 如將現代星表中 E 星與大熊座 α 星的座標分別回推至《 儀象考成》所使用的乾隆九年（ 1744 ）曆元， 可得：

$$赤經（ 1744 ）= 12^h 47^m 48^s \qquad （ E 星 ）$$
$$赤緯（ 1744 ）= +84°47'36''$$

$$赤經（ 1744 ）= 10^h 47^m 40^s \qquad （ 大熊座 α 星 ）$$
$$赤緯（ 1744 ）= +63°7'31''$$

此與表 3 中《 儀象考成》所給的座標相較， 其誤差不逾 1'。

　　至於西方以小熊座 α 星為北極星的說法， 最遲在咸豐初（ ～1851 ）時， 已介紹入中國。因在李善蘭與偉烈亞力（ Alexander Wylie ）合譯的《 談天》一書中有云：

> 準歲差理， 諸恆星與極有漸近者， 有漸遠者。今之極星昔非恆近于極， 後亦非恆近于極。考最古之星表， 此星距極十二度， 今一度二十四分， 後必近至半度， 再後必復漸遠， 而他星為極星[66]。

其中所言及的極星數據， 即相對於小熊座 α 星， 此書中並詳細介紹了正確的歲差原理。

---

[64] 當時分肉眼可見星為一至六等， 其值與今值間常有 ±1 等的誤差。參閱伊世同、 賀建蘭、 丁曉東，〈 道光增星 —— 位置誤差和清代儀器精度〉一文中的星表， 收入《 中國天文學史文集》， 第 3 集， 頁 138 – 162。

[65] 允祿、 戴進賢，《 欽定儀象考成》（ 台北： 台灣商務印書館， 收入《 欽定四庫全書》 第 793 冊 ）， 卷 22 頁 11 及卷 23 頁 10。

[66] 英國候失勒約翰（ John Herschel ）原著， 李善蘭、 偉烈亞力譯，《 談天（ *Outline of Astronomy* ）》（ 中央圖書館台灣分館藏 ）， 卷 5 頁 8。

表 3 《儀象考成》星表中的天樞與北極二星

	天樞星	北極星
星表上原值 （使用 1744 年春分點）		
赤經	巳宮 11 度 55 分 7 秒	辰宮 11 度 52 分 7 秒
赤緯	北 63 度 8 分 9 秒	北 84 度 47 分 45 秒
黃經	午宮 11 度 35 分 0 秒	未宮 13 度 9 分 25 秒
黃緯	北 49 度 40 分 5 秒	北 67 度 2 分 51 秒
星等	一等	五等
對應之現代經緯度表達值（ 1744 年春分點）+		
赤經	$10^h47^m40^s$	$12^h47^m28^s$
赤緯	$+63°8'9''$	$+84°47'45''$
黃經	$131.583°$	$103.157°$
黃緯	$+49.668°$	$+67.048°$

+《儀象考成》中度、分、秒的定義已採西制，又辰、巳、
午、未四宮乃分別自 180°、150°、120°、90°起算。

但終十九世紀，我國官方似乎均未正式採用小熊座 α 為極星[67]。如在
光緒二十五年（1899）進呈的《續修大清會典》中有云：

> 凡恆星之等六……二等之星五十有八：紫微垣內帝、句陳一……
> 五等之星六百七十有六：紫微垣內后宮、北極……[68]。

由其中所記的星等推測，當時應仍保持唐代以來以 E 星為極星的傳統。

結 論

---

[67] 深受中國影響的朝鮮，當時亦以 E 星為北極星，此見觀象監提調南秉吉
（1820–1869）在哲宗十二年（1861）所編《星鏡》一書中的星表，其中稱：「北
極，一名天樞，辰宮十一度五十八分四十六秒，距極五度五十四十秒」（上編頁
2）；此書收入俞景老編，《韓國科學技術史資料大系》（漢城：驪江出版
社，1986），天文學篇第 6 冊。

[68] 崑岡等，《續修大清會典》（台北：台灣商務印書館，民 57 年台一版，收入《國學基
本叢書》第 44 – 45 冊），卷 81 頁 932–933。

本文的研究顯示，中國古代的天文家在明末西學傳入之前，一直未發展出近似西方幾何學嚴整的角度概念。當量度星體的角大小或兩點間的角距離時，文獻中所用古度值的意義常因人而異，有時近於現代的角度值，有時卻直接以渾儀環上的刻劃差來表示，故當以窺管測極星距極度或日、月的體徑時，其值往往較今幾何學中的角度值大一倍左右。

經分析文獻中各次極星去極度的記載，並對照推算得的歷代天極位置，發現從漢以迄南北朝時的極星為 HD 111112，而唐以後以迄清末，則改用 HD 112028⑥，至於現今所用的小熊座 α 星，可能遲至本世紀初始在中國被取做極星。

我國古代雖自虞喜以後即已知歲差的現象，但直至清代由西方傳入正確的歲差理論之前，多未意識到天極的位置會隨時間改變。此故朱載堉在論候極一事時即稱：

> 自漢至齊、梁，皆謂紐星即不動處，惟祖暅之測知紐星去極一度有餘。自唐至宋，又測紐星去極三度有餘。《元志》從三度，蓋未有定說也⑦。

朱氏的看法正爲我國古代大多數天文家的典型，他們均不知極星距極度值的變異，乃因爲天極的位置在移動且極星的取用亦曾改變所致。由於我國古代並無一具體的方式，可明確地標定出天極或極星的位置（古星圖上諸星的相對位置通常均十分精略，且近極星多位於各觀天儀器的觀測死角，以致甚難準確地給定其入宿度與去極度），此或造成古人未能發現天極與極星變遷的主因。

雖然明末以來小熊座 α 星已較 HD 112028 近極且其光度亦亮得多，但此一事實並未能促使當時社會放棄一千年來所行用的極星，此因當時的天文家已發展出其它間接的方法來測量制定曆法所需的北極出地高度，如明朱載堉利用二至日的正午，以正方案上的針景測此值⑦，清代則於冬至

---

⑥　現代文獻中常有誤以爲小熊座 α 星（2.0 等）爲近千年來最常被取用的極星；如見《中國大百科全書·天文學》頁 16。
⑦　《明史·曆志一》，卷 31 頁 523。
⑦　詳見《明史·曆志一》，卷 31 頁 523－524。

日前後，測勾陳大星每夜出地最高及最低的度數，並以其平均值爲北極的
出地高度⑫。亦即明末以迄清季時，採用 HD 112028 爲極星的目的已非
爲求實際觀星時辨識天極的方便，而主要是爲了維持中國天文學的傳統，
此一心態在當時以西方天算爲主流的時代裡，或頗值得注意。

筆者感謝何丙郁、席澤宗、江曉原、劉君燦、李國偉、陶蕃麟諸位先
生在本文撰寫期間所提出的寶貴意見或熱忱協助。本研究受國科會專題計
劃 NSC－77－0301－H－007－08R 及「清華學術研究專案」支助。

後記：筆者在本文定稿後在《自然辯證法通訊》第 11 卷第 5 期
（1989）上見到關增建先生發表的〈傳統 365 1／4 分度不是角度〉一
文，此文的觀點與筆者不謀而同，均以爲中國的古度應較接近長度而非角
度的單位。惟關文中並未理清古人以渾儀測量度數的實際運作方式，故仍
因循舊說，以沈括所測極星距極度（三度有餘）爲誤。此文曾於《清華學
報》新 22 卷第 2 期（1992）上發表。

此文已獲《清華學報》同意轉載

---

⑫　《清史稿·時憲志三》（台北：洪氏出版社，民 70 年），卷 47 頁 1695－1696。

A STUDY ON THE IDENTIFICATION OF POLE – STARS AND THE MEANING OF "*DU*" IN ANCIENT CHINESE ASTRONOMY

(Abstract)

Yi – Long Huang

The effect of precession on the position of the celestial pole is considerable, causing it to move roughly 1.38° in a hundred years. This paper attempts to identify the pole – stars used by post – Han astronomers based on the various distance estimates between the pole and the pole – star in ancient literature.

Because few bright stars are located near the trajectory of the pole, the pole – stars identified are sometimes quite faint. The pole – stars used in China before and after the Tang dynasty are HD 111112 (6.3 mag) and HD 112028 (5.3 mag), respectively. Even in the late 19th century, the role of HD 112028 was not replaced by the Polaris (2.0 mag; the present pole – star) which has been located closer to the pole during the Ch'ing dynasty.

In this study, it is also found that most ancient Chinese astronomers did not realize that the pole could move and that the pole – stars used by various dynasties might be different. The main reason for overlooking these phenomena could be due to the fact that there is no accurate enough star map or coordinate measurements available for the polar region stars in ancient China.

It is also argued in this paper that the unit *du* used in ancient Chinese astronomy had a totally different concept as "degree" in western geometry. While many researchers confuse the two terms mainly because they share the same character in modern Chinese and in some cases their values are quite close, we evince here that their values could be off by as large as ~100% in measuring the distance between the pole and the pole－star and in measuring the sizes of the moon and the sun.

司南是磁勺嗎？

東北師範大學物理系　劉秉正

目前流行的觀點認爲，某些古籍中的司南是磁石做的勺形指南工具。也就是說，比十一世紀或稍前發明的指南魚和指南針早一千多年的戰國時代，中國就已發明了磁性指南工具。然而筆者認爲無論從文獻分析還是從實驗和技術方面看，二千多年前就存在磁石做的勺形指南工具還有許多困難，而釋司南爲官職《韓非子》和北斗《論衡》和《瓠賦》很可能是正確的假說。因此目前給某些古籍中的司南的真實意義下結論還爲時過早。

一、目前流行的觀點

中國古籍中有多處提到司南和指南，由於司指二字的音和義都相近，因此司南和指南往往有相同的含義。古文獻中司南（或指南）又有幾種不同含義：它有時表示指南車；由於它的指南作用，司南（或指南）常被轉借表示指導和準則①；目前流行的觀點則認爲，司南是磁石做的能指南的勺形物。後一觀點的文獻依據是以下三條②：

《韓非子·有度》：

> 夫人臣侵其主也，如地形焉，即漸以往，使人主失其端，東西易
> 面，而不自知。故先王立司南，以端朝夕。

東漢王充《論衡·是應篇》：

---

① 劉秉正，〈司南新釋〉，《東北師範大學學報》1986 年第 1 期，頁 35－44。
② 參見同上。此外，《鬼谷子·謀篇》有："故鄭人之取玉也，必載司南之車，爲其不惑也。"林文照等人認爲這也說明戰國時代已發明了磁勺形式的指南工具。但是《鬼谷子》一書不爲《漢書·藝文志》著錄，文體也不類戰國時期作品，一般學者都認爲，它是出自魏晉時人之手而託名鬼谷，因此不能以它爲據。

故夫屈軼之草，或時無有而空言生，或時實有而虛言能指。假令
能指，或時草性見人而動。古者質樸，見草之動，則言能指。能
指，則言指佞人。司南之杓，投之於地，其柢指南。魚肉之蟲，
集地北行，夫蟲之性然也。今草能指，亦天性也。

唐朝韋肇〈瓢賦〉：

挹酒漿，則仰惟北而有別；充玩好，則校司南以為可。

　　首先，提出此論點的是張蔭麟③，以後王振鐸對此做了全面的論證
④，王先生認為，〈瓢賦〉說明司南形如瓢勺，而《論衡》則表示“（磁
石做的勺形）司南之柄，投轉於（旋栻用的）地盤之上，停止時則指
南”。王先生用鎢鋼和磁石做成勺形物放在光滑的鋼盤上旋轉，它們停止
時果然指南。於是王先生確信司南是磁石做的可以指南的勺形物，由
於《韓非子》成書於公元前三世紀左右的戰國時期，王先生的這種論點就
把磁性指向器的發明年代由發明指南針的十一世紀左右推前了一千多年。
由於得到一些人的支持，這種論點廣為流行，似乎成了定論。

二、磁勺說的困難

　　筆者曾對上述司南為磁勺說提出過懷疑⑤。概括起來，筆者主要論據
為：
　　㈠人類對自然規律的認識以至利用只能通過不斷實踐才能逐步深化和
提高，但《韓非子》成書年代與最早記載磁石吸鐵現象的《呂氏春秋》大
體同時（韓非的年代是——234 B.C.；呂不韋是——235 B.C.），人們怎
能在發現磁石吸鐵的同時甚至更早一些時候（因《韓非子》中說的是“故
先王立司南”）就發現了磁石具有南北極和指極性能並據以製作出可以端

---

③　張蔭麟，《中國歷史上之奇器及其作者》，《燕京學報》1928年第 3 期。
④　王振鐸，〈司南指南針與羅經盤（上）〉，《中國考古學報》第三冊（民國37年），
　　頁 119－259。
⑤　劉秉正，〈我國古代關於磁現象的發現〉，《物理通報》1956年第8期，頁458－462；
　　又〈司南新釋〉。

朝夕的磁勺呢？

　　㈡古代早已知道用天文方法和圭臬定向。如《周禮·考工記》：

> 匠人建國，水地以懸，置臬以懸，眡以影。為規，識日出之景與
> 日入之景。晝參諸日中之景，夜考之極星，以正朝夕。

如果司南是磁性指南工具，那麼用它定向自然要比根據天文方法和圭臬之
類工具要方便得多，但為什麼在指南針和指南魚發明（十一世紀左右）以
前的古文獻中從未提到過用磁勺指向呢？

　　㈢古代用天文方法和圭臬定向已得到很準確的結果。如河南登封王城
崗發掘的公元前二千年左右龍山文化晚期城址的南北向誤差就只有
5°⑥，以後的定向自然更加準確，如已知用帶窺管的璣衡觀測天象得知北
極的準確方向和發現當時由於極星不在正北極而繞北極旋轉（所謂游動，
見《呂氏春秋》和《夢溪筆談》等）。即使司南是磁勺，其性能很差（詳
本文第三節），特別是它不能避免磁偏角（各地各時代均不同，宋沈括最先
提到指南針就發現了磁偏現象）引起的誤差。磁偏角的發現即表示古代用
天文觀測儀器和圭臬定向要比磁性定向準確。也就是說，磁勺在定向上遠
不可能是標準的。那麼《韓非子》中，先王為什麼捨已有的更準確的圭臬
等不用，而用此不準確的磁勺作標準"以端朝夕"？這又如何能解決"人
臣侵其主"呢？這樣準確度不高的指南工具怎能使司南一詞能引伸具有指
導和準則之義呢？

　　㈣二千多年前人們能否把磁石加工成磁勺？王振鐸說：

> 殷周古玉器中以軟玉為多，次為硬玉。茲以軟玉論之，據 Mohs
> 之硬度表驗之，其硬度約在五與六之間，硬玉硬度約在六與七之
> 間，而磁石硬度約在五·五之間、至六·五之間。其硬度與軟玉
> 接近。古之玉人可琢磨硬度自五至七之各種玉石以為器，信其必
> 可用天然磁石琢為司南也。……取天然賦磁性之磁石一塊，順
> 其南北極向，杓為南極，首為北極。按我國玉工所用工具，古今

---

⑥　河南省文物研究所、中國歷史博物館考古部，〈登封王城崗遺址的發掘〉，《文
　　物》1983年第3期，頁8－20。

不同。細審殷周古玉器中所留之施工痕跡，即知其仍藉銑輪磨鏤。
而銑輪之用，必借解玉砂含水。藉銑輪之旋轉，將解玉砂帶轉，與
被磨之玉器發生激動磨擦作用，……⑦

王先生此段之意是認為古代把磁石加工成勺形物不存在技術上的問題。實
際上似乎這還有探討的餘地。

1. 要把磁石加工成能指南的磁勺，確要有意識地 " 順其南北極向 " 磨
鏤。但在十一世紀指南針發明以前，古文獻中從未有過磁石兩極以及它的
指極性的記述。既沒有平面支承的磁石指極性的記述，甚至在講到最易顯
示指極性的用線懸掛時（《淮南萬畢術》：磁石懸入井，則亡人自歸），
也沒提到發現它的指極性。在不知磁石有兩極（自然也談不上能區分南極
與北極）及其指極性的情形下，人們怎能有意識地 " 順其南北極向，杓為
南極，首為北極 " 加工成能指南的磁勺呢？而且即使古人用線懸可能發現
磁石的指極性，比之線懸磁石，磁勺是極難加工的（評下），指極性能也更
差些，古人何苦出此下策不線懸磁石用以指南而要制作磁勺呢？有人可能
認為，加工成勺形是出自古人推崇北斗，從而效法斗形而製作指南工具。
然而古人推崇北斗是始盛於漢代（參考本文第四節），戰國時代還不是很盛行
的。

2. 古玉器，特別是秦以前精製的玉器，都是軟玉，後世才有用硬玉製
作的器具。夏鼐甚至認為這是十八世紀以後的事⑧。說二千多年前的戰國
時代能把硬玉加工成深凹的勺形似乎還缺乏可靠根據。

3. 說磁石 " 硬度與軟玉接近 " 頗不確切。Mohs 硬度本來就是一種比
較粗糙的硬度標度，頗不精確。筆者曾測過一些磁石和玉石的 Vickers 硬
度 Vdh，結果如表 1。表中第四列的 Mohs 硬度 Hm 是由 Vdh 按以下公
式換算得到（但 Hm 大於 9 時公式不適用）：

---

⑦ 王振鐸，〈司南指南針與羅經盤（上）〉。
⑧ 夏鼐，〈漢代的玉器〉，《考古學報》1983年第2期，頁125－145。

$$Hm = 0.7\sqrt[3]{Vdh}(kg/mm^2)$$

表 1

樣 品 名	產 地	Vickers 硬度（kg/mm²）	Mohs 硬度
磁 石 1	金嶺鎮	$1.98\times10^3 - 2.85\times10^3$	8.8—大於 9
磁 石 2	梅 山	$299 - 1.72\times10^3$	4.7—8.4
磁 石 3	弓長嶺	1.29×10^3	7.6
磁 石 4	弓長嶺	$676 - 2.76\times10^3$	6.1—大於 9
軟 玉	遼 寧	$366 - 627$	5.0—6.0
硬 玉	新 疆	$1.40\times10^3 - 1.84\times10^3$	7.8—8.6

由於有些磁石樣品不純， 同一樣品各處硬度值可能相差很大。 磁石 2 的少數部位硬度與軟玉相仿， 但大多數部位的硬度比軟玉高不少而與硬玉相近， 甚至更高。 王先生又說：

> 余在北平萬難中購得磁縣運到之磁石。……請玉工依舊法洗機琢瓏為司南。以施工手續觀之， 較解硬玉為簡， 而易於破裂。信其硬度固較硬玉為低也。

王先生說的磁石易於破裂是其脆性（ Brittleness ）和易於解理（ Cleavage ）或裂理（ 或裂開 parting ）， 而不是其硬度低。 這也正好說明磁石難於加工。 所以總的說， 磁石的加工要比軟玉難， 也不比硬玉容易。

4. 古人加工玉器和石器， 主要是由打擊而切、 磋、 琢、 磨， 以後逐步發展到使用鑽、 鋸等手工工具。 至於噴（ 或澆 ）水的帶解玉砂的銑輪， 是否在二千多年前的戰國時代就已發明， 尚須持謹慎態度。 因為銑輪的轉動和解玉砂（ 現代一般用金剛砂 ）如何牢固地粘著在輪上這樣的技術問題二千多年前能否解決？ 在無確鑿證據以前， 不能說 "玉工所用工具， 古今大同＂從而認爲古人確能全靠手工把硬而脆的磁石加工成深凹的磁勺。

由此可見，二千多年前把磁石加工成勺形物，特別是＂順其南北極向＂加工成可以指向的磁勺，工藝技術上還有不少待探討的問題。在沒有從文獻和實驗證明它確是可能以前，不應貿然說古代確可以把天然磁石＂順其南北極向＂加工成能指向的勺形物。

三、關於磁石指極性實驗

王振鐸和林文照先後對磁勺的指向實驗都得到肯定結果[9]。但仔細看來，這些實驗仍有進一步分析的必要。

王先生的實驗主要是對鎢鋼製作的磁勺做的。他把它放在通電螺線管中磁化後試驗，發現它果然可以指南北，而且＂差數徘徊零度左右五度之間＂。據此，王先生肯定了司南是磁勺。但是鎢鋼的磁性畢竟優於磁石，用電流磁化的鎢鋼勺的指極性不能代表天然磁石的指極性，何況王先生實驗誤差在 5° 以內是不合理的（詳下），而且王先生有些實驗（如其第 13 次和第 26 次實驗）數據也是不合理的。

王先生後來也用磁石做了幾個磁勺，但他除了說這些磁勺＂有指極性之表現＂外[10]，沒有詳細介紹其實驗情況。在筆者提出對磁勺說的質疑後，《自然科學史研究》負責人林文照先生於 1987 年用王先生的兩個磁勺重新實驗[11]，他發現無論是在銅盤上或在漆木盤上，一邊旋轉一邊上下擺動磁勺，勺柄都很好地指南，大多次數的誤差小於 5°。於是他更堅信司南是磁勺。

筆者多年來一直在進行實驗觀察磁石指極性能。只是由於條件所限，找到好磁石很不容易。筆者的實驗樣品是表 2 的前七個，表中最後三樣品列出來是爲了比較，其中 8 和 9 取自林文照實驗[12]。

---

[9] 王振鐸，〈司南指南針與羅經盤（上）〉；林文照，〈天然磁體司南的定向實驗〉，《自然科學史研究》1987年第4期，頁314－322。

[10] 王振鐸，〈司南指南針與羅經盤（上）〉。

[11] 林文照，〈天然磁體司南的定向實驗〉。

[12] 同上。

　　筆者是用電磁鐵將樣品飽和磁化後再進行實驗的。由於決定樣品指極性能的是其剩餘磁化強度和磁矩，其測量稍費事，筆者未對全部樣品進行過測量。林文照以磁勺表面的磁場強度（似應爲表面最大磁感強度）表示其磁性強弱。雖然表面場強並不嚴格表示磁體的磁化強度，但測量簡便，大體上也可表示磁體的磁性強弱。因此爲了比較，筆者也測了各樣品表面的最大磁感強度，這就是表2中第五列的數據。

　　用以上樣品中的磁棒實驗時是用自製的小玻璃皿（曲率半徑 1.9cm 左右，曲率半徑大的雖較穩定，但摩擦阻力也大）支承，然後放在玻璃板上或銅板上（見圖1）。結果磁棒都有一定的趨極性：磁棒有時可轉向南北，有時又不然。靜止放置可偏離南北向少則二三十度（樣品 3），有的（樣品 2）幾乎可停在任意方向。由於測量誤差很大，筆者沒有列出每次測量結果，只在表 2 第六列列出靜止放置時磁棒偏離南北向的最大值。轉動磁棒，靜止時偏離南北向大體同上。只有使磁棒一邊轉動一邊上下擺動，磁棒才可大體指向南北，但也總有 ±10°－20° 的誤差。最好的情況是敲擊支承面，這時磁石可基本上指向南北（誤差 ±10°左右）。

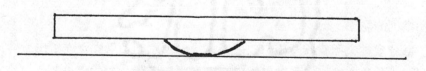

圖1　磁石指極實驗之一

　　用磁勺實驗，其指極性能不比性質相近的磁棒好（參考表 2 第六列）。

　　用玻璃板支承和銅板支承，看不出結果有明顯差別。

　　總結筆者實驗結果，可以說，磁石有一定的指極性，但只在一邊轉動一邊上下擺動時，指南效果才較明顯。最好的情況是敲擊支承面，這時指南誤差可達到最小（約 ±10°左右）。這種最佳狀態下的指南作用對一般辨向（如交通）倒也夠用，但仍不及二千多年前周代在建築方面用圭臬和天文方法定向已達到的準確度（誤差可在 5° 以內），因此仍難於做到"以端朝夕（以正南北）"的作用，也難於使司南一詞能被引申具有指

表 2

樣品編號	產　地	含鐵量(%)	加　工　形　狀	表面最大磁感強度（高斯）		靜止放置時可偏離南北向（平均度數）
				S 端(或勺柄)	N 端(或勺體)	
1	魯金嶺鎮	64	$1.3 \times 1.3 \times 10.3cm^3$	62	50	30°–40°
2	蘇梅山	67.3	$1.0 \times 1.0 \times 10.0cm^3$	55	42	50°
3	遼弓長嶺	70.2	$1.4 \times 1.4 \times 11.4cm^3$	85	85	20°–30°
4	遼弓長嶺	70.5	勺形體長 3.8cm 柄長 3.1cm	92	77	25°–30°
5	遼弓長嶺	70.5	勺形體長 3.8cm 柄長 3.1cm	92	72	25°–35°
6	魯金嶺鎮	64	勺形長 5.0cm 無柄	41	38	任　意
7	——	60	$1.3 \times 1.3 \times 10.3cm^3$	60	40	40°–50°
8	冀　磁　縣		王振鐸磁勺	65	35	
9	冀　磁　縣		王振鐸磁勺	90	112	—
10	鋼　　勺		勺形	220	136	10°

導和準則的意義。

　　爲什麼林文照實驗時磁勺效果卻遠優於筆者的結果呢？除了由於林文照所用磁勺技術性能可能較好（磁石天然磁性極強，勺的大小形狀合適等等），他實驗的地點（北京）比筆者實驗的地點（長春）稍優越（兩地地磁水平分量分爲 295 高斯和 262 高斯，偏角分別爲 6°2.21' 和 9°.89'）外，筆者認爲林文照實驗結果有兩點值得分析研究：

　　㈠關於磁勺的運動形式問題。林文照是以一邊旋轉並一邊上下擺動（王林兩人稱爲播動）磁勺來進行實驗的，但這符合《論衡》所說的"投之於地"嗎？既然說磁勺是在施栻用的地盤上操作的，而古籍中講到用栻時，一般只說"旋栻"或"轉栻"，未有說投栻的。《論衡》中對司南卻只說"投"而不說"旋"或"轉"，而古今的投字的含義都與擲字相近，從未有旋轉之意，更無擺動之意。司南爲磁勺說的主要創立者王振鐸先生認爲《論衡》"原文不云投司南於地，或司南投之於地，而云司南之杓，投之於地，信其非持司南投入者，當爲司南已居地盤之上，搖動其柄，而投轉之謂也 ”⑬。這樣的解釋是較牽強的。王、林二人實際上是認爲投字不起作用，而是轉字甚至還要加上擺字才起作用。這似乎與《論衡》原來的用意不相符。

㈡關於磁勺指南的準確度。林文照磁勺指南實驗的誤差大多在 ±5°以內，這比地磁偏角（南偏東 6°・2′ ）必然引起的系統誤差還小，這是不合理的。此外林文照是在銅盤和漆木盤上都得到這樣高的準確度。他企圖藉此說明天然磁石做的磁勺不經進一步磁化 “ 其功能與鎢鋼磁勺基本相同 ”。但鎢鋼的磁性畢竟要比天然磁石好得多，而王振鐸也說：“ 嘗以松木、楠林、檀木三種不同硬度之木板上投轉（鎢鋼）司南。……此三種木質所生之阻力非司南本體所賦之磁性可以勝之。故司南之指極性亦因之消失。信古之司南所投之地盤，絕非木盤也。 ”⑭。現在林文照實驗結果卻大大超出了王振鐸的實驗結論。而且林文照的兩個樣品的表面磁感強度相差較大，而其準確度（平均誤差）卻相差不大。其中一磁勺的表面磁感強度比筆者所用某些樣品的還小很多，但指極性能卻似乎好很多。綜上所述，筆者難免不懷疑林先生對其實驗的準確度有所誇大，也不知林先生所用的磁勺和漆木盤是否符合二千多年前所能達到的工藝水平。

四、對司南新的解釋

由於司南爲磁勺說存在著上述一些重要困難，不得已筆者才試圖尋求新的解釋。

㈠先分析《論衡》中 “ 司南之杓 ” 的杓字。 古文獻中，杓字有時表示勺或（斗）柄，這時杓讀音同勺，少數幾處杓字有別的含義。但杓字更多地是表示北斗柄三星，即大熊座的 ε、 $\mathcal{L}$、 h 三星（圖 2），這時讀音同標（biāo）。司南爲磁勺說是採用杓爲斗柄的解釋。的確，這樣的解釋除認爲司南是磁勺外似別無可能。磁勺說既然存在困難，把司南釋爲北斗就十分可能了。事實上，北斗確實可以指向（劉秉正提出了四種可能方法

⑬ 王振鐸，〈 司南指南針與羅經盤（上）〉。
⑭ 同上。

⑮ ）。當然，這樣的解釋要回答一些質疑，現逐一分析如下：

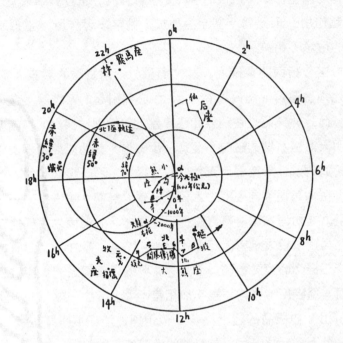

1.《論衡》這段文字 " 前後說的都是地面上細小物體（屈軼和魚肉之蟲）的本性，單單中間部分忽而講到天象，這樣的論述方法顯得十分不協調 "（林文照語，見⑯ ）。然而，即使司南是磁勺，這是一種無生物，它前後說的屈軼和魚肉之蟲卻都是生物，而且這段末尾也只說了 " 蟲之性然也，今草能指亦天性也 "，唯獨對司南沒有作出交代，這已顯得十分不協調。事實上，今本《論衡》中這種前後不協調處並不少見。歷來研究《論衡》的學者早已注意到此。宋代楊文昌序《論衡》時就說它 " 魯魚甚眾，亥豕益訛，或首尾顚躓而不聯，或句讀轉易而不紀 "；以後又有 " 明人妄改增刪，故有脫一張而強接上下者 "，" 首尾文句不屬 "，" 轉寫既久，舛錯滋甚，有不可讀者 " 的問題⑰ 。因此筆者認為，既然《是應篇》中的

---

⑮ 劉秉正，〈指南車傳說的由來〉，《東北師範大學學報》1985年第4期，頁19－26。

⑯ 林文照，〈關於司南的形制與發明年代〉，《自然科學史研究》1986年第4期，頁310－315。

⑰ 劉盼遂，《論衡集釋》（北京：古籍出版社，1957年），頁597－644（附錄）。

司南怎樣解釋總是有些不協調，就不能認爲不可把它釋爲北斗。

2. 司南是北斗，"司南之杓，投之於地，其柢指南"一句如何解釋？
這裡柢字通底（《爾雅·釋器》：邸謂之邸，郭注：根柢，皆物之邸，邸
即底，通語也。），北斗的底也就是璇璣（見圖2）二星。所以《論衡》這
一句可解釋爲：當北斗柄三星，被投擲⑱向下指地面時，斗底璇璣二星即
指南方。也就是當陰曆歲初黃昏剛入夜時，其星象是圖2逆時針方向轉動
約60°時的情形。此時人看圖，斗柄所指下方即爲北，斗底向上即指南。
雖然由於歲差，古今北極位置有些變化（圖2左邊畫圓的軌跡），但這一
現象至今仍可見到。

這種解釋正好與唐朝崔損〈北斗賦〉的賦文相合：

> 履端于始，當獻歲（即歲首）以指南；舉正於中，在陰方而主
> 北。

如不從璇璣二星指南作用來考慮，此賦也難於理解了。當然，北斗這種指
南作用，由於季節不同而時刻不同：冬季歲首在黃昏剛入夜時，秋天在深
夜，夏末在清晨。

林文照對此曾提出異議說：

> 〈夏小正〉："正月……初昏參中，斗柄懸在下。"〈月
> 令〉："孟春之月，日在營室，昏參中，旦尾中。"比較一下不
> 難發現，二者的昏中星都是參，……因此，上面〈北斗
> 賦〉中"履端于始，當獻歲以指南"這句話即是指北斗的旦
> 象（此時斗柄指南）：當平旦尾宿中天之時，斗柄即指南
> 方。……以昏象（此時斗底指南）釋之未得其要⑲。

然而林文照忽略了一個重要的事實：一般古籍中在未加特別說明的情
況下，其星象都是指剛入夜時的昏象，所謂"斗建"和"斗指"都莫不如
此，如《呂氏春秋》：

---

⑱ 此處可理解爲上帝投擲北斗或斗杓自己運轉投向。如《楚辭·遠游》："擎彗星以爲
　旌兮，舉斗柄以爲麾。"范成大〈除夜詩〉："運斗寅杓轉，周天日御回。"
⑲ 林文照，〈關於司南的形制與發明年代〉。

斗柄指南，天下知其為夏。

《鶡冠子·環流第五》：

斗柄東指，天下皆春。斗柄南指，天下皆夏。

林先生僅根據〈夏小正〉和〈月令〉上述的話就斷言"當獻歲以指南"應釋爲歲首時的旦象，反說釋爲昏象是"未得其要"，實在使人費解。上述《呂氏春秋》和《鶡冠子》的話如按林先生的理解說是旦象，那將簡直不可思議。

　　3."斗爲帝車，應以魁四星爲輿，杓三星爲轅，轅前輿後，車引的方向應是車轅所指的方向，而不是相反。可見所謂‘斗底’指南的說法是不能成立的。"[20]

　　這種論調是出於對"斗爲帝車"的誤解。"斗爲帝車"固然是象形（"魁四星爲輿，杓三星爲轅"）和繞極旋轉類車而說的，如《後漢書·輿服志》：

後世聖人觀於天，視斗周旋，魁方杓曲，以攜龍角為帝車，……

但是我們絕不能進一步引申說，北斗運行方向"應是車轅所指的方向，而不是相反"。因爲星象實際運行方向正是與"轅前輿後"相反，而是按底前杓後運行的（見圖2箭頭所示），可惜林先生沒有注意到此實際情況。

　　4.司南是北斗，〈瓢賦〉如何解釋？〈瓢賦〉是引用了《詩經·小雅·大東》中如下一句：

維南有箕，不可以簸揚。維北有斗，不可以挹酒漿。維南有箕，載翕其舌。維北有斗，西柄以揭。

上述箕就是箕宿。王振鐸認爲斗是指北斗，從而認爲〈瓢賦〉中的惟北是北斗的別稱，而司南就是磁勺。筆者過去也認爲〈瓢賦〉中的惟北是指北斗，並說司南也是指的北斗而表明此處〈瓢賦〉是採用古詩文中的合掌句

---

[20]　林文照先生語，見〈關於司南的形制與發明年代〉。

法：在對偶句中，同一東西用不同稱呼對舉地出現。

林文照認為此解釋不妥，他說：

> 因賦中清楚地寫著：在把酒漿方面，瓢有別於北斗；而在充玩好
> 方面，瓢可以校正司南。可見司南不但形狀與瓢相似，而且還可
> 作為人們的玩好，那當然不能是高懸空中的北斗了。又如唐張彥
> 振的〈指南車賦〉："北斗在天，察四時而行度；司南在地，表
> 萬乘之光融。"在天的北斗與在地的司南對舉，則北斗絕不可能
> 又名司南明矣[21]。

筆者認為，林先生這樣的分析是很欠理的。

首先，把"則校司南以為可"釋為"瓢可以校正司南"是不對的，因
玩好不應有什麼標準形狀需要校正。筆者認為，此處校字應通較字。（如
《晉書·江逌傳》："難以校力，吾當以計破之。"）。此句的意思是：
瓢與司南比較，可以充當玩好。

其次，林先生舉〈指南車賦〉來說"在天的北斗與在地的司南對舉，
則北斗絕不可能又名司南明矣。"這是林先生沒注意到〈指南車賦〉中的
司南明明是指的指南車，而不是《論衡》和〈瓢賦〉中的司南。說"司南
與北斗對舉，說明司南與北斗不是一個東西，"，則是不了解古文合掌句
的用意。如膾炙人口的〈滕王閣序〉首句"南昌故郡，洪都新府"把洪都
與南昌對舉，但它們指的卻是一個地方。

最近筆者對此問題又作了進一步分析研究，發現《詩經·小雅·大
東》中的斗不是指的北斗，而應按某些古人所說釋為南斗（斗宿），從而
〈瓢賦〉中的"惟北"也應釋為南斗。因為《詩經》中"西柄以揭"說斗
星的柄指西方而向上揚。從中國所處的北半球夜晚仰視天象，北斗繞北極
旋轉，隨時可見，斗柄沒有固定指向，因此"西柄以揭".跟北斗對不上。
反之，南斗在南天，不是隨時可見，見到時其柄總是指向西方並且上
揚（圖3），所以才說它"西柄以揭"。這樣一來〈瓢賦〉中的惟北和司南

---

[21] 同上。

分別釋爲南斗和北斗就是很自然的了。

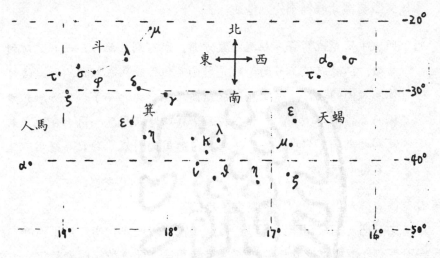

圖 3　南天箕斗二宿

5. 司南是北斗，如何理解司南和司（指）南車在名詞上的聯繫？如果司南是磁勺，那麼磁勺和指南車除了都可能指南外，似乎看不出它們名詞上相同（指南車有時也稱作司南，如前面提到的〈指南車賦〉，又如柳宗元〈數里鼓賦〉：配和鸞以入用，並司南而爲急。）的更多的理由。但如果司南是北斗，這種名詞上的聯繫就更明顯了。因爲秦以前典籍都認爲車是夏時奚仲所作。漢代開始出現北斗是上帝的車乘和人類的車乘是黃帝仿效北斗而製作的傳說，如《史記·天官書》：

> 斗爲帝車，運於中央，臨制四鄉。分陰陽，定四時，均五行，移節度，定諸紀，皆繫於斗。

張衡〈周天大象賦〉：

> 北斗標建車之象，移節度而齊七政。……

班固〈東都賦〉：

> 分冊土，立朝市，作舟車，造器械，乃軒轅（黃帝）之所以開帝功也。

由於北斗有指南定向作用，而黃帝征伐蚩尤和"引重致遠"要防止迷失方向，上述黃帝造車的傳說又被發展爲黃帝仿效北斗製作的是指（司）南車。如晉虞喜《志林新書》：

> 黃帝乃令風后法斗機作指南車，以別四方，遂擒蚩尤。

由此可見，司南車名詞的由來，除了它可以指南外，是由於它是效仿北斗所作[22]，而北斗又有司南的別稱。

6.司南如果是北斗，如何能由此而使司（指）南一詞被引申表示指導或準則？具有指南功能的器物固然可能得出此引申，但是司南車則不可能，因漢代的指南車只是傳說中的東西，六朝造出的指南車性能很差，不可能起指導和準則的作用。如果司南是磁勺，它的性能也很差，在定向上肯定不如圭臬或璣衡之類天文觀測儀器，因此也不可能由磁勺而使司南可以引申表示指導或準則。北斗能不能呢？從前面引的《史記·天官書》已可看出古人心目中北斗的重要作用，又如《甘石星經》：

> 北斗星謂之七政，天之諸侯，亦為帝車。魁四星為璇璣，杓三星為玉衡。齊七政。斗為人君號令之主，出號施令，布政天中，臨制四方。

《鶡冠子·天則第四》：

> 聖王者，有聽微決□疑之道，能屏讒權實，逆淫辭，絕流語，去無用。杜絕朋黨之門，嫉妒之人不得著明，非君子術數之士莫得當前。故邪弗能奸，禍不能中。彼天地之以無極者，以守度量而不可濫。日不踰辰，月宿其刌，當名服事，星守弗去，弦望晦朔，終始相巡，踰年累月，用不縷縷，此天之所柄以臨斗者也。

班固《白虎通》：

---

[22] 詳細分析見劉秉正，〈指南車傳說的由來〉。

故《援神契》曰：天覆地載，謂之天子，上法斗極。

《漢書·律曆志》：

> 玉衡杓建，天之綱也。

《後漢書·李固傳》：

> 今陛下之有尚書，猶天之有北斗也。斗為天喉舌，尚書亦陛下喉
> 舌。斗斟酌元氣，運平四時，尚書出納王命，賦政四海。

《莊子·大宗師》：

> 維斗得之，終古不忒。晉李頤釋維斗云：北斗所以為天下綱維。唐成玄英
> 疏：北斗為眾星綱維，故曰維斗。

可見北斗在古人心目中確有極神聖崇高的地位：它除了能指南定向外，又
是天之尚書與喉舌，具有“臨制四鄉，分陰陽，建四時，均五行，移節
度，定諸紀”和使天地“守度量而不可濫”的綱維作用。因此釋司南為北
斗，由北斗的綱維作用，也就很自然地使司（指）南一詞具有準則和指導
的意義了。　　　　　．

在模製磁勺時，王振鐸認為殷周時的長柄斗勺（這些斗勺重心高而不
穩定，不能旋轉）都是斗而非勺，所以他才取比較穩定又易於旋轉的在朝
鮮出土的東漢時短柄勺作為標本㉓。已故古漢語專家羅福頤對此提出不同
看法，他也認為司南是北斗，他說：

> 可知斗、枓同，斗、勺亦同。亦可證早期的勺用於尊罍，決定其
> 形制皆有長柄，區別於漢之勺瓢，而同於北斗七星所連成的斗
> 形。故“司南之勺”當指北斗，……司南或為北斗的別名㉔。

看來羅先生的觀點與筆者的看法有些不謀而合。

㉓　王振鐸，〈司南指南針與羅經盤（上）〉。
㉔　羅福頤，〈漢栻盤小考〉，《古文字研究》第十一輯（上海：中華書局，1985年），
　　頁252-264。

　　(二)對《韓非子·有度》的解釋。從字面上看，《韓非子》這一段中的司南以釋為官職最合文理。我們來看看有無其它文獻可以佐證：

《書·堯典·乃命羲和疏》：

　　　　祝融火官，可得稱為火正。

《管子·五行》：

　　　　昔者黃帝……得祝融而辨乎南方。……祝融辨乎南方，故使為司徒。

古緜辭：

　　　　祝融司方發其英，沐日浴月百寶生。

《史記·楚世家》：

　　　　重黎為帝嚳高辛，居火正，甚有功，能光融天下，命曰祝融。

曹植〈大暑賦〉：

　　　　炎帝掌節，祝融司方。

古人認為南方屬火，祝融司火，後世就稱南方之神為祝融。又祝融既因辨乎南方才得做司徒之官，那麼司徒也就是職司南方之官，因此司徒很可能別名司南。

　　另一方面，司徒又職掌測時的土圭（《周禮》：　大司徒……以土圭之法測土深，正日景，以求地中……凡建邦國，以土圭土其地而制其域）。這正好是"以端朝夕"。而且司徒又"以鄉三物教萬民，以鄉八刑糾萬民，……以五禮防萬民之偽，而教之中，……"（見《周禮》）"掌邦教，敷五典，擾兆民"（見《禮記》）。這也正可以防止"人臣侵其主"。

　　由此可見，認為司南是司方、司火、司土圭並且職司南方的司徒的別稱，還是合乎情理的。

　　清人浦起龍在《讀杜心解》中認為杜甫〈咏雞〉中的"巫峽漏司南"的司南是司候之官，這與認為《韓非子》中的司南是官職是一致的。當然, 浦氏沒有說明他的根據, 而〈咏雞〉中的司南也有可能釋為準則。

可能有這樣的問題: 司南如果是官職, 為何不見於《周禮》和各史書關於職官之篇章。

筆者認為, 司南只是根據其職能而給祝融和司徒的一種別稱, 流傳不廣不長, 自然難見於各種職官錄中。這種僅見於個別古籍而不見於專門職官錄的古怪官名, 古書中還可以找到一些, 如司里、司商、司敗等。

還可能提出這樣的問題: 釋司南為官職與在《論衡》中釋為北斗有無矛盾或有什麼聯繫?

從司南是官職(司徒的別稱)並職掌土圭和司方來說, 他與北斗定節氣和定向功能是相同的。另一方面, 從前面引的《史記‧天官書》等文獻中對北斗作用的敍述, 特別是《鶡冠子》和〈李固傳〉的敍述看, 它們與《韓非子》對司南作用的敍述十分相似。如果從古人認為星官相應, 地上百官有與之對應的星宿, 則司南既可以是官職, 也可以就是與之對應的星辰。正如天上有帝星、司空六星、奚仲四星、王良五星等等。這樣一來, 官職和北斗這兩種解釋也就統一了, 即司南既是職掌土圭以端朝夕的官職, 又是代表此官職的天上的北斗。

五、對問題的進一步探討

李約瑟(J. Needham)在其名著《中國科學技術史》(*Science and Civilisation in China*)中支持王振鐸認為司南是磁勺的觀點(詳見該書英文原版第四冊第一分冊, PP.261－273, 下同)。他所引的文獻根據大體上同王先生的, 其最主要部分見本文第一部分。李約瑟由此認為磁勺的進一步發展就是磁針或羅盤。他創新地提出磁針或羅盤在四世紀到十世紀之間取代磁勺就已在中國出現, 其重要文獻根據有:

《淮南萬畢術》:

　　首澤浮針。

四世紀崔豹《古今注‧魚蟲第五》:

蝦蟆子曰蝌蚪，一曰元針，一曰元魚，形圓而尾大，尾脫即腳生。

葛洪《抱朴子‧疾謬》：

然而迷謬者無自見之明，觸情者諱逆耳之規，疾美而無直亮之鍼。艾群惑而無指南以自反。

二世紀到八世紀之間的《數術記遺》：

八卦算針刺八方，位闕從天。（註：算為之法位，用一針鋒所指以定算位，數一從離起，指正南離為一，西南坤為二，）……

傳稱是五世紀左右的楚澤所編輯的《太清石壁記》：

帝流漿並定台引針俱磁石。

　　李約瑟認為：《淮南萬畢術》首先提出了浮針法（見李約瑟書英文原版P.278）。其後《古今注》中的元針在《中華古今注》就是玄針，這與磁石有時別稱玄石似乎有聯繫，特別是《太平御覽》引《古今注》時又把元針改為懸針，這與百年後沈括講指南針時有懸針法相合。很可能磁勺或指南針當時別名蝌蚪，因蚪與枓勺的枓有相同字根（斗），形狀又相似（p.274）。此外，一般認為，西方羅盤的古名 Calamita 原意是小蛙或蝌蚪，這可能與上述中國的《古今注》相合（p.273）。《抱朴子》中的指南是磁勺，它把鍼與指南並舉，表明鍼是指南針（p.261）。《數術記遺》中的算針是指針，因注中說運算是從離（南方）開始（p.260）。《太清石壁記》中的定台表明作者注意了杙盤或某種刻度盤的作用，即針是有指向作用的（p.278）。

　　筆者認為，李約瑟上述依據不見得可靠，還只能算是猜測。如《淮南萬畢術》中的首澤浮針只是講表面張力引起的現象，與後世的浮針指南是兩回事，後者要求針能穩定地浮於水面，前者做不到。《古今注》中的蝌蚪又名玄針似乎難於與磁針聯繫，倒是元針的取名可能來自蝌蚪象形。《太平御覽》把"玄"字改為"懸"字只能說是疏忽，因為該書錄古書時這類改動還是不少的。從《抱朴子》的文意看，其中的指南應釋爲指導和準則，鍼宜釋爲鍼砭的鍼，很難把《抱朴子》的話與指南針相聯繫。《數術記遺》說的算法的含義到底如何還很難說，從字面上看，還看不出它與磁羅盤之間的聯繫。至於《太清石壁記》中的"定台引針"簡單四字很難說是方向盤中的磁針。因此說晚唐（九世紀）以前就有磁針或磁羅盤的說法，目前還不能說有像樣的證據。

　　李約瑟在書中正確地提到磁針和磁羅盤的發明與使用同方家看風水有密切聯繫。有幾種很早的關於堪輿（看風水）術的書已提到指南針或羅盤，書的作者可能是王伋（見李約瑟書 pp.242,254,281-282）、楊筠松（楊救貧）（pp.282,286,292,299）和賴文俊（p.299）等人，他們大概都是沈括（1030-1095）以前九至十一世紀初的著名堪輿家。這樣，指南針就有可能在十一世紀以前就被發明了。筆者認爲，這種可能性肯定是有的，因沈括在《夢溪筆談》中說"方家以磁石磨針鋒，則能指南"，這表明沈括是記述已有的事實。當然，王伋、楊筠松和賴文俊等人的生卒年代還難於肯定，特別是有關的堪輿術書籍到底是不是北宋以前的書還很不好說，有待進一步研究。

　　由於磁針和磁羅盤的問題離本文旨趣已較遠，在此不能再多贅了。筆者擬以後再爲文探討。

　　在關於最早的磁性指南工具的形式和發明年代的問題分析上，近年劉洪濤提出[25]，《韓非子》和《鬼谷子》中的司南不是磁勺而是表槷。但是他沒有拿出什麼根據而只是憑猜測，而且所謂《鬼谷子》中的司南車是靠車載表槷以指南的說法是不合理、行不通的[26]。劉洪濤還認爲"指南針是漢代發明"，可惜他對此也沒提出什麼根據，只是聳人聽聞地把《論衡》中的司南說成是"勺形指南針"。

　　王錦光和聞人軍兩先生則提出[27]，《論衡》中"司南之杓，投之於

[25] 劉洪濤，〈指南針是漢代發明〉，《南開大學學報》（哲學社會科學版）1985年第2期。

[26] 劉秉正，〈指南針是漢代發明的嗎？〉，《東北師大學報》（哲學社會科學版）1987年第2期，頁30-36。

[27] 王錦光、聞人軍，〈《論衡》司南新考與復原方案〉，《文史》第卅一輯（中華書局，1988年），頁25-32。

地，……"是"司南之杓，投之於池，……"之誤。他們認爲，所謂池是指的水銀（汞）池，即磁勺是放在汞池中而指南的。這種論點遭到林文照的反對[28]。筆者接觸到的一些科技史工作者也都認爲這種解釋理由欠充分，難於成立。筆者個人也認爲，除了改原文中的"地"爲"池"是一種忌諱外（當然不是絕對不可以），即使磁勺浮於汞池上的指南效果好於在地盤上，但由於磁偏現象的存在，指南效果也不會很好，其準確度肯定要低於戰國時期就早已流行並行之有效的表臬法和天文方法。否則《夢溪筆談》等書記述磁針指南時，不可能同時就提到磁偏現象。本文前面提到的關於磁勺的一些困難，對汞池說大體也都存在。

　　聞人軍還認爲[29]，《韓非子》中的司南應釋爲表臬（這表明劉洪濤和聞人軍也都認爲《韓非子》中的司南釋爲磁勺是欠根據的），《論衡》、《鬼谷子》和〈瓠賦〉中的司南仍都是指的磁勺，只是對其承物的看法可能要變，即由地盤變爲汞池以至其他物。關於筆者對《論衡》和〈瓠賦〉的分析，已如前述。至於《鬼谷子》中的"必載司南之車"，從與它成書相去不算太遠的《宋書》引而爲"必載司南"來看，與其釋此處的司南爲磁勺，還不如釋爲司南車更順當。因爲如前所述，有一些古文獻就是把司南車稱爲司南。聞人軍又認爲[30]，南北朝任昉詩句"奔鯨吐華浪，司南動輕枻"中的司南就是指《宋書》中所說"晉代又有指南舟"中的指南舟。但是即使聞先生說的這種輪葉式機械指南船果眞存在（筆者對船能單憑非陀螺型的機械裝置就能夠指南持懷疑態度），它也與磁性指南工具毫無關係。

六、結　論

　　綜上所述，現在說司南是磁勺，證據還很不充分，很難令人信服。除非在文獻研究、考古發現和眞正模擬古人可能使用的方法和工具製做出能

[28] 林文照，〈天然磁體司南的定向實驗〉。
[29] 聞人軍，" On the Ancient Meanings of Sinan 司南 and Their Historical Development "（摘要），《第五屆國際中國科技史會議論文摘要集》，頁157。
[30] 聞人軍，" A Study of the South–Pointing Ship "（摘要），《第五屆國際中國科技史會議論文摘要集》，頁155。

指向的磁勺等方面取得較確鑿證據，解答了像筆者提出的一些質疑，才有可能肯定司南是磁勺。從目前的情況看，筆者認為，釋司南為官職（《 韓非子·有度 》）和北斗（《 論衡·是應篇 》和〈 瓠賦 〉）並不見得比釋為磁勺欠根據，甚至可以說更合乎情理些。

關於指南針等磁性指南工具是什麼時候發明的，目前已知道的可明確說出時代的記載仍都是十一世紀的。這就是北宋司天監楊惟德在 1041 年撰的《 塋原總錄 》，其中有關於指南針的記述（ " 客主的取，宜匡四正以無差，當取丙午針，於其正處，中而格之，取方直之正也 " ）。其次是曾公亮等於 1040 – 1044 年之間編的《 武經總要 》，其中記有用地磁場磁化鐵製的指南魚③ 可以指南。再就是大家熟知的沈括在 1088 年左右寫的《 夢溪筆談 》，其中有幾條關於磁針和磁偏現象的記載。指南針的實際發明年代一定比這些記述要早些。至於到底早多少，目前無法確切推斷。筆者估計，九世紀後期至十一世紀前期（ 晚唐至宋初 ）一些堪輿家（ 可能有楊筠松、曾文辿、陳摶和王伋等人 ）已開始用指南針了。指南針發明後由於使用方便，在逐步改進後被廣為利用和傳播，約在十二世紀後期左右才傳到西方，成為推動西方文明發展的重要工具之一。因此筆者認為，作為中國古代對人類文明作出重大貢獻之一的磁性指南工具的發明，仍應以十至十一世紀左右發明的指南針為準。

筆者希望海內外治科技史的學者重視關於磁性指南工具的形式和發明年代的研究，共同來解決此科技史中的重大問題。

---

③　劉秉正，〈 我國古代關於磁現象的發現 〉。

WAS SINAN 司南 A MAGNETIC SPOON?

by

Bing–Zheng Liu

Northeast Normal University, Changchun, Jilin

In ancient Chinese texts, the term sinan 司南(or zhinan 指南) had some different meanings such as south–indicating carriage, guidance or standard. In *Lun Heng* (《論衡》) and some other literatures, the meaning of sinan is not so clear and unequivocal. The current understanding of sinan in *Lun Heng* explains it as a spoon made of lodestone which pointed south. This would mean that more than one thousand years before the invention of the magnetic needle in the Song dynasty, the Chinese already used a magnetic, direction–indicating apparatus. Based on my research, I think that here sinan means the Plough (the Big Dipper). Lin Wen –Zhao disagreed. He conducted experiments with two lodestone spoons and observed that they pointed south when rotated and rocked. Lin concluded that sinan was really a spoon–like apparatus made of lodestone. However, based on analysis of ancient literatures along with experimental and technological considerations, I still find it hard to believe that over two thousand years ago people invented a direction–indicating spoon made of lodestone. I stick to the viewpoint that it is more reasonable that sinan means the Plough (Bin Dipper) in *Lun Heng* and means an official in *Han Fei* Zi (《韓非子》). I also think all the different meanings of sinan in ancient Chinese texts were originated from the Plough. For example, according to ancient superstitution, to every official on the earth, there corresponds a star or a group of stars in the heaven, so sinan might be also the name of an ancient official who was in charge of indicating direction. As to the first invention of magnetic direction – indicating apparatus, we still have to attribute it to the magnetic needle or magnetic fish both invented in about eleventh century (early Song Dynasty) before we can give a firm conclusion about the real meaning of sinan in *Han Fei Zi* and *Lun Heng*.

試探北宋天文儀器製作技術的發展

淡江大學歷史系　葉鴻灑

一、前言

　　由於 " 天人感應 " 的觀念自古以來長期爲我國統治階級所深信不疑。如《 易 》曰： " 天垂象，見吉凶，聖人則之 " ； 又曰： " 觀乎天文，以察時變。 " ① 而農業生活又爲我國人民世代相傳的主要生活方式，因此歷朝君主在即位之初對於觀測天象以 " 編新曆、定正朔、敬授民時 " 之事均十分重視。北宋太祖趙匡胤乃經由 " 陳橋兵變，黃袍加身 " 的取巧方式得天下於孤兒寡婦之手。爲了向天下人詔示此舉乃 " 順天應人 " 而非 " 乘人之危 " ， 亦爲了安定飽受戰爭摧殘的社會百姓以穩定政情，對天象觀測曆法編修與相關人員的管理十分重視。如在即位第二年（ 961 ）天下初定， 即下詔別造新曆。曆成後太祖並親撰序文以頒行天下。又於開寶五年(972)九月下詔：

> 禁玄象器物，天文圖讖，七曜歷。太一雷公、六壬遁甲等不得藏於私家，有者並送官② 。

而太宗以弟而非以子之身分繼太祖登基，深恐天下人不服，於即位之次月即下詔嚴格管制天下知天文之人才，《 宋史 · 太宗本紀 》記其事曰：

> 開寶九年冬十月癸丑，太祖崩，帝（ 太宗 ）遂即皇帝位……十一

---

① 元 · 脫脫，《 宋史 》（ 鼎文書局版 ）卷 48〈 天文志一 〉，頁 949。
② 宋 · 李燾，《 續資治通鑑長編 》（ 世界書局 ）卷 14〈 太祖開寶五年九月條 〉，頁 125。

月……庚午……命諸州大索知天文術數人送闕下，匿者論死③。

旋又於次年再下詔令確實執行之，令曰：

> 兩京諸道陰陽卜筮人等向令傳送至闕，詢其所習皆憒昧無所取，蓋矯言禍福耀流俗以取貲耳。自今除二宅及易筮外，其天文相術、六壬遁甲、三命及它陰陽書限詔到一月送官④。

惟由於太宗本身"性嗜學"，於經史文集頗多涉獵，喜搜集古籍遺文，又頗敬重學有專長之學者⑤，因此乃將四方所徵集而來的天文學者凡三百五十一人加以測試，去蕪存菁，其合格者六十八人納入司天台爲官，其餘不及格者"悉黥面流海島"⑥，而非予以殘害。對各地所獻天文圖藉在命專人整理後，於淳化二年（991）五月下令將所有天文、曆算、陰陽、術數、兵法類之圖藉凡五千餘卷，天文圖畫一百十四卷全部收藏於新修建完成之特藏室"祕閣"中，集中管理嚴禁外流，但可供朝中天文官生閱覽⑦。另一方面宋承唐制，自建國以後亦先後設有專門負責推動天文曆法研究編修工作的機構。《通典》記其制曰：

> 宋有司天監、天文院、鐘鼓院，元豐正官制以太史局隸秘書省，掌測驗天文考定曆法。凡日日星辰風雲氣候祥瑞之事日具所占以聞，歲頒歷於天下則預造進呈，祭祀冠昏及典禮則選所用日⑧。

在嚴格的管制與完整的組織體系控制之下，與政治、民生關係均十分密切

---

③　《宋史》卷4〈太宗本紀一〉，頁54。

④　《續資治通鑑長編》卷18〈太宗太平興國二年冬十月條〉，頁222。

⑤　《宋史》冊一所附《太宗實錄》中有太宗之言曰："朕每見布衣搢紳間有端雅爲眾所推舉者，朕代其父母喜……朕於士大夫無所負矣。"頁26。

⑥　同註④，頁223。

⑦　詳見楊家駱主編，《十通分類總纂》（鼎文書局版）19冊〈藝文類上〉卷153，頁15－16。

⑧　《十通分類總纂》8冊〈職官類〉卷55，頁10－292。

的天文律曆之學，自北宋初年起即完全爲朝廷所控制，成爲官學色彩最濃厚的一門科技之學。然而也正因爲如此，天文曆法之學卻也成爲北宋政府所極爲重視與大力推動之學。同時又由於北宋建國的百餘年間，雖先後有契丹（遼）與女眞（金）族的入侵，然自澶淵之盟與契丹議和（眞宗景德元年，1004）後，至宋、金聯兵滅遼再啟戰端（徽宗宣和四年，1122）的長時間內，除邊境偶有戰事外，以汴京（開封府）爲中心的宋廷轄區內大體呈現出國泰民安、經濟繁榮的昇平現象，對於天文曆法之學的推展自然亦十分有利，因而使得北宋時期在天文儀器的製作方面，締造了極爲輝煌的成就，現分述之如下。

二、天文儀器的製作與改良

所謂“工欲善其事，必先利其器”，要想使天象觀測進行順暢，必須製作精良的觀測儀器。我國傳統的天文儀器主要的有渾天儀（象）、刻漏、圭表景尺等，而以渾天儀（象）爲主。此儀古稱璣衡。據吳曆算學者王蕃說明其作用爲：

> 渾儀之制，置天梁、地平以定天體，爲四游儀以綴赤道者，此謂璣也；置望筩橫簫於游儀中，以窺七曜之行，而知其躔離之次者，此謂衡也[9]。

而此物之起源史冊中或謂起自玉帝時之帝嚳，或謂起於宓犧，其詳已不可考。然自東漢時學者張衡承繼古人已有之技術，並加以改良創新，製作完成了以漏壺中水流之動力轉動齒輪、使渾儀運轉的水運渾天儀後，遂成爲後世製作渾天儀的典範。至唐而有李淳風、僧一行等先後加以改良重鑄。唐末五代天下大亂，鑄儀工作陷於半停頓，而舊有之儀亦因年久失修而不堪使用。北宋建國後，由於朝廷對天文曆法的重視，使朝中的天文官生頗思有所表現。兼之天下已定，國力漸豐，亦有能力鑄作大型觀天儀器，因此鑄儀工作再度興盛。此時所鑄第一座大型銅渾儀爲太宗太平興國四年

---

[9] 《宋史》卷 48〈天文志一〉，頁 951。

（997）完成，由司天監學生張思訓所設計。《玉海》記其構造及特色曰：

> 思訓敘其制度云：渾儀者法天象地。數有三層，有地軸、地輪、
> 地足。亦有橫輪、側輪、斜輪、定關、中關、小關、天柱。七直
> 人，左撼鈴、右扣鐘、中擊鼓以定刻數。其七直一晝夜方退，是
> 日月木土火金水。中有黃道天足十二神，報十二時刻數，定晝夜
> 長短。上有天頂、天牙、牙關、天指、天托、天束、天條，布三
> 百六十五度，為日月五星紫微宮及問天列宿并斗建、黃赤二道、
> 太陽行度，定寒暑進退。古之制作，運動以水，頗為疎略，寒暑
> 無準，乃以水銀代之，運動不差。舊制太陽晝行度，皆以手運，
> 今所制取於自然⑩。

從說明中可以發現，張思訓所設計鑄造的渾天儀並非僅在復舊，其最大的成就乃在於以水銀代替水爲推動儀器運轉動力的創新設計，如此可以避免水因受到氣溫影響使流速不均而引起的時間差誤（因水有在冬天酷寒時流速減緩而在氣溫太高時流速較快的特性）。儀成後太宗頗爲讚賞，不但將此儀妥爲安置，並將張思訓由司天監學生提昇爲渾儀丞。

至太宗至道元年（995），第二座大型銅渾儀鑄造完成。此儀乃由司天監生韓顯符所設計。儀成後頗爲太宗所喜，並因而對韓顯符大加封賞。《玉海》記其事曰：

> 至道元年十二月庚辰，新鑄銅渾儀成。韓顯符加司天秋官正，專
> 渾天之學。淳化初，表請造銅儀，詔給用度工匠，俾顯符規度，
> 擇巧匠鑄之。至道元年十一月儀成，太宗顧侍臣曰：渾儀制度廢
> 之已久，如顯符於陰陽律曆頗有性格，遂令考天象，倣古人遺意
> 創造此器，逾久而就。觀其日月晦明節候盈縮、星辰晷度以管一
> 窺，疎密高下無絲毫之誤，信靈臺之秘寶也。詔於司天監築臺置

⑩　宋·王應麟，《玉海》卷4〈太平興國文明殿渾儀〉，頁29。《宋史·天文志》所記大致相同。

之, 仍以其事趣史館, 賜顯符雜絲五十疋⑪。

韓顯符在完成此儀後, 由於深受太宗的器重, 長期負責朝中天文曆法工作的推動與改良工作, 至眞宗大中祥符初年, 由於天下安定, 物富民豐, 如《宋史・食貨志》所記:

> 自景德以來, 四方無事, 百姓康樂。
> 大中祥符初, 三路歲豐, 仍令增糴廣蓄, 靡限常數⑫。

爲配合大規模觀測天象的計劃, 乃重新設計鑄造了一座新的銅渾天儀。並撰著了與此儀相關的《渾儀法要》十卷上呈朝廷⑬。儀成後眞宗十分高興, 不但將此儀下詔放置於專置皇帝御用圖書的龍圖閣中, 召大臣觀摩; 而且爲使設計鑄造渾天儀的知識與技術代代相傳以企精益求精, 特別下令韓顯符負責挑選司天監生中資質優秀者傳授其業。《疇人傳》記其事曰:

> 大中祥符三年, 詔顯符得監官或子孫可以授渾儀法者。顯符言長子監生承距, 善察躔度, 次子保章正承規, 見知算造。又杜貽範、楊惟德皆可傳其學。詔顯符與貽範等參驗之⑭。

而由顯符所設計製作的銅渾儀, 其主體構造據《宋史》記錄有九大部分, 分別是:

> 一曰雙規, 皆徑六尺一寸三分, 圍一丈八尺三寸九分, 廣四寸五分, 上刻周天三百六十五度, 南北並立, 置水臬以為準, 得出地三十五度, 乃北極出地之度也。以釭貫之, 四面皆七十二度, 屬

---

⑪ 同上註,〈至道司天台銅渾儀〉, 頁30。
⑫ 《宋史》卷173〈食貨志上一〉及卷175〈食貨志上三〉。
⑬ 說明: 據《宋史・天文志》及〈韓顯符傳〉皆提及顯符於太宗淳化初造渾儀並上其所著天文書, 然據《續資治通鑑長編》、《玉海》及《宋史・律曆志》則皆云顯符於眞宗時再鑄渾儀。又《玉海》卷4所錄顯符所上《法要》十卷的序文中有 "……自伏羲甲寅年至皇朝大中祥符三年庚戌齒積三千八百九十七年" 之語, 充分證明顯符確於眞宗大中祥符年間再鑄渾儀而其《渾儀法要》十卷亦上於眞宗時。
⑭ 清・阮元,《疇人傳》(世界書局版) 卷19〈宋・韓顯符〉, 頁224。

紫微宮。星凡三十七坐，一百七十有五星，四時常見，謂之上
規。中一百一十度，四面二百二十度，屬黃赤道內外官，星二百
四十六坐，一千二百八十九星，近日而隱，遠而見，謂之中規，
置臬之下，繞南極七十二度，除老人星外，四時常隱，謂之下
規。

二曰游規，徑五尺二寸，圍一丈五尺六寸，廣一寸二分，厚四
分，上亦刻周天，以釭貫於雙規巔軸之上，令得左右運轉。凡置
管測驗之法，眾星遠近，隨天周徧。

三曰直規二，各長四尺八寸，闊一寸二分，厚四分，於兩極之間
用來窺管，中置關軸，令其游規運轉。

四曰窺管一，長四尺八寸，廣一寸二分，關軸在直規中。

五曰平準輪，在水臬之上，徑六尺一寸三分，圍一丈八尺三寸九
分，上刻八卦、十干、十二辰、二十四氣、七十二候於其中，定
四維日辰，正晝夜百刻。

六曰黃道，南北各去赤道二十四度，東西交於卯酉，以為日行盈
縮、月行九道之限。凡冬至日行南極，去北極一百一十五度，故
景長而寒，夏至日在赤道北二十四度，去北極六十七度，故景短
而暑。月有九道之行，歲匝十二辰，正交出入黃道，遠不過六
度。五星順、留、伏、逆行度之常數也。

七曰赤道，與黃道等，帶天之紘以隔黃道，去兩極各九十一度
強。黃道之交也，按經東交角宿五度少，西交圭宿一十四度強。
日出於赤道外，遠不過二十四度，冬至之日行斗宿，日入於赤道
內，亦不過二十四度，夏至之日行井宿，及晝夜分、炎涼
等。日、月、五星陰陽進退盈縮之常數也。

八曰龍柱四，各高五尺五寸，立於平準輪下。

九曰水臬，十字為之，其水平滿，北辰正。以置四隅，各長七尺
五寸，高三寸半，深一寸。四隅水平，則天地準⑮。

---

⑮ 《宋史》卷48〈天文志一〉，頁52-53。

　　從文中對其構造的說明已充分顯示此一儀器之設計與鑄造必須對許多相關的科學知識如數學、物理學、運動力學、機械構造原理、天象運轉原理等有十分精確的認知與了解及純熟而精良的製作技術方能完成。因此，此儀之鑄成亦代表至北宋眞宗時，我國科學知識與技術的發展正在政府的重視與鼓勵下不斷向前邁進。

　　由於有專人與專責機構負責傳授並研究改良，兼之此後北宋政府又曾數次進行大規模的觀星、測天與修曆的工作，爲了事實上的需要，觀天儀器的製作與改良未曾中斷，從現存史料記載中發現，自仁宗至北宋末年，至少又有五座大型渾儀在政府的推動下鑄造完成，而每一座新儀製作的主要動機皆因欲改正前儀之失。這五座分別是：

（一）皇祐新渾儀

　　仁宗皇祐初年，因原韓顯符所作渾儀有缺失，乃命天文官設計重新鑄造，《玉海》記其事曰：

> 祥符初，韓顯符作渾儀，但游儀雙環夾望筩旋轉而黃赤道相固不動。皇祐初，又命日官舒易簡、于淵、周琮等參用淳風、令瓚之制改鑄黃道渾儀……既成，置渾儀於翰林天文院之候台⑯。

此次所鑄造的渾儀雖以唐朝李淳風、梁令瓚所製作的渾儀爲藍圖，然而也做了相當程度的改良設計。其主要的改進之處有二，一爲在六合儀的陰緯單環（即地平環）上，加置了平準裝置，以保持儀器常處水平狀態。另一爲在六合儀的天常單環（即赤道環）上刻有十幹（干）十二支和四維之時、刻數以測定時間⑰。

　　非但如此，爲了確實証明天文官所設計的新儀效果優良，自皇祐新儀的鑄造開始，此後凡鑄新儀必須先由工匠按設計圖製一小型木樣，並繪製詳細之儀器構造圖，經皇帝率同天文官及懂天文之眾大臣親自驗證，確定效果良好後，方下詔以銅鑄之。在如此愼重而認眞的態度推動下使得此後

---

⑯　《玉海》卷 4〈皇祐新渾儀〉，頁 33。
⑰　詳見李迪〈北宋仁宗時的天文學研究〉一文，刊於《內蒙古師大學報》1989 年第 1 期。

所製成的儀器一次比一次精良，其所測得的天文現象也一次比一次精確而詳細⑱，也使得朝中天文官素質不斷提高，同時與之相關的議論奏章亦不斷產生，至神宗熙寧時遂有大科學家尤精天文律算的沈括出現。他爲了要使皇帝、眾天文官甚至後世學者了解自古以來我國所鑄造的觀天儀器之流傳、演變及優缺點，也爲了說明他個人對這些儀器的認知與改良意見，因而特於神宗熙寧七年七月，向朝廷呈上他有名的〈渾儀議〉、〈浮漏議〉及〈景表議〉等三篇奏章（內容請參閱《宋史·天文志一》），此三篇文章可說是集宋以前渾天儀製作知識之大成，並表現出沈括天文曆算知識的淵博與具有突破性的改革意見。而由他所推動重新改鑄的新儀即爲熙寧渾儀。

（二）熙寧渾儀

《宋史·律歷志》及《續資治通鑑長編》記其鑄造過程曰：

> 熙寧六年六月，提舉司天監陳繹言：渾儀尺度與法要不合，二極、赤道四分不均，規、環左右距度不對，游儀重澀難運，黃道映蔽橫簫，游規豐裂，黃道不合天體，天樞內極星不見。天文院渾儀尺度及二極、赤道四分各不均，黃道、天常環、月道映蔽橫簫，及月道不與天合，天常環相攻難轉，天樞內極星不見。皆當因舊修整……。詔依新式製造……七年六月，司天監呈新製渾儀、浮漏於迎陽門，帝召輔臣觀之，數問同提舉官沈括，具對所以改更之理。

> 熙寧七年……六月……詔以司天監新製渾儀浮漏於翰林天文院安置，太常丞集賢校理兼史館檢討同修起居注提舉司天監沈括爲右正言，賜銀絹各五十。……初括上渾儀、浮漏、景表三議及渾儀製器，朝廷用其說令改造法物曆書。至是渾儀浮漏成，故賞之

---

⑱ 關於每一台新儀在測天方面的精確度之比較，因範圍廣博，他日當另爲文述之。目前有關仁宗時之觀測成果，可參閱註⑰李迪文，另《宋史·天文志》、《宋會要》等書中亦有相關資料。

⑲ 。

（三）元豐渾儀

此乃由歐陽發所設計製作者，《宋史·律歷志》記其製作經過曰：

> 元豐五年正月，翰林學士王安禮言：詳定渾儀官歐陽發所上渾
> 儀、浮漏木樣，具新器之宜，變舊器之失，臣等竊詳司天監浮
> 漏，疏謬不可用，請依新式改造。其至道、皇祐渾儀、景表亦各
> 差舛，請如法條奏修正。從之⑳。

在這種非常濃厚的研究改良風氣影響下，至哲宗元祐年間，遂使北宋
天文儀器製作的技術發展至最高峰。在此期間製作完成了由熟知天文、歷
算、圖緯、儀器構造，時任吏部尚書的蘇頌，與精通數學的吏部守當官韓
公廉所共同規劃設計，並由眾天文官共同驗證監製，為我國天文學發展史
上規模最宏偉、構造最複雜、性能極為精良，時至今日仍為中外天文學史
家研究對象的巨型天文儀器，即為元祐渾天儀。

（四）元祐渾天儀象及渾天儀

此儀從初期開始設計到完成銅製主儀期間經過極為詳盡的討論、研
究、與驗證過程。而且是先由韓公廉據蘇頌口授之意見製成木樣機輪，蘇
頌認為可行後再呈請朝廷批准按設計圖製成小木樣，小木樣經由天文官驗
准後再製大木樣，最終再經朝臣驗證通過後方以銅鑄製之。其製造過程之
繁複與慎重亦為歷朝所未有。現據《玉海》及《宋史》等書所載分別就此
儀製作之背景、經過、主要構造及隨後所進行之改良加以說明。

先是在哲宗元祐元年（1086）冬十一月皇帝下令命時任吏部尚書的蘇
頌負責考定皇祐新渾儀與熙寧渾儀兩座觀天儀器性能之優劣，蘇頌以為兩

---

⑲ 見《宋史》卷 80〈律歷志十三〉，頁 1905 及《續資治通鑑長編》卷 248〈神宗熙寧七
　年條〉，頁 2672。又沈括《夢溪筆談》卷 8〈象數二〉亦記曰：" 熙寧中，予更造渾
　儀，并創為玉壺浮漏銅表，皆置天文院，別設官領之。"（台灣商務印書館版，頁 55
　－56 ）。
⑳ 《宋史》卷 80〈律歷志十三〉，頁 1905－1906。

儀皆未合古意又皆有缺失，主張重製新儀，其言曰：

　　臣切以儀象之法，度數備存，而日官所以互有論訴者，蓋以器未
　　合古，名亦不正。至於測候需人運動，人手有高下，故躔度亦從
　　而移轉。是致兩競各指得失，終無定論。蓋古人測候天數，其法
　　有二：一曰渾天儀，規地機隱於內，上布經躔以考日星行度寒暑
　　進退，如張衡渾天、開元水運銅渾是也。二曰銅候儀，今新舊渾
　　儀翰林天文院與太史局所有是也。又案吳中常侍王蕃云：渾天儀
　　者，羲和之舊器，積代相傳，謂之璣衡。其為用也，以察三光以
　　分度宿者也。又有渾天象者，以著天體，以布星辰，二者以考於
　　天蓋密矣。詳此則渾天儀銅候儀之外，又有渾天象，凡三器也。
　　渾天象歷代罕傳其制，惟書志稱梁武祕府有之，云是宋元嘉中所
　　造者。由是而言，古人候天具此三器，乃能盡妙。今唯一法，誠
　　恐未得親密。然則張衡之制，史失其傳。開元舊器唐世已亡。國
　　朝太平興國初，巴蜀人張思訓首創其式以獻，太宗皇帝召工造於
　　禁中，踰年而成。詔置文明殿東鼓樓下，題曰太平渾儀。自思訓
　　死，機繩斷壞，無復知其法制者㉑。

接著在他所上議論奏章中又詳述他與韓氏合作設計此儀及製作完成之過程
曰：

　　臣訪得吏部守當官韓公廉，通九章算術，嘗以鉤股法推考天度。
　　臣切思古人言天有周髀之術，其說曰：髀，股也；股，表也。日
　　行周徑里數各依算術，用勾股二里差推晷影極遊以為遠近之數，
　　皆得表股。周人受之，故曰周髀，若通此數，則天數從可知也。
　　因說與張衡、一行、梁令瓚、張思訓法式大綱，問其可以尋究依
　　倣製造否，其人稱若據算術案器象，亦可成就。既而撰到《九章
　　鉤股測驗渾天書》一卷，并造到木樣機輪一座，臣觀其器範，雖

㉑ 《玉海》卷 4，頁 39。又《百部叢刊集成》52 之《守山閣叢書》48 中所收錄蘇頌
　　撰《新儀象法要》卷上〈進渾儀狀〉中所記完全相同。

不盡如古人之說，然水運輪亦有巧思。若令造作，必有可取，遂
具奏陳，乞先創木樣進呈，差官試樣，如候果有準，即別造銅
器。奉二年八月十六日詔，如臣所請，置局差官、及專作材料
等，遂奏差壽州州學教授王沈之充專監造作，太史局夏官正周日
嚴、秋官正于太古、冬官正張仲宣等，與韓公廉同充製度官。局
生袁惟幾、苗景、張端節、劉仲景，學生侯允和、于湯臣測驗晷
景刻漏等，至三年先造成小樣。木樣成，又命翰林學士許將詳
定。元祐四年三月八日己卯，將言與同日嚴、苗景晝夜交驗與天
道合。詔以銅造，以元祐渾天儀象為名㉒。

此座完成於元祐四年的銅渾天儀名為渾天儀象，乃蘇、韓二人合作設計製
作的第一座觀天儀器，其主要的構造及運轉原理為：

> 象之器共置一臺有二隔，渾儀置於上，渾象置於下，樞機輪軸隱
> 中。鐘鼓時刻司辰運於輪上，木閣五層蔽於前，司辰擊鼓搖鈴執
> 牌出沒於閣內，以水激輪，輪轉而儀象咸動。……渾儀則上候三
> 辰之行度，增黃道為單環，環中日見半體，使望筒常指日月。體
> 常在筒窾中。天西行一周，日東移一度，……渾象則列紫宮於此
> 項，布中外官星二十八舍、周天度、赤黃道，天河偏於天體。二
> 器皆出一機，以水激之不由人㉓。

然此儀完成後，因當時負責審定此儀的翰林學士許將認為將儀、象分為二
器有所不妥，乃上奏請改作之。於是蘇頌與韓公廉又二度設計改良，製成
將儀象合一的新儀，更名元祐渾天儀。《玉海》記其事曰：

> 其後將等又言，前所謂渾天儀者，其外形圓即可徧布星度，其內
> 有機衡即可仰窺天象。若儀象則兼二器有之，同為一器。今所見
> 渾象，別為二器，而渾儀占測天度之真數，又以渾象置之密室，
> 自為天運與儀象參合。若并為一器，即象為儀以同正天度，則兩

㉒ 《玉海》卷4，頁41。
㉓ 同上註，頁45。

得之，請更作渾天儀，從之。頌因家所藏小樣而悟于心，令公廉布算數年而器成，大如人體，人居其中有如籠象。因星鑿竅如星以備激輪旋轉之勢，中星昏晚應時皆見於竅中。星官曆翁聚觀駭歎，蓋古未嘗有也㉔。

　　此座觀天儀器的完成代表我國傳統天文、律曆、數學、物理、氣象、機械科學等相關科學知識的充分發揮及其與儀器製作技術互相激盪下所產生的優良成績。也表現出北宋科學家們在繼承傳統的科學知識與技術之後能加以靈活運用並因而獲得創新的輝煌成果。正如蘇頌在說明此儀器之構造原理時所指出的：

今則兼採諸家之說，備儀象之器共置一臺有二隔，渾儀置於上渾象置於下……以水激輪，輪轉而儀象咸動，此兼用諸家之法。渾儀則上候三辰之行，增黃道為單環……此出新意也。渾象則例紫宮於此頂……此用王蕃及《隋志》所說也㉕。

因此此儀不但在當時使得朝中“星官曆翁聚觀駭歎”，被《宋史·天文志》作者譽為“三器一機，脗合躔度，最為奇巧”，亦被南宋學者葉夢得讚曰：“頌所修制造之精，遠出前古”㉖，甚至在九百年後科學昌盛的現代，仍被國際知名的科學史奉斗李約瑟博士大為讚賞，推崇為當時世界上最進步的觀天儀器，並認為裡面的設計成為後世天文台裝設可開啟望遠鏡觀測台及後世鐘錶內按裝擒縱器（卡子）的先驅㉗。

（五）宣和璣衡

　　徽宗宣和年間，雖已經是徽宗末期，朝政在奸臣干政下已十分腐化，然而有心人士對天文儀器之運作與改良仍極為關心。宣和六年（1124），

㉔　同上註，頁 46。又《續資治通鑑長編》卷 423〈哲宗元祐四年三月條〉所記略同。
㉕　同上註，頁 43。
㉖　見葉夢得，《石林燕語》。
㉗　詳見李約瑟撰、陳立夫主譯，《中國之科學與文明》第九冊《機械工程》（台灣商務印書館印行），頁 249－264。

大臣王黼曾上奏章向朝廷推薦由一王姓方士所設計的新儀木樣，以堅木製之名爲璿璣。其創新而較以往舊儀優良之處，據王黼在奏文中指出：

> 舊制機關，皆用銅鐵爲之，澀即不能自運，今制改以堅木若美玉之類。
>
> 舊制外絡二輪，以綴日月，而二輪蔽虧星度，仰視躔次不審。今制日月皆附黃道，如蟻行磑上。
>
> 舊制雖有合望，而月體常圓，上下弦無辨。今以機轉之，使圓缺隱見悉合天象。
>
> 舊制止有候刻辰鐘鼓，晝夜短長與日出入更籌之度，皆不能辨。今制爲司辰壽星，運十二時輪，所至時刻，以手指之。又爲燭龍，承以銅荷，時正，吐珠振荷，循環自運，其制皆出一行之外[28]。

又分析此儀之構造及其與古今天文學者之以爲月光乃借日照而發光議論十分吻合曰：

> 即其器觀之，全象天體者，璿璣也；運用水斗者，玉衡也。昔人或謂璣衡爲渾天儀，或謂有璣而無衡者爲渾天象，或謂渾儀望筒爲衡，皆非也。甚者莫知璣衡爲何器。唯鄭康成以運轉者爲璣，持正者爲衡，以今制考之，其說最近。
>
> 又月之晦明，自昔弗燭厥理，獨揚雄云：月未望則載魄于西，既望則終魄于東，其溯於日乎？京房云：月有形無光，日照之乃光。始知月本無光，溯日以爲光。本朝沈括用彈丸況月，粉塗其半，以象對日之光，正側視之，始盡圓缺之形。今制與三者之說若合符節[29]。

因此建議朝廷令有司置局按木樣製作，並築台陳之。徽宗亦曾下詔命王黼總領其事，並令內侍梁師成助之，惜不旋踵而靖康之難發生，北宋隨之淪亡，此儀是否製成已無可考。

---

[28] 《宋史》卷80〈律歷志十三〉，頁1907。

[29] 同上註，頁1907–1908。

　　北宋天文儀器製作之大宗除渾天儀象外，其次即爲以計時爲主的漏刻。北宋承前朝之制，亦設有專門負責製作、改良與操縱漏刻記時的挈壺之職。建國之初，在文德殿門內之東偏即置有前朝所遺留之漏刻，其主要構造及功用據《玉海》曰：

　　　　刻漏之法，有水秤以木爲衡，衡上刻疏之曰天河。其廣長容水
　　　　箭，箭有四木爲之，長三尺有五寸，著石刻更點納於天河中，晝
　　　　夜更用之。衡右端有銅鍰連鈎爲銅覆荷形，荷下銅索三條以繫銅
　　　　壺，又爲髹漆大盦曰冰櫃，中安銅盆曰水海，銅盆隅有銅渴烏
　　　　一，引水下注壺中。衡左端有大銅鍰。貫徹鍰下大銅索連銅權爲
　　　　立象形。又有鐵竿高五丈，於鐵連跗中屈上端爲方鍰形曰難竿。
　　　　每移改時刻，司辰者以衡尾納方鍰中，以組繩挽權上大銅鍰進退
　　　　之，秤之所繫以大木雙植有跗如鍾簴之制，畫五采金龍爲飾，上
　　　　有鐵胡門，大鐵鈎鍰以繫之，其制度精巧不知作者爲誰，蓋唐五
　　　　代用之久矣[30]。

然因水流常會隨氣溫之高低而有快慢，造成測時之不準。於是研究精神濃厚的北宋學者又展開了設計改良的工作。先是仁宗時大學者兼對天文、地理、曆算無不精通而又擅長儀器製作技術的燕肅於天聖八年（1030）八月呈上他所研製的新式漏刻——蓮花漏法。其構造爲：

　　　　琢石爲四分之壺，剡木爲四分之箭，以測十二辰、二十四氣、四
　　　　隅、十干。洎百刻分布晝夜，凡四十八箭，一氣一易，歲統二百
　　　　十六萬分悉刻，箭上鑄金蓮承箭銅烏，引水而下注，金蓮浮箭而
　　　　上登，不假人力。其箭自然上下，司辰者謹視而易之，其行漏之
　　　　始，又依周官水地置臬之法，考二交之景，得午時四刻十分爲
　　　　午，正南景中以起漏焉[31]。

燕肅所設計製造的蓮花漏雖頗爲後世學者所讚賞，然而在當時卻一度引起準確與否的爭議。其中奉仁宗命考定其法的司天監王立等，以其所測黃道

　　[30]　《玉海》卷11，頁18 – 19。
　　[31]　同上註，頁15。

日躔進退盈縮度數與當時頒行天下的崇天曆不合而未被採用。至四年後的
景祐元年（1036）九月，燕肅再奉命與當時之司天少監楊惟德再測之，結
果蓮花漏之運行與實際天道運行十分脗合，方得爲朝廷所用。不久，卻又
因時任知制誥的丁度認爲仍有缺點，時間一久必會失準，因此在次年九月
皇帝再命司天監重新製作百科水秤以測日夜。至三年二月再由學士章得象
針對水行有遲疾之失請增用平水壺一、渴烏二、晝夜箭二十一方才暫時解
決問題。自此研究與改良計時漏刻之風日盛。至十五年後的皇祐初年，因
由章得象所建議改良的漏刻又出現 " 常以四時日出傳卯正一刻，又每時正
已傳一刻，至八刻已傳次時，即二時初末相侵殆半 " ㉜ 的嚴重誤差，於是
皇帝再下詔命天文官舒亦簡、于淵、周琮重新設計。其法爲：

> 用平水重壺均調水勢，使無遲疾。分百刻於晝夜；冬至晝漏四十
> 刻，夜漏六十刻；夏至晝漏六十刻，夜漏四十刻；春秋二分晝夜
> 各五十刻。日未出前二刻半爲曉，日沒後二刻半爲昏，減夜五刻
> 以益晝漏，謂之昏旦漏刻。皆隨氣增損焉。冬至、夏至之間，晝
> 夜長短凡差二十刻，每差一刻，別爲一箭，冬至互起其首，凡有
> 四十一箭。晝有朝、有禺、有中、有晡、有夕，夜有
> 甲、乙、丙、丁、戊，昏旦有星中，每箭各異其數。凡黃道升降
> 差二度四十分，則隨曆增減改箭。每時初行一刻至四刻六分之一
> 爲時正，終八刻六分之二則交次時㉝。

神宗即位時又因星辰不正，下令別造儀漏，然遲遲未有所成。至熙寧五年
（1072）才由時任司天監的沈括推薦民間天文學者衛朴製作新浮漏，七年
完成上呈朝廷於翰林天文院安置。而沈括亦撰有〈浮漏議〉一文以詳細說
明浮漏之構造、舊器之缺點並提出改良之設計。

　　元豐五年（1082），又有詳定渾儀官歐陽發因見舊儀疏謬不可用，乃
變舊器之失，重新設計製作了新的計時浮漏木樣進呈朝廷，經考定後由朝
廷下令鑄造，是爲元豐浮漏。

　　北宋最後一次由朝廷官員重製漏刻，應爲哲宗元祐年間，當蘇頌與韓

㉜　《宋史》卷 76〈律曆志九·皇祐漏刻〉，頁 1746。
㉝　同上註。

公廉共同設計製作渾天儀象時，爲與儀象互相參證，乃設計製作了四台刻漏，分別爲浮箭漏、秤漏、沈箭漏、不息漏。其中之浮箭漏、秤漏採用舊法而沈箭漏與不息漏頗有創新。

　　至於爲測日影定方位、考定冬夏至時景所必備的圭表，宋初未曾更新，至仁宗以前皆使用五代石晉的天文官趙延義所製作的舊器，然此儀至仁宗時已被舊不堪，"表既欹傾，圭亦墊陷"，至使"天度無所取正"③④。於是皇祐初年，仁宗乃下令天文官周琮、于淵、舒易間等人負責重新改製，琮等乃

　　　　考古法，立八尺銅表，厚二寸，博四寸，下連石圭一丈三尺，以
　　　　盡冬至景長之數，面有雙水溝爲平準，於溝雙刻尺寸分數，又刻
　　　　二十四氣岳台晷景所得尺寸，置於司天監③⑤。

此表完成後經過三年與舊儀互相參證，做成記錄，並因之而撰成《岳台晷景新書》三卷，評論前代測候之正誤及推算日月之法上之朝廷。此表最大的創新爲在表面上刻二十四節氣的晷影長度爲前所未有。

　　至神宗熙寧七年（1074），提舉司天監沈括曾向朝廷上〈景表議〉，提出可以避免因地形之高下不同或氣候之明晦風雨而造成測景不準的新式圭表。其構造及使用方法爲：

　　　　（設）候景之表三，表崇八尺，博三寸三分，殺一以爲厚者。圭
　　　　首剡其南使偏銳，其趺方厚各二尺，環趺刻渠受水以爲準，以銅
　　　　爲之。表四方志墨以爲中刻之，綴四繩，垂以銅丸，各當一方之
　　　　墨。先約定四方，以三表南北相重，令趺相切，表別相去二尺，
　　　　各使端直。四繩皆附墨，三表相去左右上下以度量之，令相重如
　　　　一。自日初出，則量西景三表相去之度，又量三表之端景之所
　　　　至，各別記之。至日欲入，候東景亦如之。長短同，相去之疏密
　　　　又同，則以東西景端隨表景規之，半折以求最短之景。五者皆
　　　　合，則半折最短之景爲北，表南墨之下爲南；東西景端爲東西。

③④　《玉海》卷3，頁29。
③⑤　《宋史》卷76〈律歷志九・皇祐圭表〉，頁1751。

> 五候一有不合，未足以為正。既得四方，則惟設一表，方首。表
> 下為石席，以水平之，植表于席之南端。席廣三尺，長如九服。
> 冬至之景，自表趺刻以為分，分蹟為寸，寸蹟為尺。為密室以棲
> 表，當極為竇，以下午景使當表端。副表并趺崇四寸，趺博二
> 寸，厚五分，方首，剡其南，以銅為之。凡景表景薄不可辨，即
> 以小表副之，則景墨而易度㊱。

此表製成後亦與沈括所設計製作的渾儀與浮漏同置天文院中。

　　至元豐五年（1082），始再因翰林學士王安禮奏言當時所用的至道、
皇祐渾儀，景表皆有差舛，請准予令詳定渾儀官歐陽發依新法修正之，為
神宗所允而再度修正測景之圭表。北宋景表之最後一次修正，應為哲宗時
蘇頌設計重鑄測天儀器時所建議修正之法，其法為“於午正以望筒指日，
令景透筒竅以竅心之景指圭面之尺寸為準”㊲。

五、結　論

　　總之，由於朝廷對天象觀測的重視以及天文官們為了取得最精確的觀
測結果以邀功避禍，雙方對觀天儀器的改良皆不遺餘力，因此，在北宋朝
廷中遂形成一股研究改良天文儀器的濃厚興趣，至仁宗即位後又大力提倡
興學與教育，朝廷對學術發展採更開放的鼓勵態度，於是原先為官方嚴格
控制的天文學在民間亦有復甦的跡象（如神宗時採納沈括之推薦允布衣衛
朴參與製儀與修曆工作），相互激盪之下，遂使我國傳統天文儀器的發展
在此時達到另一高峰，無論是在製作的技術、數量、規模，或結構的複雜
與精巧方面，皆為歷代所不及，堪稱盛極一時㊳。

㊱　同上書卷 48〈天文志一〉，頁 964－965。
㊲　《新儀象法要》（《百部叢刊集成》本）卷下〈渾儀圭表〉，頁 23。
㊳　關於此一結論之詳細說明請參閱拙作〈靖康之難對南宋以後中國傳統天文學發展的影
　　響〉一文，刊於《中國歷史學會史學集刊》第 21 期，頁 117－142。

英文摘要

This article lays its emphasis upon the analysis and explanation of the efforts and achievements of the astrologists/astronomers in the Nothern Sung Dynasty (960 – 1126) in improving and making various kinds of apparatus for the observation of astrological/astronomical phenomena. The majority of these astrologists / astronomers held office in the government, the function of their work being to meet the needs of political purposes and people's livelihood.

元代以前中國蒸餾酒的問題

國立台灣大學化學系　劉廣定

引　言

蒸餾酒俗稱燒酒，依據我國古籍的記載，中國在元代以前並沒有這種酒。元末明初人葉子奇在《草木子》裏說：" 酒法，用器燒酒之精液取之，名曰哈剌基酒，極醲烈，其清如水，蓋酒露也。……此皆元朝之法酒，古無有也。"①

李時珍的《本草綱目》也說：

> 燒酒非古法也，自元時始創其法，用濃酒和糟入甑，蒸令氣上，用器承取滴露，凡酸壞之酒皆可蒸燒。近時唯以糯米、或粳米、或黍、或秫、或大麥蒸熟，和麴釀甕中七日，以甑蒸取，其清如水。味極濃烈，蓋酒露也②。

但是近代的中國科技史研究者多採不同的看法。最早注意這個問題的大概是曹元宇。早在民國十六年（1927）就認爲宋人蘇舜欽的詩句 " 苦無蒸酒可沾巾 " 裏的 " 蒸酒 " 是燒酒，而說：" 宋時已知有燒酒矣。"③ 以後的研究者，說法各有不同。認爲宋代已有蒸餾酒的，除了曹元宇④ 之

---

① 葉子奇，《草木子》（四庫全書本）卷3。
② 《本草綱目》卷25〈燒酒條〉。
③ 曹元宇，《學藝》8 卷 6 期（1927 年）。
④ 曹元宇，（a）《化學通報》，1979 年第 2 期，頁 68；（b）《中國化學史話》（江蘇科學技術出版社，1979 年）第十三章。

外，還有林榮貴[5]、方心芳[6]與日本學者篠田統[7]、蟹江松雄[8]等。主要唐代有蒸餾酒的學者包括袁翰青[9]、魏喦壽[10]、李約瑟和魯桂珍[11]以及Robert Temple[12]等。幾年前，孟乃昌從文字資料[13]，吳德鐸[14]、李志超與關增建[15]從出土的青銅器認爲蒸餾酒於漢代已存在。近來更有人從文字學的觀點，以爲"甗"表示蒸餾器而推測商周時期中國人已會應用蒸酒術[16]。吳德鐸後採較保留的態度，恢復1966年的說法[17]，肯定了唐代已有蒸餾酒[18]。

不過，另有一些學者仍以元代才有蒸餾酒。例如：羅志騰認爲"暫以元朝爲記，似乎更恰當些"[19]，祝慈壽在近著《中國古代工業史》中將蒸餾酒的時代定於元[20]，最近，黃時鑑也贊成"燒酒在中國確實始於元代"的說法[21]。至於筆者自民國七十年（1981）探討中國造酒術時，即曾懷疑元代以前中國有蒸餾酒的說法之正確性[22]。其後又陸續研究過我國古

[5] 林榮貴，《考古》1980年第5期，頁466。

[6] 方心芳，《自然科學史研究》6卷2期（1987年），頁131。按，方氏前在民國23年（1934）時曾以我國唐代即有蒸餾酒，1980年則表示不能肯定（《科技史文集》，第四輯，140頁）。最近曾懷疑上海博物館所藏"漢代青銅蒸酒器"是用於蒸酒之合理性（《中國酒文化與中國名酒》，中國食品出版社，1989年，頁3－31）。

[7] 篠田統，〈宋元造酒史〉，載藪內清編，《宋元時代の科學技術史》（京都大學人文科學研究所，1967年）頁279。但在1953年時認爲是元代才傳入中國的，見《天工開物之研究》中譯本（黃仲圖譯，中華叢書委員會，1956年），頁104。

[8] 蟹江松雄、岡崎信一，《薩摩における燒酎造り五百年の步み》（自刊本，1986年），第二章。

[9] 袁翰青，《中國化學史論文集》（三聯書店，1956年）。

[10] 魏喦壽，《高粱酒》（臺灣商務印書館，1972年），第一章。

[11] （a）Lu Gwei－Djen, J. Needham, D. Needham, *Ambix*, 19（1972），69;（b）J. Needham, *Science and Civilisation in China*, Vol. V:4（Cambridge University Press, 1980）.

[12] R. Temple, "The Genius of China", in Simon and Schuster, 1986, pp. 101－103.

[13] 孟乃昌，《中國科技史料》6卷6期（1985），頁31。

[14] 吳德鐸，第四屆中國科學史國際會議論文，1986年5月在澳洲雪梨發表。

[15] 未出版資料，李、關兩先生1986年12月提供。

[16] 高木森，《故宮文物月刊》60期（1988），頁72。

[17] 吳德鐸，《科學史集刊》第9期（1965），頁52。

[18] 吳德鐸，《史林》1988年第1期，頁135;《明報月刊》271期，頁84；272期，頁90（1988）。

[19] 羅志騰，《化學通報》1978年第5期，頁51。

[20] 祝慈壽，《中國古代工業史》（學林出版社，1988年）。

[21] 黃時鑑，《文史》31期（1988），頁159。

[22] 劉廣定，《科學月刊》12卷7期（1981），頁29。

代蒸餾器與蒸餾酒的問題㉓ ㉔ ㉕ ，現擬補充並綜述之。

"哈剌基酒"的意義

　　雖然葉子奇首先指出"哈剌基酒"即蒸餾酒，爲元以前所無。但是最早的蒸餾酒記載，極可能是元成宗大德五年（1301 年）前寫成的《居家必用事類全集》。此書己集有《南番燒酒法》㉖：

> 南番燒酒法（番名阿里乞）：
>
> 右件不拘酸甜淡薄，一切味不正之酒裝八分一瓶，上斜放一空瓶，二口相對。先於空瓶邊穴一竅，安以竹管作嘴，下再安一空瓶，其口盛住上竹嘴子。向二瓶口邊，以白磁碗楪片，遮掩令密，或瓦片亦可。以紙筋搗石灰，厚封四指，入新大缸內坐定。以紙灰實滿，灰內埋燒熱硬木炭火二三斤許下於瓶邊。令瓶內酒沸，其汗騰上空瓶中，就空瓶中竹管內卻溜下所盛空瓶內。其色甚白，與清水無異。酸者味辛，甜淡者味甘，可得三分之一好酒。此法臘煮等酒皆可燒。

其中"阿里乞"應即"哈剌基"的另一音譯法。忽思慧的《飲膳正要》譯作"阿剌吉"：㉗

> 阿剌吉酒，味甘辣、大熱，有大毒，主消冷堅積，去寒氣。用好酒蒸熬取露，成阿剌吉。

㉓ 劉廣定，第四屆中國科學史國際會議論文，1986 年 5 月在澳洲雪梨發表。《科學史通訊》第 5 期（1986），頁 16。

㉔ 劉廣定，《科學史通訊》第 6 期（1987），頁 27。

㉕ 劉廣定，第二屆科學史研討會論文，民國 78 年（1989）三月在臺北發表。

㉖ 《居家必用事類全集》（日本松栢堂和刻本，京都中文出版社影印，1984 年），卷 12。按，此項資料可能是篠田統（〈宋元造酒史〉）或青木正兒（參閱：杉山二郎，《正倉院》增訂版，瑠璃書房，1980 年，頁 244）所發現。

㉗ 忽思慧，《飲膳正要》卷 3〈米穀品〉。元文宗天曆二年（1329）序本。按原書「二年」作「三年」，但天曆只有二年，次年（1330）改元至順。

朱德潤則作"軋賴機",其〈軋賴機酒賦〉序曰:㉘

> 至正甲申冬(元惠宗至正四年,1344 年),推官馮時可惠以軋
> 賴機酒,命僕賦之,蓋譯語謂重釀酒也。

他們兩人都沒有說阿剌吉酒或軋賴機酒是外國傳來。但是元人許有壬
在《至正集》〈詠酒露次解恕齋韻〉的序裏說:

> 世以水火鼎鍊酒取露,氣烈而清,秋空沉澄不過也,雖敗酒亦可
> 為。其法出西域,由尚方達貴家,今汗漫天下矣。譯曰阿剌吉
> 云。

明言蒸餾酒法自"西域",即今中亞,西亞地區傳入中國。

"哈剌基"、"阿里乞"、"阿剌吉"、"軋賴機"等都是元代蒸餾
酒之名。此字來源,勞佛(Berthold Laufer)1916 年最先提出阿拉伯文
araq 之說㉙。但在 1905 年 Fairley 曾表列各國蒸餾酒之名㉚,其中與此
相近者有印度、錫蘭的 arrack、蒙古的 arika、西藏的㉛及南太平洋島嶼
的 ava。近年來,吳德鐸⑱、黃時鑑㉑都發現滿文,維吾爾文用來表示燒
酒的字音均與"阿剌吉"相近。吳德鐸更指出:⑱

> 新加坡出版的《實用馬華英大辭典》中 Arak(即 Arrack)這字
> 的華(漢)文釋義有:酒、燒酒、白米酒、椰酒。與它相對應的
> 英文字是 wine! 可見在阿拉伯語及馬來語中,Arrack 並不一定
> 專指燒酒。

故知"哈剌基"或"阿剌吉"在馬來一帶是泛指酒類,但在其他地區則不
然。

根據 Fairley 所列之表㉚,釀造酒在印度及錫蘭稱為"Toddy",在

㉘ 朱德潤,〈軋賴機酒賦,并序〉,載《古今圖書集成·食貨典》卷 276。

㉙ B. Laufer, *Sino – Iranica* 中譯本(杜正勝譯,臺灣中華書局,1975 年版),頁 69,
    註 101。

㉚ T. Fairley, *The Analyst*, 30(1905), 30。

㉛ 黃時鑑說:"在藏語中,藏族傳統釀製的青稞酒稱 Chang,漢字譯寫作'鏘';燒酒
    稱為 nag Chang。但是在拉薩的口語中,稱燒酒為 ara。"見《文史》31 期,頁
    159。

西藏稱為" Chong "㉛蒙古稱為" Koumiss "，南海諸島從缺。因此可以說除了馬來及南海各地外，" 哈剌基 " 只是指蒸餾酒。吳德鐸彙集了很多資料，證明中國很早已知南海各地的 Arrack，而 " 幾乎從三國魏晉之際起，直到明朝，在漢語中對 Arrack 都是採用意譯的方法（用得最多的譯名是 " 椰酒 " ）……"⑱然而，據筆者所知，目前尚無任何證據可說明這些 Arrack 是指 " 蒸餾酒 "。唯一可 " 證明 " 北宋時代暹羅國已有蒸餾酒——燒酒的《麴本草》④⑦⑧近來分別由黃時鑑㉑及筆者㉕㉜發現其成書年代有誤。淺見以為這是一本明初的書，而非如百二十卷本《說郛》所記為 " 宋田錫 " 之作㉝，詳細的討論參見另文㉜，不贅述。中文資料裏到元代之前並無南海諸國出產蒸餾酒的記載，" 蒸餾酒 " 是元代才有的。

故元代在中國只稱蒸餾酒為 " 哈剌基 " 或 " 阿里乞 " 等 araq 或 arrack 的譯名。南海諸國的一般酒類可能因濃度和中國傳統的釀造酒無異，並不稱之 " 哈剌基 " 等 " 蒙古 " 名。只有 " 南番 " 的 " 蒸餾酒 " 才譯為 " 阿里乞 "。

" 燒酒 " 的意義

許多學者懷疑唐宋時期已有蒸餾酒的原因，主要可能是由於唐宋的詩文中有 " 燒酒 " 或類似用法。例如袁翰青提出的 " 燒酒初聞琥珀香 "（白居易詩）及 " 自到成都燒酒熟 "（雍陶詩）⑨；吳德鐸提出《嶺表錄異》所言 " 南中醞酒……貯以瓦甕，用糞掃火燒之 "（唐劉恂）及《北山酒經》中 " 火迫酒 "（宋朱肱）⑰。因此，宜從 " 燒酒 " 等的意義來討論。曹元宇曾說㊽。

> 燒字有許多意義：（1）燃燒；（2）加熱；（3）苛烈之意；（4）加熱蒸餾；（5）保溫發酵，等等。燒酒之燒，不知何所取義，可能是兼 " 可以燃燒，味道苛烈或更包含蒸餾 " 的意義。

㉜　劉廣定，《國立中央圖書館館刊》新 24 卷 1 期（1991），頁 173。
㉝　如四庫全書及清順治四年版陶珽重輯本。

他又認爲"燒酒"是指紅色酒㊽，篠田統㉞、祝慈壽⑳也持此說，而黃時鑑贊同這一說法外還提出"熟"爲"釀酒成功"之意，"燒酒熟"說明酒乃釀成的㉑。

　　淺見以爲唐宋時期所謂燒酒的"燒"實指"燒熱的"或"加熱催釀"之意㉒。"火迫"酒，也是加熱促進釀酒成熟的意義，篠田統則認爲這是加熱殺菌（Pasterization）的第一個例子⑦。吳德鐸曾因發現《太平御覽》中所記《嶺表錄異》那段話下有註："亦有不燒者，爲淸酒也"而認爲"不但證實了我國在唐朝時便已有燒酒這名目，並指出了燒酒是用淸酒燒製成的"⑱。但就全文來看㉟：

> ……南中地暖，春冬七日熟，秋夏五日熟。既熟，貯以瓦甖。用糞掃火燒之（亦有不燒者爲淸酒也）。大抵廣州人多好酒，晚市散，男兒女人倒載者日有三二十，輩生酒行，即兩面羅列，皆是女人招呼鄙夫，先令嘗酒……

"用糞掃火燒之"一句似是指賣酒時以糞火熱酒。古時酒多有沈澱，受熱則生渾濁，所以說"不燒者爲淸酒也"。

　　另外還有兩個元以前有"燒酒"的"證據"須加辨明。一是曹元宇曾舉出《洗冤錄》卷四的"急救方"。

> 虺蝮傷人……令人口含米醋或燒酒，吮傷以吸拔其毒，隨吮隨吐，隨換酒醋再吮……

雖他說明《洗冤錄》有許多版本，光緒丁丑（1877）年浙江書局所刻的《補註洗冤錄集注》有這段記載，有些本子卻沒有㊽，但管成學比較淸刊本與元刊本《洗冤錄》發現曹元宇所引的這一方子並不見於元刊本㊱，而非宋慈的原作，故不能視爲"南宋"已有"燒酒"之證據。其實，以熱的"煖酒"治蟲蛇咬傷是我國傳統的醫療法。例如北宋唐愼微的《經史證

㉞　篠田統，《中國食物史の研究》（八坂書房，1978年），頁161。
㉟　《太平御覽》卷845。
㊱　管成學，《文獻》1987年一期，頁207。

類備用本草》已載：“廣利方，治蛇咬瘡，煖酒淋洗瘡上，日三易”[37]。《本草綱目》也說：“蛇咬成瘡，煖酒淋洗瘡上，日三次，廣利方。”[2] 表示清以前並不用眞正的“燒酒”來治療咬傷。

第二項“燒酒”的“證據”是李約瑟等曾在 1972 年引《唐國史補》卷下所謂“酒則有……榮陽的土窟春，富平之石凍春，劍南之燒春……”，以“石凍春”指“凍酒”而“燒春”指“燒酒”。[11]吳德鐸據《東坡志林》及《野客叢書》也認爲“『春』這個字在唐代乃是『酒』的同義詞。”[18] 然而，蘇軾和王楙並不正確。《唐國史補》的這一段話是：

> 酒則有郢州之富水，烏程之若下，榮陽之土窟春，富平之石凍春，劍南之燒春，河東之乾和蒲萄，嶺南之靈谿、博羅，宜城之九醞，潯陽之湓水，京城之西市腔，蝦蟆陵郎官清、阿婆清。又有三勒漿類酒，法出波斯三勒者，謂菴摩勒、毗梨勒、訶梨勒。

其下有注：“一本作富平之石梁春，劍南之燒香春。”[38] 而《白孔六帖》也有作“石梁春”的[39]。《古今圖書集成》[40] 及百二十卷本《說郛》[41] 中“竇苹”之《酒譜》則均作：

> 唐人言酒之美者，有郢之富水，榮陽土窟，富春石凍春，劍南燒春，河東乾和，蒲東桃博，嶺南靈溪、博羅……

可知不同版本，文字便有出入。所謂“××春”可能是指“春酒”，這也說明《唐國史補》所列十六種酒名中只有三種名爲“××春”。“春”只是酒名的一種，不能視“燒春”爲“燒酒”。否則，“燒香春”將成爲“燒香酒”了。

故知，元以前“燒”並無“蒸餾”的意義，元初以後才用“燒”酒來表示將酒“蒸餾”。前引《居家必用事類全集》[26] 可能是最早的例子。

---

[37] 《重修政和經史證類備用本草》卷 25，《經史證類大觀本草》同。
[38] 李肇，《唐國史補》，四庫全書本。
[39] 《白孔六帖》卷 15，四庫全書本。
[40] 「食貨典」卷 273。
[41] 賈銘，《飲食須知》卷 5，四庫全書本。

　　至於何以現存元代文獻多用＂阿剌吉＂等音譯名來表示＂蒸餾酒＂而少用＂燒酒＂？淺見以爲在蒙古人統治下，知識分子應多略通蒙古語，也有使用蒙古語新詞的習慣。＂蒸餾酒＂既爲漢文舊詞之所無，當然就直接用蒙古語而在書寫時有＂阿剌吉＂、＂軋賴機＂等眾多不同的＂音譯＂了。但對全國大多數不通蒙古語的百姓而言，則須用＂義譯＂的＂燒酒＂。此所以爲一般人所寫的《居家必用事類全集》只用＂阿里乞＂爲註解，而賈銘的《飲食須知》更只有＂燒酒＂並無任何蒙古語的音譯[41]。《飲食須知》大約撰成於元末[42]，可能是最先使用＂燒酒＂表示＂蒸餾酒＂的出處。其有關＂燒酒＂的敍述如下[41]：

> 燒酒；味甘辛，性大熱，有毒。多飲敗胃、傷膽、潰髓、弱筋、傷神損壽，有火證者忌之。同薑蒜犬肉食，令人生痔、發痼疾。妊婦飲之，令子驚癇。過飲發燒者以新汲冷水浸之，或浸髮即醒。中其毒者服鹽、冷水、綠豆粉可少解。或用大黑豆一升煮汁一二升，多飲服之取吐便解。

乃李時珍《草本綱目》有關文字②之所本。

＂蒸＂的意義

　　元以前＂蒸酒＂究竟指什麼？吳德鐸認爲是指蒸餾酒[17][18]，並說：＂蒸餾技術，我國在宋及宋以前，在民間日常生活中已廣泛運用。宋代政府經營的造酒廠中有專司蒸酒的工匠。＂[18]但筆者卻有不同的看法。吳先生依據的《夷堅丁志》原文是：[43]

> 歐陽當世爲鎮江摠領所酒官，以酒庫摧陋，買民屋數區即其處撤而新之。時長沙王先生……歐陽遇之於府舍，即往謁，邀至新居具食以待，扣之曰此地有鬼乎？曰有二鬼，一以焚死，

---

[42]　此書寫成年代不詳，《四庫全書總目提要》云：「元賈銘撰。銘，海寧人，自號華山老人。元時嘗官萬戶，入明已百歲。太祖召見，問其平日頤養之法。對云，要在愼飲食。因以此書進覽。」可推測大約在元末完成。

[43]　洪邁，《夷堅丁志》四，「鎮江酒庫」條。

一以縊死。……乃具詢主吏，對曰：「一酒匠因蒸酒墮火中……
云」右三事皆歐陽雋說，此其父也。

墮火中能被燒死，必是大火爐。這種大火爐是加熱促進發酵用
的。《宋史‧食貨志》云：⑭

自春至秋，醞即成釃，謂之小酒。……臘釀蒸釃，候夏而出，謂
之大酒。
（政和）四年……立酒匠闕聽選試清務廂軍之法。清務者，本州
選剌供踏麴，釁蒸之役，闕則募人以充。

知當時有職於冬日加熱促釀的酒匠。這種方法，我國古代製酒時常用，例
如《齊民要術》的「粱米酒法」：⑮

春秋桑落之時，冷水浸麴，麴發漉去滓，冬即蒸甕使熱。

並非現代的「蒸餾」。但若要排除「蒸」爲「蒸餾」的可能，則須了解元
代並非現代的「蒸餾」。但若要排除「蒸」爲「蒸餾」的可能，則須了解
元代以前「蒸」的意義。

中國古時「蒸」字的意義很多，其中之一乃可與「烝」通假，表
示「火氣上行」也表示烹飪時藉釜中上升的熱氣來炊熟⑯。這種用法直到
唐宋，並未改變⑰。但從本草、醫方，及有關的資料考查，可知「蒸」
除了藉熱氣加熱及軟化外，還有以熱水蒸氣萃取某些成分的作用。現分別
說明如下。

「九蒸九曝」或「百蒸百曝」的治藥法在本草及醫方中相當常見。例
如：《新修本草》「胡麻」條言「服食家當九蒸九暴，擣餌之。」⑱《大

---

⑭ 《宋史》卷185。
⑮ 賈思勰，《齊民要術》卷7〈笨麴餅酒第六十六〉，四部備要本。
⑯ 根據《說文解字注》、《急就篇》、《玉篇》、《中文大字典》及《正中形音義綜合大字典》等。
⑰ 宋代稱豎式煉鐵爐爲「蒸礦爐」，表示「蒸」爲「火氣上行」之意。見華覺明，《世界冶金發展史》第二部分〈中國古代金屬技術〉，576頁，科學技術文獻出版社，1985年。此點承華先生告知。
⑱ 《新修本草》卷19，岡西爲人重輯本。

觀本草》"青粱米"條引孟詵《食療本草》云："以純苦酒一斗漬之，三日出，百蒸百暴。"㊾ "蕪菁"條亦引"孟詵云……其子九蒸九暴，搗爲粉，服之長生。"㊿《外臺祕要》引《集驗方》（北周姚僧垣作）："採鼠李子日乾，九蒸九暴"。[51] 另關於"地黃"，《大觀本草》"乾地黃"條引《圖經本草》云"八月採根，蒸三二日令爛、曝乾，謂之熟地黃，陰乾者是生地黃。"[52]，但宋人許叔微《普濟本事方》中的"熟乾地黃"的治藥法乃"酒洒九蒸九曝，烘乾秤。"[53]《本草品彙精要》的說明是"以生地黃去皮，瓷鍋上木甑蒸之，攤曬令乾，拌酒再蒸，如此九度，謂之九蒸九暴。"[54] 故對"蒸"的意義解釋的很清楚。

有關以"蒸"表示用水蒸氣萃取的例子如《外臺祕要》之"集驗去黑子及贅方"[55]：

> 生藜蘆灰五升，生薑灰五升，石灰二升半，右三味，合和令調，蒸令氣溜，取甑下湯一斗從上淋之……

日本丹波康賴《醫心方》則作[56]：

> 生梨灰五升、石灰二升半、生薑灰五升，凡三物合令調合，蒸令氣溜下甑，取下湯一升從上淋之……

此書又有"錄驗方五灰煎方"[56]：

> 石灰、藋灰、葉灰、炭灰各一升，草灰五升。以水溲，蒸令氣迎，仍取釜湯淋之……

以上都是以水蒸氣將灰中某種成分萃取而出的例子，與現代化學中的 Soxhlet 式連續萃取法類似，但都不是"蒸餾"。

㊾ 《大觀本草》卷 25。
㊿ 《大觀本草》卷 27。
[51] 王燾，《外臺祕要》卷 7。
[52] 《大觀本草》 卷 6。
[53] 《普濟本事方》157 頁，上海科學技術出版社，1978 年據日本享保二十年（1735）刊本修訂校印。
[54] 劉文泰，《本草品彙精要》卷 7。
[55] 《外臺祕要》卷 29。
[56] 《醫心方》卷 4。

另一種用“水蒸氣蒸餾”的方式從花中取香露，是北宋時向阿拉伯人所學得。《鐵圍山叢談》記載：

> 舊說薔薇水乃外國採薔薇花上露，殆不然。實用白金為矧為甑，採薔薇花蒸氣成水，……至五羊效外國造香，則不能得薔薇，第取素馨，茉莉花為之……[57]。

南宋人張世南也描寫過蒸取花露的方法[58]：

> 以篯香或降真香作片，錫為小甑，實花一重，香骨一重，常使花多於香。竅甑之傍，以泄汗液，以器貯之，畢則徹甑去花，以液漬香。

說的也是“水蒸氣蒸餾”（steam distillation），而非普通的“蒸餾”。

但是，中國人並非不知蒸餾的技術。春秋時代末期已有的吳王闔閭葬在水銀池中的說法[59]雖未可盡信，至少秦始皇墓中“以水銀爲百川江河大海”之說[60]似屬可信。因此，最遲在公元前 210 年中國已能製造大量水銀，所用的必是某種蒸餾方法。不過，在中國的金丹術歷史裏，“蒸餾”一直是個不受重視的方法[23]所用的蒸餾器也只是簡單的下導蒸餾式的“石榴罐”及“抽汞”之器[61][62]。更值得注意的是在南宋孝宗隆興元年（1163）寫成的《丹房須知》中，蒸餾水銀仍稱爲“抽汞”[63]如圖一，而不是“蒸”汞。

---

[57]　蔡絛，《鐵圍山叢談》卷 6。

[58]　張世南，《游宦紀聞》卷 5。

[59]　趙曄，《吳越春秋》，又見《太平御覽》卷 812。

[60]　《史記》卷 6〈秦始皇本紀〉。

[61]　曹元宇，《科學》17 卷 1 期（1933），頁 31。

[62]　Ho Ping – Yu and J. Needham, *Ambix 7,* (1959) 57。

[63]　吳悮，《丹房須知》、《正統道藏》第 123 冊，台北藝文印書館重印本。

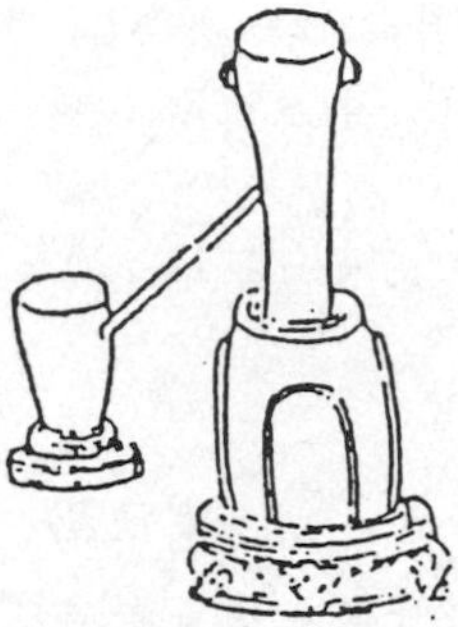

圖 一

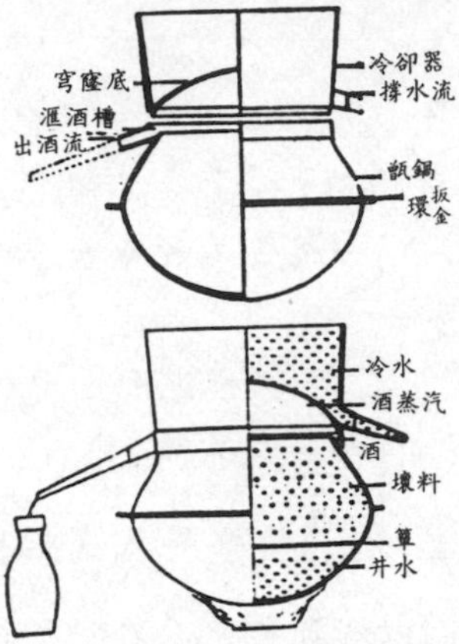
穹窿底
滙酒槽
出酒流
冷卻器
排水流
甑鍋
扳金環
冷水
酒蒸汽
酒
壞料
箄
井水

圖 二

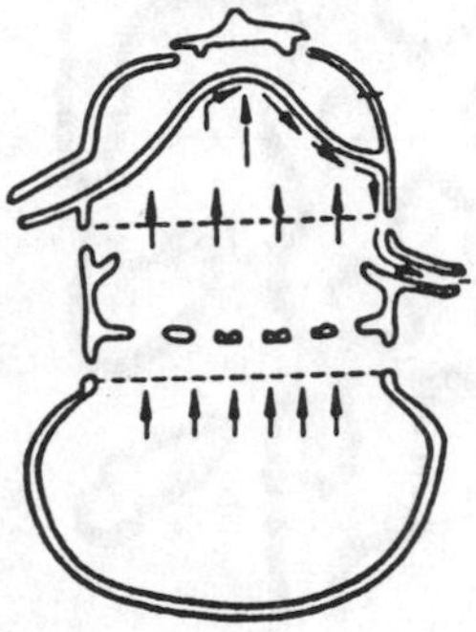

圖 三

古代蒸餾器的問題

中國古代的金丹術使用器具中，蒸餾器的構造相當簡單，這是因爲除了水銀之外，金丹家並不蒸餾其他物質。水銀的沸點爲 357°C，只靠空氣冷卻就可使其凝結，所以不需要特別設計“冷凝”的部分。但這種蒸餾器對沸點只有 78°C 的酒精（乙醇）來說，則冷卻的效果就很差，此應即我國雖早知蒸餾法但無蒸餾酒的主要原因。

1959 年何丙郁與李約瑟曾從安西楡林窟的西夏壁畫中發現一幅似是製酒的圖。很可能是做蒸餾酒，因而認爲西夏時期（公元 1031－1227 年）可能已有蒸餾酒。(62) 但從該圖並不能十分肯定是在“蒸餾”。另外向達認爲楡林窟的壁畫中“一號至三號以及二十號四窟壁畫……出於元人之手”(64)，敦煌學家蘇瑩輝也同意此說法(65)，而該圖正在三號窟。因此，這一問題尙有待深入探討。

1975 年在承德附近的金代遺址中，曾發現一件青銅蒸餾器，其構造如圖二⑤。據研究者推測，其用法可以分爲加箄蒸燒及直接蒸煮兩種，雖不排除用於不加箄蒸丹藥花露之可能性，但以用於加箄蒸酒的可能性爲

(64) 向達，《唐代長安與西域文明》，〈莫高楡林二窟雜考〉。
(65) 民國 77 年 4 月 6 日之函。

大。並且試驗得知若用於蒸酒，大約 45 分鐘可蒸出一斤左右之酒。

筆者初見此報告時曾懷疑此器應爲蒸製香露之用㉒。近再參考其他資料，則覺其另一可能爲製藥之用，因其構造與日本中古時代（約十五世紀）的藥用蒸餾萃取器極相像，如圖三(66)。

由於此蒸餾器出土的金代遺址中尚有銅錢一百多斤，其中最晚的是“大定通寶”。“大定”是金世宗的年號，自 1161 年起至 1189 年止，故此器最早的年代是 1161 年。雖然吳德鐸最近曾說“也有人認爲很難肯定它是金代的製品，用它來作爲主要論據，說服力似乎還嫌不足”⑱，筆者在未見到懷疑者的根據前，仍擬採過去所認定最早年代是 1161 年的說法。但是筆者對此器乃蒸酒之用仍表懷疑。篠田統⑦早已指出沒有文獻資料可證金國已知蒸餾酒，最近王可賓也說：(67)

> 女真人的飲料，主要有瓜茶、奶茶之類；酒則是以糜釀成之薄酒。

因此，金代有蒸餾酒之說法，尚有待商榷。

至於金人的文化水準並不高，何以有此相當進步的蒸餾器呢？淺見以爲可能是由大食先傳到遼，再傳給金。阿拉伯人很早就懂得“蒸餾”的技術(68)，可能在公元八世紀已知道蒸餾酒精。八世紀到九世紀間，製造香水（perfume）和化粧品（cosmetics）之工業已甚發達，薔薇露（rose-water）唐代已傳入中國㉑。根據《遼史》的記載，“遼”和“大食”間來往很多。如聖宗開泰九年（公元 1020 年）“大食……爲子册割請婚”。太平元年（公元 1021 年）“封王子班郎君胡思里女可老爲公主，嫁之”(69)。文化交流可能因而發生。不過，《遼史》中的「大食」是否就是阿拉伯，還待求證。

1986 年吳德鐸發表上海博物館所藏漢代青銅蒸餾器的報告⑭。此器如圖四及圖五所示，據云有人以其試驗蒸餾，曾得到 26 度的酒⑱。依拙

---

(66) 註 11b，114 頁。

(67) 王可賓，《女真國俗》（吉林大學出版社，1988 年），頁 261。

(68) A. Y. al-Hassan and D. R. Hill, *Islamic Technology* (Cambridge University Press, 1986).

(69) 《遼史》卷 16〈聖宗本紀〉。但此“大食”是否即是阿拉伯大食，尚待確證。

見，此器無冷凝部分，蒸餾時則產率將不佳；而其箄的面積小位置又高，不似放置酒醅之用。但如圖五，將上甑（或下釜）轉180度後，則上方的導流管正好嵌入下方凸出的粗管中（圖六），形成一循環系統。故可能是一個連續蒸鍋。不過，古人是否曾察知而利用過此一特點，仍可存疑。至於此青銅器的年代，據馬承源館長告知乃依形制、結構與飾紋而斷定的。但淺見以爲宋人擅於仿造古銅器，似不能排除此器爲"仿漢"之可能。

　　另在1975年安徽天長縣安樂鄉亦有一類似之漢代青銅器出土⑮，如圖七及圖八。據說原來還有一個圓形蓋子，乃爲冷凝作用而設計者，但現已失落，故究竟此器之蓋有何用途，目前只好存疑。然若比較圖五與圖八之相似性，可推測其用途亦同。李志超與關增建相信此一青銅器爲蒸餾器，筆者則以爲它無冷卻部分不適蒸酒，而其構造，特別是箄的部分也極似一蒸鍋。

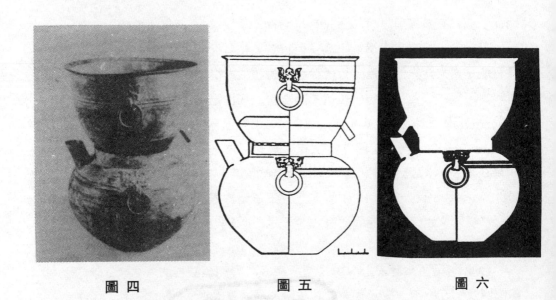

圖四　　　　　　　　　　圖五　　　　　　　　　　圖六

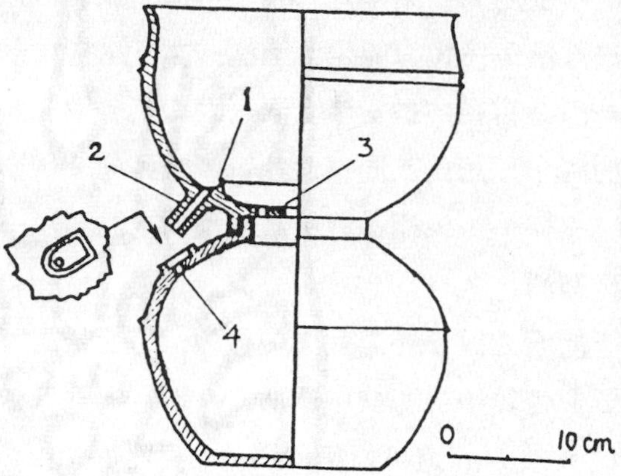

圖七

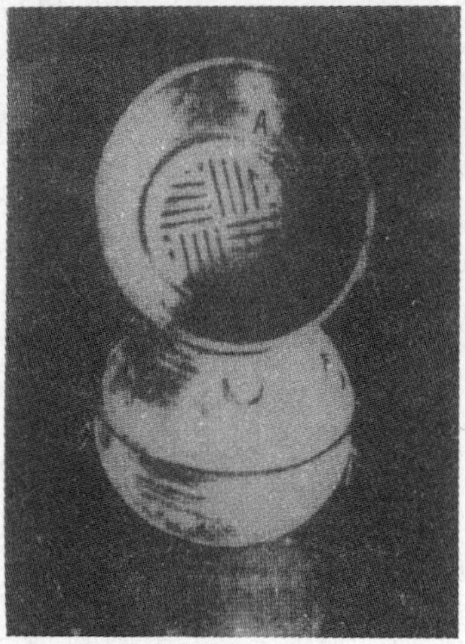

圖八

文字資料中的“蒸餾酒”

筆者一向認爲不可從詩文的字面上來揣測其含義，而判斷何時有蒸餾酒。我國詩人吟唱之作，常不易了解其眞義。例如林榮貴曾舉楊萬里的〈新酒歌〉中所謂“一杯徑到天地外，忽然玉山倒甕邊，只覺劍鋩割腸裡”認爲是蒸餾而得的烈酒，又據後文“此法來自太虛中……換君仙骨君不知”而以此詩乃描述自“道家蒸餾丹藥傳過來的”新酒釀法⑤但細察此詩之小序：“官酒可憎，老夫出意家釀二缸……”而詩中云：“……此米不是雲安米，此水祇是建鄴水……”(70)，只說用米用水特有選擇，並未有何述及“蒸餾”之處。再者，古人常以“仙方”之類語詞誇好酒，如明人瞿佑〈屠蘇酒〉詩曰：“紫府仙人授寶方，新正先許少年嘗”(71)與道士煉丹無關。

孟乃昌在〈中國蒸餾酒年代考〉文中⑬除蒸餾器的證據外，另舉多種文字資料，得到“南北朝及唐已有蒸餾酒商品，東漢與晉的高濃度酒都只在煉丹家活動範圍內製備和應用”之結論。現分項討論之。

---

(70)　《誠齋集》卷 33。
(71)　《歷代詠物詩選》卷 6。

一、“斗”與“杯”的問題。唐代一斗約合現代2公升，孟乃昌引杜甫的〈飲中八仙歌〉：“張旭三杯草聖傳，脫帽落頂王公前”以“三杯酒就使張旭失去禮儀……也只能是蒸餾酒，才有這樣大的效力。”又從“李白斗酒詩百篇，長安市上酒家眠”及“敏捷詩千首，飄零酒一杯”的詩句，認爲“同一個杜甫，談到同一個李白，酒量從一斗變成了一杯……只能從酒精濃度不同來說明：一斗指釀造酒，一杯指蒸餾酒。”

實際上，解釋詩句決不能看死。三杯酒就失去禮儀，可能是故意作態，三杯蒸餾酒即醉似也算不得“飲中八仙”。而且“斗”並不一定是指容量單位的“斗”，還可以指酒器，《詩經·大雅》就有“酌以大斗，以祈黃耇”的用法。古時另有“量酒之升斗小；量穀之升斗大”的說法(72)，故不能由“斗”和“杯”來區別發酵酒與蒸餾酒。

二、糟糠醋的問題。孟乃昌認爲糟糠醋乃“以酒醅酒後繼續作醋”，《證類本草》之“唐本注”將糟糠醋列在果醋之後“說明酒糟中的含酒量和澱粉量的降低，而這是由釀造酒到蒸餾酒的較普遍出現而引起的。”

按，無論《證類本草》“醋”下之“唐本注”(73)或《新修本草》之“酢”條㊾都只說：“謹按，酢有數種，此言米酢。若蜜酢、麥酢、麴酢、桃酢，葡萄、大棗、蘡薁等諸雜果酢，及糠糟等酢，會意者亦極酸烈，止可噉之，不可入藥用也。”

先後順序並無特別意義，況言“亦極酸烈”表酸度無大差異，故由之不能辨別是否爲製蒸餾酒後的產品，更不能知道當時是否已有蒸餾酒。

三、酒價的問題。唐詩中有“金樽美酒斗十千”，又有“速來相就飲一斗，恰有青銅三百錢”之句，孟乃昌認爲酒價相差如此大，“即是蒸餾酒與釀造酒的區別。十千錢一斗的是蒸餾酒，三百錢一斗的釀造酒。”

---

(72) 方勺，《泊宅編》卷3。
(73) 《證類本草》卷26。

然而，實際上酒價之高低並不在於酒精含量的多寡，蒸餾酒也不一定比釀造酒貴，何況詩中所用的"斗"、"千"等可能是遷就平仄韻腳，未必就反映當時物價！

四、李時珍誤記的問題。《飲膳正要》的作者忽思慧及〈軋賴機酒賦〉的作者朱德潤均未言蒸餾酒始於元代，故孟乃昌認爲是李時珍的誤解。但淺見以爲此種可能性不大。中國人用藥可謂五花八門，幾乎看得見，取得到的東西都能入藥。燒酒既可能藥用，元以前"本草"均不載燒酒，宜乎李時珍認爲"元時始創其法"也②。

五、"酎酒"的問題。《齊民要術》中無"燒酒"而有"酎酒"，孟乃昌引據的《齊民要術》裡說："能飲好酒一斗者，唯禁得半升"（"笨麴餅酒"第六十六），故"酎酒"應爲蒸餾酒，否則不會有二十倍的效力，而且朱德潤〈軋賴機酒賦〉的序也說"軋賴機"是"重釀酒"的譯語㉘。"酎酒"既是"重釀酒"，而且日本的蒸餾酒叫"燒酎"是從中國傳去的。故他認爲："「蒸餾酒」在中國歷千百年是以「酎」爲名來售買。"

按，"酎"的意義爲"三重釀酒"，酒精濃度較一般高，可能接近百分之十，自漢至宋均未更改(74)。朱德潤之所以說："軋賴機酒……蓋譯語重釀酒也"當是因"軋賴機酒"的濃度高的緣故，而不能說"重釀酒"一向就是蒸餾酒。至於《齊民要術》所謂"能飲好酒一斗者，唯禁得升半"，筆者所見《四部備要》之"學津討原"本，《叢書集成》之"漸西村舍"本及"文淵閣四庫全書"本均作"升半"，而非"半升"。孟乃昌用"半升"未知何本。但"升半"與"一斗"只差六倍多，三重釀後可將淡薄之酒（假設1.5％）變成濃酒（約10％），不必藉助蒸餾。

至於日文的"燒酎"則是明治維新後的用語。日本學者岡奇信一函告筆者，蒸餾酒於十五世紀傳入日本時寫作"燒酒"，江戶時代（1608－1868年）"燒酒"與"燒酎"並用，"燒酎"是較

(74) 程大昌，《演繁露》卷14〈酎〉條。

粗俗的用法，明治維新後漸不用“燒酒”而現在只用“燒酎”表示蒸餾酒。(75)因此，孟乃昌的假設並不正確。

六、神仙術士有高濃度酒的問題。孟乃昌舉《抱朴子》、《後漢書》及《神仙傳》等書中記載，推測東漢已有高濃度酒。但“神仙”本屬無稽之談，《神仙傳》所載亦多屬傳說虛構，不能做爲依據。方伎術士究用何物，只能猜測而已。至於“左慈、趙明等……於茅屋上然火煮食而茅屋不焦。”(76)或“趙炳……乃故升茅屋，梧鼎而爨……屋無損異”(77)所燃是否爲高濃度酒，或只是故弄玄虛的“魔術”，並不能斷定。以此爲例證明高濃度酒之存在，甚爲可疑。

結　論

依據以上的討論可知：

一、元代起出現的音譯字“阿里乞”、“阿剌吉”等只表示中國以前沒有的“蒸餾酒”，而不指其他已知的酒。

二、“燒”字在元以前並不表示“蒸餾”，只有保溫、加熱等意義，故燒酒不是指蒸餾酒。

三、元以前的“蒸”可指“水蒸氣蒸餾”（steam distillation）或蒸氣加熱（steaming）但非普通的蒸餾。

四、我國古代金丹術中只有簡單的蒸餾水銀用器，不適於蒸餾酒精，幾種新發現的青銅“蒸餾器”，其實際用途及年代均尙待深入研究。

五、其他的文字資料均不能說明元以前確有蒸餾酒。

外國科技史家根據古代文獻認爲雖使用酒精的正式記載是十二世紀，但阿拉伯人在會製造薔薇水後不久即能製酒精做爲醫療之用。(78)(79)湯淺光

(75) 1989年3月8日之函。

(76) 《抱朴子》內篇卷5（四部備要本）。

(77) 《後漢書》卷82下。

(78) J. M. Stillman, *The Story of Alchemy and Early Chemistry* (Dover Edition, 1960), p.190.

(79) R. P. Multhauf, “The Origins of Chemistry”, pp.204－206, Oldburne Book Co., 1966。

朝[80] 以九世紀末阿拉伯醫者 Rhazes（公元 852－923）[81] 已知製造硫酸和酒精，正與我國記載所示薔薇露在八世紀末、九世紀初已傳入之說[21] [82] 相符。故知阿拉伯人的蒸餾技術約自十世紀後流傳各地，十三世紀末中國始知蒸餾酒方法（南番燒酒法）。但到了十四世紀中葉蒸餾酒 " 軋賴機 " 在中國仍是稀珍物品，朱德潤因而爲之作賦。此後才逐漸普遍流行。現將已知 " 蒸餾酒 " 及有關技術傳入我國的經過列表於下：

時　　期	事　　實	參考資料
八世紀	阿拉伯人生產薔薇露	70
八世紀末九世紀初	薔薇露已傳入中國	83
九世紀末	阿拉伯醫者已知製酒精	81
十二世紀初	廣州一帶已知製花露水法	58
十二世紀中	金代蒸餾器、蒸藥或蒸花露？	5,24
十三世紀末	南番燒酒法（阿里乞）	26
十四世紀初	宮廷貴族用阿剌吉酒	27
十四世紀中	軋賴機酒製法	28
	阿剌吉酒 " 法出西域 "	21
十四世紀末	中國人用燒酒於醫療	42

誌謝

　　筆者衷心感謝吳德鐸、李志超、關增建三位先生惠贈參考資料及圖片，岡寄信一先生賜給大作並解說日文燒酒一辭的演變經過，蘇瑩輝與華覺明二先生提供高見，以及何丙郁和島尾永康兩位先生的熱心與指正。特別是自 1986 年在異國和吳德鐸先生訂交以來，雖對蒸餾酒的看法彼此不同，但一直得到他的關心與指教。最近又引謁上海博物館馬承源館長，得睹 " 漢代青銅蒸酒器 " 之原貌，尤難忘懷，長者風範令人敬佩。謹再向

---

[80]　湯淺光朝，《科學文化史年表》，增補版 34 頁，中央公論社，1966。
[81]　此人之生卒年又有公元 860－932 年一說，見：L. Clendening, " Source Book of Medical History, " p.71, Dover Edition, 1960。
[82]　馮贄，《雲仙雜記》卷 6。

吳、馬兩先生致深謝意。

補記: 吳德鐸先生不幸於 1992 年 3 月 1 日病逝上海，謹將此文獻給吳先生。

ON THE DISTILLED WINE IN THE PRE – YUAN CHINA

(Abstact)

Kwang – Ting Liu

Department of Chemistry, National Taiwan University

There is a controversy about the time when the method of making distilled wine is known to Chinese. In *Pen Tsao Kang Mou*, Li Shih – Chen stated that distilled wine was unknown to Chinese until the Yuan dynasty. Some contemporary historians of Chinese science and technology, however, considered an earlier date would be more plausible.

In the present study the following conclusions can be made:

1. The translated term *A – la – chi, A – li – che*, or *Ha – la – chi*, etc, used in Yuan dynasty denoted only a new kind of foreign wine, but not other wines already known.

2. Thc Chinese word *shao* meant heating or keeping warm, but not " distillation " before Yuan dynasty.

3. The Chinese word *chéng* stood for steaming or steam – distillation before Yuan dynasty.

4. In early medieval China, the alchemical distillation apparatus was used for the simple distillation of mercury, and was not appropriate for the distillation of alcohol (*chiu*). The actual use of the " late Han " bronze vessels from the recent archaeological discoveries is uncertain, although they might be employed as a still of low efficiency.

5. No literature record could precisely prove the existence of distilled wine before Yuan dynasty.

Consequently, the technique of making distilled wine in China is likely a foreign influence, being transmitted from Arabs or other neighbors in thirteenth century.

南懷仁爲什麼沒有製造望遠鏡

自然科學史研究所　**席澤宗**

今日屹立在北京古觀象台上的八件大型天文儀器，其中有六件係清康熙八年至十三年（1669－1674）間由比利時人南懷仁（Ferdinand Verbiest, 1623－1688）督修監製的，即赤道經緯儀、黃道經緯儀、地平經儀、地平緯儀、紀限儀和天體儀。這六件儀器仍屬古典系統，沒有一個使用望遠鏡的，所有觀測全憑目視。許多人認爲，這六件東西比起中國古代儀器來，有所前進，例如，刻度盤上使用了游標，從而提高了讀數精度；但在全世界範圍來說，則已落後，因爲這已在 1609 年左右望遠鏡發明並用於觀天之後六十多年①。何丙郁先生也曾感慨系之地說：〞當時北京觀象台和歐洲的天文台兩者的天文儀器可以互相媲美，唯一的缺點是清代的觀象台沒有設置大型望遠鏡。……爲什麼南懷仁沒有在觀象台上裝置一具大型望遠鏡呢？我的初步猜想，其主因可能和磨製及檢驗天文鏡面的技術有關，也許南懷仁在中國找不到熟諳這種技術的人士，又不易從歐洲物色一位擅長製鏡的技工到中國來。但答案是否這麼簡單呢？是否還牽涉到政治、經濟、宗教等因素呢？這還需等待將來的研究〞。② 本文則擬從另一角度來回答這個問題。

在南懷仁於 1658 年離開歐洲來華之前，望遠鏡已被歐洲天文界廣泛採用。就是在中國，鄧玉函（Johann Schrek, 1576－1630）在 1618 年已把小型望遠鏡帶來，湯若望（Adam Schall, 1591－1666）於 1662 年翻譯出版了《遠鏡說》一書，李天經並於 1635 年製造了望遠鏡③。南懷仁對這些情況並不是不知道，但是當他於 1669 年奉命製造天文儀器時，爲

---

① 劉金沂，《中國科技史料》卷 5（1986 年），頁 101－107。
② 何丙郁，〈西方天文學家傳奇——參觀北京古觀象台有感〉，見方勵之主編，《科學史論集》（中國科學技術大學出版社，1987 年），頁 101－116。
③ K. Hashimoto, *Hsu Kuang Ch'i and Astronomical Reform*(Osaka, 1988), p. 219.

什麼不製造望遠鏡呢？筆者認爲，並不是由於宗教偏見，他想對中國人有所隱瞞；也不是由於中國沒有物質條件和技術條件；而是由於當時望遠鏡的質量還很差，不能用於精確的方位天文觀測，這可由南懷仁製造天文儀器之後十年，1679 年兩位著名天文學家赫威律斯（John Hevelius,1611—1687）和哈雷（Edmond Halley, 1656－1742）之間所進行的一次觀測比較得到證實。

波蘭天文學家赫威律斯是一位熟練的觀測者，他的《月面學》（ _Se-lenographia,_ 1647）具有極大的價值，被認爲是這門學科的奠基石。他曾經製造過幾架長焦距折射望遠鏡，並在他的《天文器械》（ _Machinae Coelestis,_ 1673）一書中有詳細的敍述。但是他認爲望遠鏡不適宜於做精確的恆星定位工作，在 1674 年左右和英國胡克（Robert Hooke, 1635－1703）發生了一場爭論：是用肉眼觀測好，還是用望遠鏡觀測好？胡克強烈否定前者的可靠性，充分肯定後者的優越性。爲了解決這場爭論，並希望能就此事做一獨立的、公正的評判，1679 年倫敦皇家學會便挑選了年僅二十三歲、前一年剛當選爲會員的哈雷前往波蘭和赫威律斯進行比賽，而赫威律斯此時年已七十。但一老一少之間的這場比賽進行得非常友好。哈雷在當選皇家學會會員之前，已於 1676 年在聖海倫（St Helena）島上用帶有望遠鏡的紀限儀（Sertant）觀測過 350 顆南天的星，使用望遠鏡已很有經驗。

據 Mac Pike 研究④，他們一點也沒有浪費時間，在 1679 年 5 月 26 日（新曆）哈雷到達但澤（Danzig）市的當天晚上，就開始了觀測工作。赫威律斯在他的《觀象年冊》（ _Annus Climatericus_ ）中有全部紀錄，哈雷也有信寫給毛爾（Jonas Moore, 1617－1679）和傅蘭姆斯梯德（John Flamsteed,1646－1719）。毛爾於 6 月 5 日就收到了哈雷的信，並由胡克於當天在皇家學會做了報告。哈雷在這封信中說，赫威律斯的儀器很特別，全用目視觀測，但他能把相距半分的兩個星分辨開來，而我用望遠鏡把相距一分的還區別不開⑤。在 6 月 17 日寫給傅蘭姆斯梯德的信

④　E.F. MacPike, _Hevelius, Flamsteed and Halley_ (London, 1937), pp. 86-88.
⑤　T. Birch, _History of the Royal Society of London,_ Vol. 3 (London, 1756; Johnson Reprint Corporation, 1968, New York and London), p. 488.

中，哈雷敍述了赫威律斯的直徑五呎的地平經儀（Azimuthal Quad-
rant）和直徑六呎的紀限儀，並詳細描寫了用後者測量天體間角距離的過
程：〝屢次觀測結果，如此極近一致，使我感到驚訝；如果不是親眼看
到，我決不敢相信。我親眼看到，幾次觀測所得距離相同，誤差不超過
10。〞上星期三我也做了一次觀測。首先我執可動的照準器，合作者執固
定的照準器，測得天鷹座 Lucida 星和蛇夫座 Yed 星之間的距離為
55° 19′00″；然後移動刻度盤上的指針，合作者執可動的照準器，我執
固定的照準器，做同樣觀測，得 55° 19′05″；而你在赫威律斯《天文
器械》第 4 册第 272 頁上可以發現，他做了六次觀測，所得距離都是一
樣，所以我再不敢懷疑他的精確性（veracity）。〞⑥ 在這裡，我們可以
補充說明，據赫威律斯的記載，哈雷用具有望遠鏡的紀限儀觀測，所得結
果是 55° 11′00″；比較觀測的最後效果，使得赫威律斯更加相信老的
觀測方法的可靠性。

　　作為深受歡迎的客人，哈雷在但澤市一直停留到 7 月 18 日。臨行
前，根據主人的希望，對主人的儀器和它們的性能留下了書面意見（writ-
ten testimony）。在這份書面材料中，哈雷對主人的和氣、體諒和寬容
表示感謝，並且樂於對那些將來有可能懷疑主人觀測結果的人們做證：主
人的儀器具有難以令人置信的精確度，〝我親眼看見，用銅製的大型紀限
儀所進行的恆星位置觀測，不足是一次、兩次，而是許多次，都高度精
確，而且令人難以置信的相互一致，其誤差遠小於一分；這些觀測是由不
同的人，有時就是由鑑證者本人做的。〞⑦

　　1710 年一位訪問過英國牛津的德國旅行者寫道：〝卡斯威爾（John
Caswell）確認，當哈雷在赫威律斯處工作時，他發現用 300 呎長的望遠
鏡什麼也看不見，根本無法觀測。赫氏的其他的望遠鏡也不能用，因為鏡
子太大（Over large glasses），不能把星像集中到目鏡中心。這些過大
的望遠鏡沒有什麼價值，就是牛頓（1642－1727）和馬紹爾（John Mar-

⑥　E. F. MacPike, ed., *Correspondence and Papers of Edmond Halley* (London,
　　1932), pp. 42-43.
⑦　J. E. Olhoff, *Excerpta ex literis ……ad J. Hevelius* (Gedani, 1683).

shall ），　在英國用這些儀器也做不了什麼工作。 ”⑧馬紹爾是得到皇家學會認可的第一位英國光學家。我們發現, 這段紀錄中有兩個錯誤, 需要改正: (1)赫威律斯望遠鏡的焦距是 150 呎, 不是 300 呎; (2)不是鏡子太大, 而是焦距太長（Over long focus ）。

　　長焦距望遠鏡是如此之笨重: 1692 年惠更斯（Christiaan Huygens, 1629－1695 ）把他的焦距長 123 呎、 物鏡直徑爲 7.5 吋的望遠鏡由荷蘭送給英國倫敦皇家學會時,　學會想把它垂直掛在一個高建築物上進行天頂觀測,　但是沒找到一個建築具有必要的高度和穩定度。1710 年彭德（James Pound,　1669－1724 ）把鏡片借去,　安裝在萬斯提德（Wanstead ）公園裡五朔節花柱（maypole ）上。這架望遠鏡的性能給克羅斯威特（Joseph Crosthwaite,　第一位皇家天文學家傅蘭姆斯梯德的助手 ）的印象不好。他於 1720 年 5 月 6 日寫給夏普（Abraham　Sharp, 1653－1742 ）的信中說: 露天安裝的長 123 呎的望遠鏡不可能得出許多好的觀測結果⑨ 。

　　爲了縮短焦距,　胡克於 1688 年設計了一個鏡片系統,　當光線通過物鏡以後,　經過一系列反射,　再到目鏡,　這樣可以把長 60 呎的望遠鏡,　縮短到長 12 呎的一個盒子中。同年,　牛頓發明了反射望遠鏡,　但製造出來的第一架,　口徑只有 1 吋,　長 6 吋。這太小了! 它不能代替折射望遠鏡,　直到十八世紀以前,　反射望遠鏡只不過是一種有趣的科學玩具而已⑩ 。

　　這段歷史表明,　在球面像差（spherical　aberration ）和色差（chromatic aberration ）問題沒有解決以前,　在天體位置測量方面,　望遠鏡尚不是先進的工具。而當時清朝政府所需要的,　正是進行天體位置測量,　以滿足曆法工作,　所以南懷仁不造望遠鏡是有理由的。科學史工作應該把現象放在當時的歷史條件下來考察,　不應該以今天的眼光來看過去。

　　（本文英文稿曾於 1988 年 9 月 16 日在比利時召開的紀念南懷仁逝世 300 周年國際學術討論會上宣讀。又,　本文寫作過程中,　曾得到宣煥燦先生的幫助,　作者在此表示衷心的感謝。 ）

---

⑧　W. H. Quarrell, ed., *Oxford in 1710 from the Travels of Zacharias Conard von Uffenbach*(London, 1928), p. 70.

⑨　H. C. King, *The History of the Telescope* (London, 1955), pp. 63-65.

⑩　同上,　pp. 61, 72.

WHY F. VERBIEST DID NOT MAKE A TELESCOPE

Xi Zezong

The six large astronomical instruments made by Ferdinand Verbiest from 1669 to 1674 and now preserved at Beijing Ancient Observatory belong to a classical system, in which there is no telescope and observations are all carried out with the naked eyes. Some scholars consider that the use of them was advanced in comparision with that of ancient China, but in the history of astronomy throughout the world it was backward, because they were made more than 60 years after the invention of the telescope and its use to observe heavenly bodies. The author does not completely agree with this view. He cites two examples to prove that at that time the telescope was not yet suited to determine precisely the positions of the stars, which was the need of the Qing government for improving its calendar.

The first example is the result of a comparative observation made by two distinguished astronomers, John Hevelius and Edmomd Halley, in 1679, namely 10 years after Verbiest's making the six instruments. It shows that with common sights Hevelius was capable of making observation of the distance of two stars to half a minute, but with telescope Halley was not able to do this nearer than to a minute.

The next is that when the 123 foot focus telescope of 7.5 inches aperture, together with the supporting aerial appartus, was presented by Christiaan Huygens to the Royal Society in 1692, the Society considered erecting it for zenith observations on a high building, but none had the requiste height and stability. Joseph Crosthwaite was not impressed by the telescope's performance and concluded that not many good observations could be made with it in the open air.

In fact, before the problems of spherical aberration and chromatic aberration were resolved, the telescope was not an advanced instrument in positional astronomical observations. So it is reasonable that Verbiest did not make a telescope, and we should not criticize him by today's point of view.

墨海書館時期(1852-1860)的李善蘭

台灣師範大學數學系　洪萬生

公元 1852 年，李善蘭 (1811-1882) 進入上海墨海書館譯書，揭開了近代西學第二次東傳的序幕①。當是時，他"學已大成"，包括《弧矢啟秘》、《方圓闡幽》、《對數探原》和《垛積比類》等數學經典作品在內的數學全集——《則古昔齋算學》，概已全部完成②；同時，他的學術生涯的第一個階段——"則古昔時期"（約1845-1852），也標上一個漂亮的句點③。

因而，當他首度造訪墨海書館時，他就頗有算學造詣"不讓西人"④的氣慨，這一點我們可以參考傅蘭雅 (John Fryer) 的追記：

> 李君係浙江海寧人，幼有算學才能，於一千八百四十五年初印其新著算學，一日到上海墨海書館禮拜堂，將其書予麥[都思]先生展閱，問泰西有此學否，其時住於墨海書館之西士偉烈亞力見之甚悅，因請之譯西國算學，并天文等書⑤。

此外，李善蘭對傳統中算，尤其是當時頗為熱門的朱世傑"四元術"，可

---

① 參考王萍，《西方曆算學之輸入》（台北：中研院近史所，1966），第六章〈李善蘭與西算之譯述〉。

② 這四部著作都收入《則古昔齋算學》（1867 年）。關於前三種的分析，請參考王渝生，〈李善蘭的尖錐術〉，刊《自然科學史研究》第 2 卷第 3 期（1983 年）：266-288。至於最後一種，則參考羅見今，〈《垛積比類》內容分析〉，刊《內蒙古師院學報》（自然科學）第 1 期（1982 年）。

③ 筆者將李善蘭的學術生涯分成三個時期：（1）則古昔時期（約 1845-1852）；（2）譯書時期（1852-1860）；及（3）同文館時期（1868-1882），參考拙文〈從兩封信看一代疇人李善蘭〉，第二屆科學史研討會，1989 年 3 月 25-26 日，台北中央研究院。又其他史家也都採用類似分期，參考王渝生，〈李善蘭：中國近代科學的先驅者〉，刊《自然辯證法通訊》第 5 卷第 5 期（1983 年 10 月）。

④ 見《則古昔齋算學》自序。

⑤ 引自傅蘭雅，《江南製造局翻譯西書事略》（1880）。

以說充滿了自信；事實上，在他的《四元解》1845 年初版時，他甚至還附和"西學中源說"：

> 西法莫長於勾股，八線皆勾股也。中法莫長於方程，四元皆方程也。八線以一定之數，馭無定之數；四元以虛無之數，求真實之數，其精深奧妙，皆非三代上聖人不能作也。數為六藝之一，古者大司徒掌之，以教萬民，當是時，所謂八線四元者，當必有其書，遭秦火而失傳也。而八線則幸流傳於海外，至今日而復昭⑥。

這種論調在《四元解》收入《則古昔齋算學》(1867) 刻印時已經刪除⑦，可見他在接觸西士之後，對於傳統中算的態度，已有了很大的轉變。

促成這種轉變的主要因素，恐怕是他從偉烈亞力 (Alexander Wylie) 學得精妙無比的"微積分"。華蘅芳 (1833－1902) 在此期間內，曾往墨海書館拜訪李善蘭⑧，

> 見其方與西士偉烈亞力對譯《代數學》及《代微積拾級》，尚未告竣。秋紉(按即李善蘭)謂余曰：此為算學中上乘工夫，此書一出，非特中法幾可盡廢，即西法之古者，亦無所用矣⑨。

我們可以相信，李善蘭對西算的這一番體認，應該出自他那卓越的數學專業素養；也就是說，要不是他確實了解"微分積分二術……其理實發千古未有之奇秘"⑩，那麼，為了維護"西學中源說"，把微積分說成是流傳於海外的中法所發揚光大的，是絕對可能的一件事。

這種轉變對他晚年同文館教學的"合中西為一法"當然有相當的影

---

⑥ 引自《海寧州志稿・藝文志》卷十五《典籍十七》。
⑦ 見《則古昔齋算學》同治丁卯（1867）莫友芝檢版。
⑧ 據《王韜日記》（方行、湯志鈞整理，北京中華書局1987年出版）咸豐十年正月二十四日（1860 年 2 月 15 日）記稱，華蘅芳於"丁巳年（1857）曾來滬上，與西人韋廉臣遊，適館三月而去。予時患足疾，將旋聞閬，僅於韋君席上一見而已。"因此，華氏初見李善蘭或在此時。
⑨ 引自華蘅芳，《學算筆談》卷五，收入《行素軒算稿》第五種。
⑩ 引自李善蘭，《代微積拾級》（上海：墨海書館，1859）譯序。

響。關於這一點，筆者在拙文〈京師同文館算學教習李善蘭〉⑪ 將有論述，沒有必要在此重覆。本文打算專就他在墨海書館的學術、社交活動，來透視像他這樣一位著名的算學家，在那種歷史環境中究竟扮演了什麼角色。

為此，我們先介紹墨海書館及王韜在館中的工作。

墨海書館為英國傳教士麥都思 (Dr. Walter Henry Medhurst) 於 1843 年建立於上海，它原是設立馬六甲英華書院的倫敦傳教會所屬印刷廠 (The London Missionary Society Press)，由於鴉片戰爭後各來華教派有更大的傳教空間，中文聖經的需求量也跟着大增，因此，"外國聖經會" (The Foreign Bible Society) 遂打算贊助出版聖經的 "代表譯本" (The Delegates' Version)，惟缺乏適當人選擔當此任。1846 年理雅各 (Dr. James Legge) 返英，邀請偉烈亞力來華主持印刷事務。於是，偉烈亞力 (Alexander Wylie) 於翌年抵達上海，從麥都思手中接辦 "墨海書館" ⑫。

1848 年，王韜 (1828－1899) 前往上海探望在該地開館的父親王昌桂，並因此結識了麥都思。翌年，王韜喪父，迫於生計，遂應麥都思之請進入墨海書館工作，在〈與英國理雅各學士書〉中，他追憶道：

> 己酉(1849) 六月，先君子見背。其時江南大水，眾庶流離，硯田亦荒，居大不易。承麥都思先生遣使再至，貽書勸行，因有滬上之遊。謬廁講席，雅稱契合，如石投水，八年間若一日⑬。

不過，這時候的王韜對西學應該也有相當的好奇心，他在《漫遊隨錄》中曾提及初訪墨海書館的情景：

> 時西士麥都思主持墨海書館，以活字版機器印書，競謂創見，余特往訪之……導觀印書，車床以牛曳之軸，旋轉如飛，云一日可

---

⑪　提交 "近代中國科技史研討會"（1990 年 8 月 25－27 日，新竹清華大學）發表。
⑫　參考王萍，《西方曆算學之輸入》，頁 161。
⑬　引自王韜，《弢園尺牘》卷六。

印書千番，誠巧而捷矣⑭。

而後〈弢園老民自傳〉，我們更可以讀出他那一窺西學的夙願：

> 既孤，家益落，以衣食計，不得已橐筆滬上。時西人久通市，我
> 國文士漸與往還。老民欲窺其象緯輿圖諸學，遂往適館授書焉
> ⑮。

至於王韜在館中工作情形，則可以從郭嵩燾日記中略窺一二。郭嵩燾於咸
豐六年(1856)替曾國藩到浙江籌餉，因至滬上"觀海並火船之奇，兼爲滌
公覓洋器。" 在二月初九（公元 1856 年 3 月 15 日）的日記中，郭嵩燾說
他自己

> ……次至墨海書館。有麥都事者，西洋傳教人也，自號墨海老
> 人。所居前爲禮拜祠。後廳置書甚多，東西窗下各設一球，右爲
> 天球，左爲地球。麥君著書甚勤，其間相與校定者，一爲海鹽李
> 壬叔，一爲蘇州王蘭卿。李君淹博，習勾股之學，王君語言豪
> 邁，亦方雅士也。爲覓《數學啟蒙》一書，爲偉烈亞力所撰。偉
> 君狀貌無他奇，而專攻數學。又有艾君，學問尤粹然，麥都事所
> 請管理書籍者也。……
> 王君摯眷寓此，所居室聯云："短衣匹馬隨李廣，紙閣蘆簾對孟
> 光。"亦有意致。詢其所事，則每日出坐書廳一二時。彼所著
> 書，不甚諳習文理，爲之疏通句法而已。……⑯

可見"墨海書館"及其文化活動，已經深受當時士人之關注；在 1850 年
代，"墨海書館"的確是中外學者接觸的主要媒介，它一開始吸引人們注
意的，可能是它那以牛牽引的印刷機器，但由於博學多聞的偉烈亞力及精
通天算的李善蘭之聲名遠播，遂使墨海書館不僅是宗教書籍的印刷所，而

---

⑭　轉引自汪榮祖，《晚清變法思想論叢》（台北：聯經出版公司，1984），頁 140。
⑮　引自〈弢園老民〉，收入王韜，《弢園文錄外編》卷十二。
⑯　轉引自鍾叔河，《走向世界》（台北：百川書局，1989），頁 171－172。

且也成爲富有學術氣氛之文人聚會地⑰。

　　論者或謂中國傳統知識分子，凡是對現實不滿、不得志的，大概都能從楊墨佛老那裡找尋精神的出路。到了近代，這一類的知識分子多了"西學"這一把精神利器。譬如魏源好談佛理、王韜喜歡老莊，都說明固有的反傳統思想容易與"西學"相通，也指出"西學"容易爲具有反傳統的人所接受⑱。郭嵩燾在批判現實政治所流露的"異端"氣味，可能也是他造訪"墨海書館"覓購偉烈亞力《數學啟蒙》的心理背影⑲。由此看來，"墨海書館"倒像是失意文士吸取西學奧援的朝拜聖地了⑳。

　　話雖如此，算學家的到訪應該出自李善蘭之邀，或慕其盛名，譬如《王韜日記》咸豐九年正月十二日(1859 年 2 月 14 日)記事，就提到徐有壬

　　　　精於歷算，於丁巳(1857)四月中，曾來滬上，至墨海，觀印書車，并見慕維廉、韋廉臣二君，皆來洋酒餅餌相餉，倩予爲介，得與縱談。爲人誠至謙抑，雍容大度，與壬叔爲算學交最密㉑。

此外，同年三月十六日(1859 年 4 月 18 日)，吳嘉善也曾訪問墨海書館，

---

⑰　參考王萍，《西方曆算學之輸入》，頁 132 – 140。

⑱　參考鍾叔河，《走向世界》，頁 240；或汪榮祖，《晚清變法思想論叢》，頁 151 – 153。

⑲　參考鍾叔河，《走向世界》，頁 244 – 245；或上引郭嵩燾日記。

⑳　譬如管小異，"名嗣復，江寧茂才，家鄉殘破，避難鄞尉。西士艾約瑟至吳遇之，與之談禪，極相契合，載之俱來，同合信君翻譯醫書。一載之間，著有《西醫略論》、《婦嬰新說》，俱已鋟版。"（見《王韜日記》咸豐八年二月二十九日記事。）又同日記有"梁清字閬齋，工篆刻，爲人倜儻負意氣。少時曾習拳勇，固武世家也。現寓城中，而旅食殊艱，炭炭乎難以腹下。……［周］雙庚名白山，賣文來滬，迄無所遇，乃作君平賣卜，謂撤帘沽名而亦無問津者。與予初不相識，至墨海與偉烈君索書，始見一面。"管小異於當年年底返鄉並再於咸豐九年正月二十七日來滬謀求衣食，結果據《王韜日記》咸豐九年二月六日記稱："小異來此將十日矣，所謀安硏地，無一就者。米利堅教士裨治文延修《舊約》書，並譯《亞墨利加志》。小異以教中書籍大悖儒敎，素不願譯，竟辭不往。"管小異的理由是當初"欲求西學"，爲生活計幫助合信翻譯醫書猶情有可原，但他堅持"終生不譯彼敎中書，以顯悖聖人則可問此心而無慚，對執友而靡愧耳。"聽了這一番話之後，王韜也不禁百感交集："與余初至時，曾無一人剖析義利，心決去留，徒以全家衣食而憂，此足一失，後悔莫追。苟能辨其大閑，雖餓死牖下，亦不往矣。雖然，已往者不可挽，未來者猶可致，以後余將作歸計矣。"

㉑　引自同上書，頁 77。

據王韜日記稱，"壬叔與之劇談"內容固不只是算學而已㉒。

因此，至少到 1850 年代後期，"墨海書館"因有李善蘭而成爲算學家仰望的一個中心，王韜記黃均珊〈咏墨海館〉一絕足可證明：

> 榜題墨海起高樓，供奉神仙李鄴侯；多恐祕書人未見，文昌光焰借牽牛㉓。

至於李善蘭本人對他自己所扮演的角色，則也有充分的自覺，此一現象在專業算學研究還有制度化基礎之前，是很值得注意的，因爲缺少了它，我們便很難了解那個算學家社群的結構㉔。

現在，我們開始討論"墨海書館"中的李善蘭。

根據王韜的記載㉕，李善蘭於 1852 年 5 月進住上海大境傑閣。並隨即與偉烈亞力翻譯《幾何原本》後九卷，在《幾何原本》譯序中，李善蘭交代了這件事的經過情形：

> 歲壬子(1852 年)來上海，與西士偉烈亞力約，續徐、利二公未完之業。偉烈君無書不覽，尤精天算，且熟習華言，遂以六月朔爲始，日譯一題。中間因應試、避兵諸役，屢作屢輟，凡四歷寒暑，始卒業㉖。

在這同時，艾約瑟也向他推薦《重學》一書：

> 歲壬子余遊滬上，將繼徐文定公之業續譯《幾何原本》，西士艾君約瑟語余曰：君知重學乎？余曰：何謂重學？曰：幾何者，度量之學也；重學者，權衡之學也。昔我西國以權衡之學製器，以度量之學考天，今則製器考天皆用重學矣；故重學不可不知也。我西國言重學者，其書充棟，而以胡君威立所著者爲最善，約而

㉒　參考同上書，頁 108。
㉓　引自同上書，頁 35。其中李鄴侯是指李善蘭。
㉔　參閱拙文〈從兩封信看一代疇人李善蘭〉。
㉕　見王韜《瀛壖雜誌》卷四，轉引自李儼，〈李善蘭年譜〉，收入所著《中算史論叢》第四集（科學出版社，1955）。
㉖　見《幾何原本》十五卷（同治四年曾國藩署檢版）。

該也，先生亦有意譯之乎？余曰：諾。於是朝譯幾何，暮譯重
學，閱二年同卒業[27]。

對照這兩個〈譯序〉，可知《幾何原本》後九卷和《重學》都在 1856 年
譯成。前書於 1858 年由韓祿卿刊刻，同年 “ 墨海書館 ” 也印行了李善蘭
和韋廉臣、艾約瑟合譯的《植物學》[28]。

　《重學》則於 1859 年由錢熙輔序刻，至於此書的 1866 年版才附錄的
艾約瑟口譯、李善蘭筆受的《圓錐曲線》[29]，則不知何時譯成，因爲華蘅
芳回憶他

> 二十餘歲時閱《代微積拾級》粗知拋物線之梗概，而《重
> 學》中，《圓錐曲線說》尚未譯出也。李君(善蘭)秋紉以所
> 著《火器眞訣》見示[30]。

按《火器眞訣》撰成於 1859 年 2 月 2 日[31]（當時《幾何原本》和《重
學》當已完成），李善蘭自識道：

> 凡槍炮鉛子皆行拋物線，推算甚繁，見余所譯《重學》中。欲求
> 簡便之術，久未能得。冬夜少睡，復於枕上，反覆思維，忽悟可
> 以平圓通之，因演爲若干款，依款量算，命中不難矣[32]。

因此，正如史家劉鈍所說的，“ 作爲力學與幾何方法相結合的產物《火器
眞訣》，由李善蘭在 1859 年完成並不是偶然的。”[33]

　除了《重學》以外，1859 年刊刻的偉烈亞力、李善蘭合作的譯著還

---

[27] 見艾約瑟口譯、李善蘭筆述，《重學》（同治五年秋湘上左楨署版）。
[28] 見《幾何原本》十五卷（同治四年版）李善蘭譯序；及《植物學》李善蘭譯
序。又《植物學》一書介紹，可參閱汪子春，〈中國早期傳播植物知識的著作《植
物學》〉，刊《中國科技史料》1981 年第 1 期。
[29] 見《重學》（同治五年秋湘上左楨署版）。
[30] 見華蘅芳《拋物線說》（1892）跋，轉引自李儼，〈李善蘭年譜〉。
[31] 參考劉鈍，〈別具一格的圖解彈道學——介紹李善蘭的《火器眞訣》〉，刊《力學與
實踐》1984 年第 3 期。
[32] 引自《火器眞訣》，收入《則古昔齋算學》。
[33] 引自劉鈍，〈別具一格的圖解彈道學——介紹李善蘭的《火器眞訣》〉。

有《代微積拾級》、《談天》以及《代數學》，甚至也包括已散佚的數十
頁《奈端數理》㉞。至於合譯的方式不外是偉烈亞力口譯、李善蘭筆受或
筆述，實際工作當是西人＂必將欲譯者，先熟覽胸中，而書理已明，則與
華士同譯，乃以西書之義，逐句讀成華語，華士以筆述之，若有難言處，
則華士斟酌何法可明，若華士有不明處，則講明之。譯后將初稿改正潤
色，令合乎中國之文法，有數要書，臨刊時華士與西人核對。＂㉟據此，
則參與翻譯的中國人不諳英語殆可肯定，李善蘭應該也不例外。不
過，《王韜日記》咸豐十年三月二十日(1860 年 4 月 10 日)卻記有：

> 清晨，吳子登(按即吳嘉善)來訪，言擬學《照影法》。其書，壬
> 叔已譯其半。照影鏡已托艾君(原注：約瑟，字迪謹，英國耶穌會
> 士，人頗誠謹。)購得，惟藥未能有耳㊱。

同月二十四日又記稱：

> 清晨，吳子登來，同訪艾君約瑟，將壬叔所譯《照影法》略詢疑
> 義，艾君頗肯指授㊲。

如此看來，李善蘭似乎已有閱讀外語的能力了。

李善蘭是否懂得外語當然有待進一步的查證，然而，王韜則可以確定
不諳外語，至少在墨海書館工作期間確係如此，請參看《王韜日記》咸豐

㉞ 據丁福保，《算學書目提要》（1899）稱：＂《奈端數理》四册，英國奈端撰，偉烈
亞力、傅蘭雅口譯，海寧李善蘭筆述。按是書分平圓、橢圓、拋物線、雙曲線各類。
橢圓以下，尚未譯出，其已譯者，亦未加刪潤，往往有四五十字爲一句者，理既奧
頤，文又難讀，……後爲大同書局借去，今不可究詰。……＂另外，傅蘭雅《格致彙
編》則稱：＂李善蘭與偉烈亞力譯奈端數理數十頁，後在翻譯館內，與傅蘭雅譯成第
一卷；共三册，原書共八册。＂（以上皆轉引自李儼，〈李善蘭年譜〉。）再有，華
世芳致汪康年函中稱：＂《奈端數理》及《合數術》二書，昨已由家兄（華蘅芳）取
去，未識即是尊處所要否？＂參考上海圖書館編《汪康年師友書札》（上海古籍出版
社）。按奈端即 Issac Newton，現譯牛頓，爲英國十七世紀最偉大科學家。

㉟ 見傅蘭雅，〈江南製造局翻譯西書事略〉，收入《格致彙編》第三年第 5－8 卷。轉引
自徐振亞，〈近代科學家徐建寅和他的譯著〉，刊《中國科技史料》第 10 卷（1989）
第 2 期。此處所引雖是江南製造局翻譯西書方式，但推測墨海書館的翻譯應該也是
如此才是。

㊱ 見《王韜日記》，頁 155－156。

㊲ 見同上書，頁 156－157。

八年十二月二十二日（公元 1859 年 1 月 25 日）錄王韜致郁泰峰函：

> 予在西館十年矣，於格致之學，略有所聞。有終身不能明者：一
> 為歷算，其心最細密，予心麁氣浮，必不能入；一為西國語言文
> 字，隨學隨忘，心所不喜，且以舌音不強，不能驟變，字則更難
> 剖別矣[38]。

或許正是由於王韜“終身不能明”歷算，所以他在咸豐八年到十年的日記
中，都不曾提到《代微積拾級》、《談天》、《代數學》乃至《奈端數
理》這些著作。在另一方面，他對李善蘭的《火器眞訣》倒是頗感興趣。
在咸豐九年正月二十日(1859 年 2 月 22 日)日記中，王韜寫下他對此書的
評論：

> 壬叔近著一書，曰《火器眞訣》，謂銃炮鉛子之路，皆依拋物線
> 法，見其所著《重學》中，而亦能以平圓通之。苟量其炮門之廣
> 狹長短，鉛丸之輕重大小，測其高下，度其方向，即可知其所擊
> 遠近，發無不中。炮口宜滑溜，鉛丸宜圓靈。外可加髹漆，則永
> 不鈍銹，欲知敵營相距幾何？則以紀限鏡儀測之，然后核算宜納
> 藥若干，鉛丸若干，正至其處，無過不及。西人所以能獲勝者，
> 率以此法，其術亦神矣哉[39]！

其實，《火器眞訣》可以說是李善蘭爲他自己主張的“算學與自強”[40]，
提供了一個很好的闡釋。後來李善蘭也藉此書而得以進入曾國藩安慶大營
成爲幕客，張文虎曾以詩誌此事：

> 談天近方厭，投筆起從戎，長揖見節相，上策論火功，請以徑路
> 刀，撓酒留犁鐘[41]。

不過，李善蘭在曾國藩幕中似乎沒有如預期地受到重用，後來避禍香港的

---

[38] 見同上書，頁 69。但此函收入《弢園尺牘》卷三〈與郁丈泰峰〉時，此段引文完全刪
除。

[39] 見《王韜日記》，頁 80。

[40] 參政王萍，《西方歷算學之輸入》，頁 187－188；及拙文〈從兩封信看一代疇人李善
蘭〉。

[41] 見張文虎，《舒藝室詩存》卷五。

王韜就爲此歔歔不已：

> 李君壬叔，獻策軍中，談兵席上，茲在皖南，未聞奇遇，豈《火器真訣》不遑一試其所言耶㊷？

如此說來，李善蘭正如王韜一樣，未嘗沒有一展經世的雄心，只因爲不得志，遂棲身墨海書館，譯書之餘，常與王韜、蔣敦復"同至酒樓轟飲"㊸，又"以詩酒徜徉於海上，時人目爲三異民。"㊹然而，醇酒美人之鄉終是難掩落寞心情㊺。《王韜日記》咸豐九年四月十二日記稱：

> 薄暮，閬齋來訪，同入城中。小異、壬叔偕去，詣樂茗軒小啜。閬齋酒渴欲死，乃至黃壚沽飲。酒間抵掌劇談，各言己志。壬叔言："今君青先生在此，予絕不干求，待其任滿時，請其爲予攢資報捐，得一卅縣官亦足矣。"小異曰："予則不然。願赴鄉會試，得一關節，僥倖登第；否則至軍營效力，殺賊得官；否則專折保舉，如周弢甫之以奇才異能荐。舍此之途，寧終老風塵耳。再不然剃髮爲僧，如覺阿故事，構一蘭若，環植萬梅花樹於旁，亦可了此一生。然情緣未了，損棄妻子有所不忍。"閬齋曰："待我得志時，公等之事皆易辦也。"予在旁默默微笑而已㊻。

儘管如此，到了此時李善蘭對應舉之事或已完全死心，他最後一次參加鄉試應在 1852－1856 年間㊼。根據《王韜日記》咸豐九年二月十八、十九日記事，他自己分別參加了生員經古、童古兩場科試，結果他似乎沒有取得參加鄉試的資格；在發榜前他已自感"頭顱三十不成名，竿木逢場悔此

㊷　見王韜，《弢園尺牘》卷六〈與吳子登太史〉。

㊸　見王韜，《淞濱瑣話》，轉引自李儼，〈李善蘭年譜〉。此外，《王韜日記》亦屢有王、李、蔣三友在酒樓與文友宴飲之記載。

㊹　見王韜，《淞南夢影錄》卷三，轉引自李儼，〈李善蘭年譜〉。

㊺　《王韜日記》亦時記有王韜、李善蘭及其他文友冶遊之記載。

㊻　見同上書，頁46。

㊼　參考《幾何原本》李善蘭譯序。

行 " 了，大概在那之後，王韜也看淡科名一事了⑱。

　　根據史家汪榮祖的研究，王韜 " 對帖經科名素無所嗜，但並非沒有功名之念。 " ⑲ 李善蘭或許也是如此，不過，在學問經世一途上，王韜顯然無法了解李善蘭對待算學的嚴肅心情；王韜認為

> 壬叔謂少於算學，若有天授，精而通之，神而明之，可以探天地造化之秘，是最大學問。予頗不信其言，算者六藝之一，不過形而下者耳，於身心性命之學何涉⑳。

或許科場的不得意，更加深了李善蘭對自己算學造詣的高度自許，請參考《王韜日記》的生動刻劃：

> 下午，同壬叔入城。途遇蔣劍人（按即蔣敦復），因偕訪筱峰、步洲，邀至酒樓小飲，肴核紛陳，都有真味。酒罄數壺，醺然有醉意。

於是，蔣敦復和李善蘭便開始 " 酒後吐真言 " 了：

> 酒間，劍人抵掌雄談，聲驚四座，自言所作詩詞駢體，皆已登峰造極，海上寓公無能抗乎，獨於古文尚不敢自信。壬叔亦謂當今天算名家，非余而誰？近與偉烈君譯成數書，現將竣事。海內談天者必將奉為宗師，李尚之、梅定九恐將瞠乎后矣。筱峰聞之，意若微有不滿，引杯言曰：談詞章者尚有姚梅伯，歷算者尚有徐君青（按即徐有壬），恐其亦至上海，則二君不得專美於前矣。因轉謂予曰：足下肯力為可傳之學，與二君鼎足而立，毋使其獨享盛名矣㉑。

無論如何，李善蘭那種 " 當今天算名家，非余而誰？ " 的氣慨，算學 " 精

---

⑱　參考《王韜日記》，頁 95-99。
⑲　參考汪榮祖，《晚清變法思想論叢》，頁 150-151。又汪榮祖認為王韜自二十一歲以後即棄科舉，但據上註日記內容，正確年齡或是三十一歲。
⑳　見《王韜日記》，頁 69-70。
㉑　見同上書，頁 109。

到處自謂不讓西人 ” ⑫ 的自信，以及 “ 半生心血 ”《 則古昔齋算學 》“ 得
盡行刊世 ” 的 “ 丈夫志願畢矣！ ” ⑬ 都可以看出他對算學專業的一貫態
度。在晚清算學尚未有制度化基礎之前，他無疑是一位難得的算學名家典
範！

　　數學史家錢寶琮在評論清代中葉的算學成就時曾說：“ 從公元 1750
－1850 年這一百年間中國數學家們通過刻苦鑽研取得不少研究成果，如
汪萊、李銳的方程論，項名達的橢圓求周術，戴煦的二項式定理展開式，
李善蘭的尖錐求積術等都是創造性的工作。” ⑭ 其中，尤以李善蘭的 “ 必
則古昔 ” 對傳統中算的更新、以及中西的會通工作，做出了總結性的成
績。在 1850 年代，他則以算學名家的地位積極引進西學，爲晚清中算的
匯入世界數學潮流，打通了必要的渠道。而在他的 “ 同文館時期 ”(1868
－1882)，李善蘭更是充分結合前兩期的著、譯心得，“ 合中西爲一
法 ”，以精湛的算學素養，通過同文館的教學，爲算學教育的現代化，做
出不朽的頁獻⑮！

---

⑫　見《 則古昔齋算學 》自序。

⑬　見李善蘭致方元徵函，參考拙文〈 從兩封信看一代疇人李善蘭 〉。其實，李善蘭對他
　　自己的算學著作之刻印，一直念茲在茲，《 王韜日記 》咸豐十年二月朔日就記有李善
　　蘭將訪南匯顧金圃一事：“ 金圃居南匯之二團鎮，富有田產，去年曾一游此，與予有
　　杯酒之歡。頗嗜歷學，能算日月交食、五星躔度，著有《 庚申年七政四餘考 》。欲從
　　壬叔授西法，許爲出百金刻書，壬叔故有此行。”

⑭　引自錢寶琮，《 中國數學史 》（ 北京科學出版社，1981 ），頁 232。

⑮　參考拙文〈 京師同文館算學教習李善蘭 〉。
　　附錄：李善蘭在 “ 墨海書館 ” 共譯有（ 一 ）《 幾何原本 》後九卷，原作者古希臘 Euc-
　　lid，合譯者李善蘭、偉烈亞力根據的英文版本可能是十七世紀英國 Barrow
　　所改編；（ 二 ）《 代數學 》（ *Elments of Algebra*,1835 ），原作者英國十九世
　　紀著名數學家 Augustus De Morgan，合譯者偉烈亞力、李善蘭；（ 三 ）《 代
　　微積拾級 》（ *Elements of Analytical Geometyr and of Diffreential and
　　Integral Calculus* , 1850 ），原作者美國數學家 Elias Loomis，合譯者偉烈亞
　　力、李善蘭；（ 四 ）《 重學 》（ *Mechanics* ），原作者是英國十九世紀極著名
　　的物理學家兼科學哲學家 Whewell，合譯者艾約瑟、李善蘭；（ 五 ）《 談天 》
　　（ *The Outlines of Astronomy* , 1851 ），原作者是英國十九世紀著名天文家，
　　合譯者偉烈亞力、李善蘭；（ 六 ）《 植物學 》（ *Elements of Botany* ），原作
　　者 John Lindley，合譯者韋廉臣（ 艾約瑟續譯完第八卷 ）、李善蘭。除了化學
　　以外，以上這些著作包羅了所有基礎科學的根本內容，程度則在當時英美等國
　　的高中到大學之間，譬如《 代數學 》和《 代微積拾級 》就都寫成教科書的形
　　式。

後記：　本文得已撰成，筆者首須先感謝許進發君協助訪得王韜《蘅華館日
　　　　記》，選錄入上海人民出版社編《清代日記匯抄》，1982 年出版。即將
　　　　交稿之際，又蒙黃一農教授之助得閱上述選錄本所據之原稿──《王韜
　　　　日記》（1987 年出版），本文結構才得以更加完整，也必須此申謝。

雷俠兒與《地學淺釋》

工業技術研究院能源研究所　龍村倪

　　雷俠兒（ Charles Lyell, 1797-1875, 蘇格蘭人 ）①爲十九世紀中葉歐洲最傑出地質學大師之一，其最著名的一本著作 *Principles of Geology* 更爲近代地質學史上一本承先啟後的經典作品。同治十二年（ 1873 ）上海江南製造局繙譯館出版譯自雷俠兒另一主要著作 *Elements of Geology* 之《地學淺釋》，是爲中國正式翻譯西洋地質學書籍之嚆矢，也是中國第一次引進近代西洋地質學知識。《地學淺釋》由美國瑪高溫口譯，金匱華蘅芳筆述，全書三十八卷八冊，木刻線裝，精刻精印。自此書出版後，百餘年間，中國地質學由萌芽而茁壯，成就輝煌，《 地學淺釋 》一書或也有 “ 以導先路，啟迪後來 ” 之功。因爲科學的發展歷史是一國文化史的主要線索，而譯書在我國引進西洋科學進行現代化的過程中又爲一項極重要的事業，故特就筆者目前在台灣所見《 地學淺釋 》原刊本（圖1））及相關之史科科一查考及整理，以供關心中國近代地質發展史者之參考。至於遺漏舛誤之處，自所難免，尚祈海內方家不吝教正。

一、雷俠兒之生平

　　雷俠兒（ 圖 2 ）於 1797 年 11 月 14 日誕生於蘇格蘭東部之金洛底（ Kinnordy ），家庭富裕，在十個子女中居長。由於父親愛好自然歷

---

①　“ Charles Lyell ” 之中文名有多種異譯，例如杜其堡《 地質礦物學大辭典 》（ 上海：商務、民國 19 年初版，迄今仍在重印 ）譯爲 “ 利爾 ”，張博《 地質學名人傳 》譯爲 “ 賴耳 ”，阮維周《 地質學講話 》（ 台北：中華文化事業出版委員會，民國 42 年初版 ）譯爲 “ 賴烈 ”，何春蓀《 普通地質學 》（ 台北：五南圖書出版公司，民國 70 年初版 ）譯爲 “ 李爾 ”，但最早之譯名則爲 “ 雷俠兒 ”，乃由瑪高溫及華蘅芳在《 地學淺釋 》（ 上海：江南製造局，同治 12 年，1873 ）中所譯，本文沿用瑪、華二氏所譯。

史，雷俠兒亦不自覺的受到了影響，自幼即喜歡採集昆蟲。1816 年入牛津大學之埃克塞忒學院（Exeter College）讀書，是年並隨父母前往歐洲大陸旅行，第一次親眼看到了阿爾卑斯山上的冰河和許多特異的地理景觀。1819 年自牛津大學以榮譽生資格畢業，並取得學士學位。畢業後即前往倫敦開始研修法律，由於志趣不合和視力不良及略有口吃等原因，不宜習律，雷俠兒乃加強發展自己研究地質的興趣，多次在英國本土進行地質考察，並撰寫論文發表，不久即當選爲倫敦地質學會會士（Fellow of Geological Society of London）。1823 年出任地質學會祕書，是年首次前往歐洲大陸實地勘查地質，會見當時歐洲著名自然科學家顧衛（Baron

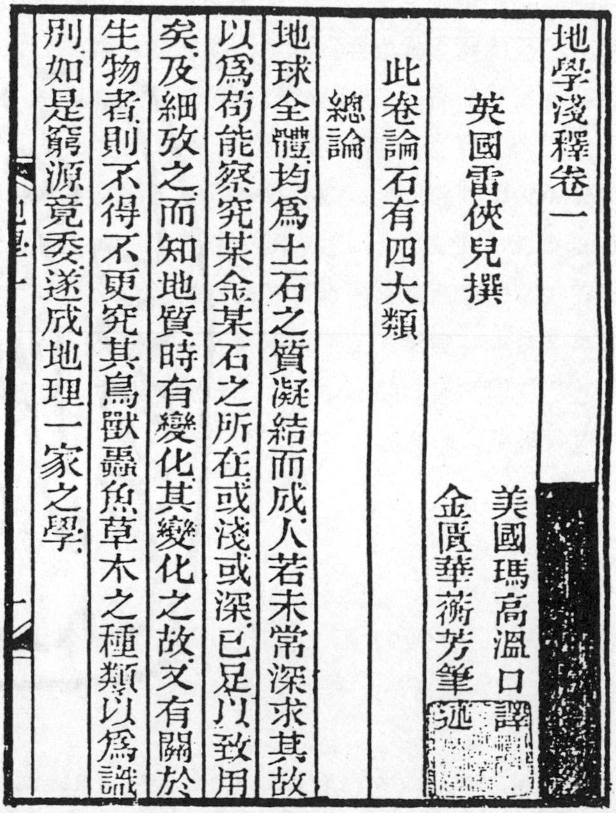
地學淺釋卷一
英國雷俠兒撰　美國瑪高溫口譯　金匱華蘅芳筆述
此卷論石有四大類
總論
地球全體均爲土石之質凝結而成人若未甞深求其故以爲苟能察究某金某石之所在或淺或深已足以致用矣及細攷之而知地質時有變化其變化之故又有關於生物者則不得不更究其鳥獸蟲魚草木之種類以爲識別如是窮源竟委遂成地理一家之學

圖 1　清同治十二年（1873）江南製造局（上海）原刊本《地學淺釋》卷一首半葉書影（書高 29.5 公厘，寬 17.3 公厘；版高 18.2 公厘，寬 27.4 公厘）。

George Cuvier, 1769-1832, 法國）等，並與法國地質學家一起研究巴黎盆地地質。1825 年完成法律的研修，並獲准擔任律師，但未久即去職，自此終其一生均以研究地質學術為職志。1828 及 1829 兩年再次前往歐洲大陸作地質研究考察，返回倫敦後即極積從事歸納整理，並就多次地質考察所見所得，開始撰述，準備出書。1827 年完成第一本著作手稿，付印；1830 年 7 月 *Principles of Geology* 第一冊在倫敦出版（圖 3）。這在近代地質學史上是一件劃時代的大事，也象徵了一個地質學新時代的已經來臨。

圖 2　雷俠兒（ Charles Lyell, 1797-1875，英·蘇格蘭）肖像

1830 年雷俠兒再去西班牙及法國等地工作，適逢法國大革命，瞬即返英。1831 至 1833 年間雷俠兒在倫敦國王學院（ King's College ）擔任教授，講授地質學。此後自覺為授課耗時過多，乃辭去教授職務，專心研究及著述。1832 年氏前往德國，7 月與杭納兒（ Mary Horney ,德國）女士在德國波昂結婚，並前往瑞士、義大利等地渡蜜月及作地質旅行。其間

雷俠兒並於 1831 年 11 月完成了 *Principles of Geology* 第二冊的寫作。是書最後一冊，第三冊則於 1833 年 4 月完稿。全書出齊後，受到歐洲地質學界極大的重視，一時洛陽紙貴，一年內即再版一次。1835 年間雷俠兒當選倫敦地質學會會長。

　　1834 年及 1837 年雷俠兒又分別前往斯堪的那維亞半島作地質調查，進行蒐集訂正新版所需的資料，並準備撰寫新書。1838 年新書 *Elements of Geology* 出版。1841 年雷俠兒應邀前往美國，考察北美洲大陸的地質並講學，受到了空前熱烈的歡迎。在波斯頓講學時聽眾達數千人，也因而推動了美國地質學的研究，為美國日後在地質學上的輝煌成就舖下坦途。1845 及 1846 年間再次前往，以後在1850 年代還遠行美國兩次，足跡幾乎踏遍美國及加拿大東部地區。

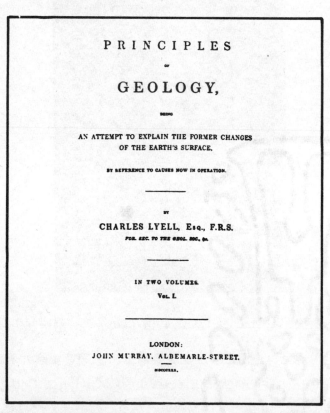

PRINCIPLES

OF

GEOLOGY,

BEING

AN ATTEMPT TO EXPLAIN THE FORMER CHANGES
OF THE EARTH'S SURFACE,

BY REFERENCE TO CAUSES NOW IN OPERATION.

BY

CHARLES LYELL, Esq., F.R.S.

FOR. SEC. TO THE GEOL. SOC., &c.

IN TWO VOLUMES.
Vol. I.

LONDON:
JOHN MURRAY, ALBEMARLE-STREET.
MDCCCXXX.

圖 3 《雷俠兒》*Principles of Geology*, 1830 年首版第一冊封面書影。（＊該書原訂出版兩冊，實際出版三冊）

　　1848 年雷俠兒因在地質學上有傑出貢獻，晉封爵士（ Sir ）。1858 年獲頒倫敦皇家學會（ Royal Society of London ）最高榮譽卡甫理獎章（ Copley Medal ）。1863 年另一新著 *Antiquity of Man* 出版。1865 年後雷俠兒精力漸衰，活動受到影響，但並未完全放棄畢生從事的野外地質工作。1871 年出版 *Student's Elements of Geology*，1873 年夫人逝世。

　　1875 年 2 月 22 日雷俠兒氏在倫敦逝世，斯時氏正進行 *Principles of Geology* 第十二版的改訂工作，享壽七十八歲。綜觀雷俠兒一生，親身野外考察地質，足跡踏遍英倫三島、歐洲大陸各處及北美洲大部份地區。六十年間蓆不暇暖。緬懷先哲，對其敬事力學之精神，景仰欽佩，又豈只令人肅然起敬而已。雷俠兒葬於倫敦西敏寺（ Westminster Abbey ）。

二、雷俠兒之地質思想

　　歐洲文藝復興以後，各種近代科學的新觀念紛紛萌芽，地質學也不例外。十八世紀時歐洲雖然在地質學術上有許多激烈的論爭，但已逐漸擺脫了古希臘式的哲學冥思及中世紀的神學觀，而步入了以觀察自然並藉野外實勘來建立並印證地質理論的科學道路。關於花崗岩是水溶液的沉澱或是炙熱熔液的結晶，就曾成爲地質學史上的一個大爭辯。主張水成說（ neptunism ）最力者爲德國著名礦物學家及地質學家渥奈爾（ Abraham Gottlob Werner, 1749-1817 ），他認爲花崗岩是地球上最老的岩石，從包於全球的原始海洋（ primeval ocean ）中沉澱出來。提出火成說（ plutonism ）者乃近代地質學奠基者之一的哈籐（ James Hutton, 1726-1797, 蘇格蘭 ），他在蘇格蘭見到花崗岩脈穿入附近地層，因而認定花崗岩既能侵入較古的岩層必爲液體，同時發現與花崗岩相鄰的岩層有烤炙現象，很明顯的花崗岩不僅是由液體結晶，且係由高溫的液體結晶而成。當時另一個大爭辯是地殼活動及各種地質現象的形成是突然發生，還是經長時間緩慢造成。當時法國著名生物學家，比較解剖學及古生物學之始創者顧衛倡導災變說（ catastrophism ），認爲地殼的變化多爲突然而激烈的變動所形成。但哈籐反對此一論點，在 1786 年他的重要論文

Theory of the Earth 中提出了相反的理論，他認爲地殼所經歷之變化乃一種長久而持續緩慢的作用，並非由災變營力猝然促成。隨後哈籐根據自己的理論及實際印證所得擴大撰寫成書。1795 年經修訂後的巨著 *Theory of the Earth with Proofs and Illustrations* 兩冊在愛丁堡出版（第三冊乃 1899 年根據其遺稿經人整理後出版），從此奠定了近代地質學的理論基礎。

1797 年哈籐去世，是年雷俠兒在蘇格蘭誕生。雷俠兒繼承了他的鄉先輩哈籐的事業，不贊同顧衛的災變說。他在 1830 年提出 " 天律不變說 "（ uniformitarianism ）②"，進一步闡揚了哈籐的觀點。他認爲過去地殼所發生的地質作用與現在正在進行的地質作用方式相同，是一種因自然力量長年累月所造成的一種改變，所以河流、岩石、海洋、大陸時時都在變，但進行此一變化的自然律本身不變。雷俠兒氏的天律不變說事實上已爲哈籐的地質學經典名言 " 現在是解開過去的關鍵 "（ The present is the key to the past ）一語加上了更精確的註釋。

雷俠兒以哈籐的地質理論爲經，以自身長期在英倫三島、歐洲大陸及北美洲各地的野外地質研究爲緯，藉實證精神來說明地球表面的各種地質現象及特徵，包括山脈的形成在內，都是自然界力量長期運作的結果。雷俠兒在地質學上的研究包羅極廣，幾乎涵蓋地質學全部，並在地史學上有極傑出的貢獻。在地層學 " 層段命名 " 上，雷俠兒在 1833 年將第三紀地層分爲三部，底部爲始新世（ Eocene ），中部爲中新世（ Miocene ），上部爲上新世（ Pliocene ）（ 圖 4 ）。1839年再倡更新世一名（ Pleistocene ），現指第四紀下部。原訂各名後來雖有訂正，但均由國際地質界採納，一直沿用至今。

---

② " uniformitarianism " 一詞之中譯亦有多種，例如杜其堡《 地質礦物學大辭典》譯爲 " 等速變說 "，阮維周《 地質學講話》譯爲 " 天津不變說 "，《 地質名詞》（ 台北：中國石油公司台灣油礦探勘處，民國 60 年初版）譯爲 " 均變說 "（ 何春蓀《 普通地質學》同此），本文沿用阮氏所用譯名。

Synoptical Table of Recent and Tertiary Formations.

PERIODS.		Character of Formations.	Localities of the different Formations.
I. RECENT.		Marine.	Coral formations of Pacific. Delta of Po, Ganges, &c.
		Freshwater.	Modern deposits in Lake Superior—Lake of Geneva—Marl lakes of Scotland—Italian travertin, &c.
		Volcanic.	Jorullo — Monte Nuovo — Modern lavas of Iceland, Etna, Vesuvius, &c.
II. TERTIARY.	1. Newer Pliocene.	Marine.	Strata of the Val di Noto in Sicily. Ischia, Morea? Uddevalla.
		Freshwater.	Valley of the Elsa around Colle in Tuscany.
		Volcanic.	Older parts of Vesuvius, Etna, and Ischia—Volcanic rocks of the Val di Noto in Sicily.
	2. Older Pliocene.	Marine.	Northern Subapennine formations, as at Parma, Asti, Sienna, Perpignan, Nice—English Crag.
		Freshwater.	Alternating with marine beds near the town of Sienna.
		Volcanic.	Volcanos of Tuscany and Campagna di Roma.
	3. Miocene.	Marine.	Strata of Touraine, Bordeaux, Valley of the Bormida, and the Superga near Turin—Basin of Vienna.
		Freshwater.	Alternating with marine at Saucats, twelve miles south of Bordeaux.
		Volcanic.	Hungarian and Transylvanian volcanic rocks. Part of the volcanos of Auvergne, Cantal, and Velay?
	4. Eocene.	Marine.	Paris and London Basins.
		Freshwater.	Alternating with marine in Paris basin—Isle of Wight—purely lacustrine in Auvergne, Cantal, and Velay.
		Volcanic.	Oldest part of volcanic rocks of Auvergne.

圖 4　雷俠兒在 *Principles of Geology* (1830) 第一版第一冊所定 " 第三紀地層名稱表 "

三、雷俠兒之著作

雷俠兒一生，調查研究，夙夜匪懈；撰述著作，貢獻空前。其主要著作有三種，均先後於十九世紀出版，即 *Principles of Geology*、*Elements of Geology*（一度改名爲 *Manual of Elementary Geology*）及 *Antiquity of Man*。三書的內容幾乎普及地質學的整個範疇，例如地質學原理、沉積學、岩石學、地層學、古生物學及考古人類學等。這些書在地質學史上視爲經典，對後來地質學各學門的發展都發揮了先導的作用，由此三書之名即可以想見雷俠兒地質學知識之淵博及治學之勤奮。以下僅就此三書之內容及版次等稍加說明。

(一) *Principles of Geology*

此書首次出版時所用全名爲 *Principles of Geology, being an attempt to explain the former changes of the earth's surface by reference to causes now in operation*。全書共三册，總計廿七章。第一册於 1830 年在倫敦出版後即受到歐美地質學界的重視，二、三册分別於 1832 及 1833 年出齊。全書篇幅鉅大，內容廣博，幾乎包羅當時所知的地質學知識。此書共出十一版，各版均有改訂，或增刪資料、或全面重編改寫，1872 年出第十一版。1875 年著者在修訂第十二版時逝世，因未完稿遂未刊行。此書爲著者最著名的巨著，對十九世紀後地質學的空前迅速發展有極大的催化作用。

全書除說明地質學研究範圍、目的、發展歷史及地質觀念的論爭外，重點在闡釋沉積及侵蝕作用、火山活動及火成岩成因、地震及其影響、生物的演化及化石的形成和分佈、地層層位和新生代地史學、及不同岩石的分類和分佈等等。最後兩部分有關地層和岩石學之內容，自第六版（ 1840 ）起抽出獨立，經改編後另成一書，是爲 *Elements of Geology*。

(二) *Elements of Geology*

此書乃由 *Principles of Geology* 第五版（ 1837 ）第四册經著者增添資料，改編獨立而成。首版於1838年刊行，前後共出六版。此書第三版（ 1851 ）、四版（ 1852 ）及五版（ 1855 ）一度改名爲 *Manual of Elementary Geology*。第四版（ 1852 ）全名爲 *A Manual of Elementary Geology : or , the ancient changes of the earth and its inhabitants as illustrated by geological monuments*，共三十八章，主要內容包括：

岩石分類、水成岩、沉積層之固結和化石、岩石時代分類、第三紀地層、歐洲地史、古地層、火山岩及深成岩、變質岩、及礦脈等等。此書第六版（1865）出版時改回原書名 *Elements of Geology*，計三十八章，此即同治十二年（1873）上海江南製造局翻譯館所譯中國第一本地質學書《地學淺釋》所據之原本，現已經筆者核對原本及譯本考明確定。圖5即 *Elements of Geology* 第六版之書名頁。

此書第六版發行後，著者接受當時地質界朋友之建議，於改行新版時避免重複作理論之研討，而以系統介紹地質學之基礎知識爲重點，乃於 1871 年出版 *Student's Elements of Geology*，以供學習地質學之學生作爲教科書之用，是爲原書之普及本，流通極廣。由於英語國家多有採用，此普及本對培育二十世紀初年的地質學家有卓越的貢獻。

(三) *Antiquity of Man*

此書首版於 1863 年在美國出版，隨後同一年在倫敦連出兩版，共出三版。各版書全名均爲 *The geological evidences of the Antiquity of Man, with remarks on thoughts of the origin of species by variation*，全書計廿四章，主要在討論人類的歷史，以當時（十九世紀）在歐洲所發現的人類化石及其與地質環境間的關係來探討人類的起源，並兼及石器的使用，滅種哺乳類、物種的變異及自然擇等問題，是屬於考古人類學範圍中一本重要的書。

雷俠兒除以上三種地質學著作外，還發表了許多單篇地質論文及地質調查報告，但各論文及報告中之重點均經雷俠兒總結於以上三書不同版次中，故不在此另行介紹。

四、雷俠兒之貢獻

雷俠兒一生除發表甚多單編論文及研究報告外，上述三書爲其地質學成就之主體，其中又以 *Principles of Geology* 爲其地質知識之結晶。三書的重點可由各書的書名及副標題看出：*Principles* 乃以論述正進行中之地質作用對地球表面及其"居民（生物）"所造成的影響爲主；*Elements*

of　Geology 則以過去的地質作用對地球及其生物所留下的記錄爲討論對
象；*Antiquity* 則以地質證據來探索人類的歷史並兼及物種（species）的
源始。所以此三書雖然各自獨立，事實上互有關聯，也就是以地質爲經緯
來予以貫通，其內容幾乎概括了當時歐洲已知有關沉積學、地層學、地史
學、岩石學、古生物學和考古人類學的種種，對以後各學門的發展都產生
了相當的影響。

　　由十八世紀末起的一百年間，地質學因發展驚人終於成爲一門眞正的
科學，這與當時自然科學家的實證科學精神有很大的關係。雷俠兒秉持這
一優良傳統，不斷親自從事野外地質調查，又能歸納分析，愼思明辯，加
以勤於著述，終生不輟，遂有非凡成就。雷俠兒的學術成就事實上深入地
質學及生物學兩界。1859 年現代生物學始祖達爾文（Charles　Robert
Darwin, 1809-1882）的革命性巨著《物種原始論》（*Origin of Species*）
出版；據達爾文自述，此書或有一半是雷俠兒的貢獻。但有趣的是直到雷
俠兒晚年，或基於宗敎理由，他都不願接受進化論（evolution）的觀
點。

　　中國地質學的近代的輝煌成就，客卿地質學家如葛利普（A. W. Gra-
bau, 美國）、安特生（J. G. Andersson, 瑞典）等及中國地質學前輩如
章鴻釗、丁文江、李四光、翁文灝等的卓越領導，求眞的科學精神及努力
工作的貢獻，自是最直接的因素；但在中國近代地質學尙未正式起步前三
十多年，就已全譯出版雷俠兒重要著作之一，則頗出乎意料之外。雷俠兒
爲中國第一本地質學書的原著者，實可視爲他對中國近代地質學的啟蒙所
作的一項最直接的貢獻。

五、《地學淺釋》──中國第一本中譯地質學

　　同治十二年（1873）上海江南製造局繙譯館刻印發行《地學淺釋》
一書。據中國地質學會第一任會長（民國十一年）章鴻釗氏在所著《中國
地質學發展小史》中所述 " 中國初次輸入外來的地質學的知識，要算清同
治十二年（西元 1873 年）華蘅芳氏譯的那部《地學淺識（應爲
釋）》（原本即 Charles Lyell's *Principles of Geology*〔應爲 *Elements*

of Geology 〕)了。"所以《地學淺釋》是我國第一本最早譯成的地質學書籍，距今已屆一百一十年。但因該書印行不多，流傳不廣，民國成立後更屬珍貴，雖地質學界前輩學者亦多未能見到，我國地質學界前輩如章鴻釗及黃汲清兩位在討論中國地質學發展史的文章中均提到此書，但僅作有限的介紹，對譯本所據原本問題，或因受客觀環境所限，未能作出較詳實之查考。筆者現就台北所見《地學淺釋》江南製造局原刊本，及國立台灣大學地質系所藏雷俠兒各著作及英國地質研究所（Institute of Geological Sciences，按即前 Geological Survey of Britain）所提供之雷俠兒著作影印資料等加以研究，對《地學淺釋》一書之內容、原本問題，及在中國近代地質學發展史上之貢獻等，作一較詳細之查考、說明及討論，以供關注中國地質學發展歷史者之參考。

《地學淺釋》全書三十八卷，由江南製造局繙譯館根據雷俠兒英文原著譯成，於同治十二年（ 1873 ）在上海首刊。《地學淺釋》原刊本筆者在台灣見到中央圖書館台灣分館所藏之一部，是書原為日據時期台灣總督府圖書館於日本大正年間購入之舊藏，可能已是台灣現存原刊孤本。是書為木刻版，仿宋體大字，線裝分訂八册，刊刻精美。卷首署英國雷俠兒撰、美國瑪高溫口譯、金匱華蘅芳筆述；卷尾有陽湖趙宏繪圖、長州沙英校樣之記註。書高 29.5 公厘，寬 17.3 公厘；版高 18.2 公厘，寬 27.4 公厘；每半葉十行，每行 22 字，有欄，黑口雙魚尾，版心有"地學"兩字及卷號頁碼。全書三十八卷，連史紙印，正文計 567 葉（合現行西書 1134 頁），附木刻插圖 715 幅（無圖名圖號，未核算，根據《江南製造局記》所載）（圖 5 ），筆者估計全文約有二十餘萬字，文言文，斷句於字旁標"點"，是中文新式標點符號使用前之過渡時期產物。全書文字簡潔優美，易讀易懂，附圖均照原本手繪刻板，典雅細緻，無論譯、刻、印均屬一流，彌足珍貴，難怪刊行後即多為藏書家購藏，未能廣佈流傳，實甚可惜。

ELEMENTS

OF

GEOLOGY

OR

THE ANCIENT CHANGES OF THE EARTH AND ITS INHABITANTS
AS ILLUSTRATED BY GEOLOGICAL MONUMENTS

By SIR CHARLES LYELL, BART. F.R.S.

AUTHOR OF 'PRINCIPLES OF GEOLOGY'
'GEOLOGICAL EVIDENCES OF THE ANTIQUITY OF MAN' ETC.

NUMMULITE   AMMONITE   TRILOBITE

TERTIARY   SECONDARY   PRIMARY

Sixth Edition

GREATLY ENLARGED, AND ILLUSTRATED WITH 770 WOODCUTS

LONDON
JOHN MURRAY, ALBEMARLE STREET
1865

圖 5　雷俠兒 *Elements of Geology* 第六版（1865，倫敦）扉頁。此版即
　　　中文《地學淺釋》所據之原本。

　　關於《地學淺釋》之原本問題，經筆者兩年來的探索、查詢、比對，
已可確定所據爲 Charles Lyell 所著之 *Elements of Geology* 第六版，原
本由倫敦之 John　Murray 書局於 1865 年印妥發行。原本一册，內容分
爲三十八章，近 800 頁，附木刻插圖 770 幅。此一版筆者在台未能找到，
資料由英國地質研究所影印部分原書所提供。*Elements of Geology* 乃雷
俠兒三部重要著作之一，第一版由 *Principles　of　Geology* 第五

版（1837）第四冊經原著者擴編獨立而成，1838 年在倫敦出第一版。三、四、五版改書名爲 *Manual of Elementary Geology*，第六版亦爲是書最後一版並改回原書名，是雷俠兒晚年親自改訂者。此第六版內容完全以傳統地質學爲範圍，以沉積學、地層學、地史學、構造地質學、岩石學、礦床學及火山作用等等爲主，是近代地質學中一本重要的著作。《地學淺釋》根據原本三十八章分爲三十八卷，卷名與章名全符，但因非直譯，而爲經口譯後之意譯，故文字內容稍有出入，所附說明插圖亦稍有減刪，但就整體而論，仍當視之爲全譯本，它也就是中國最早引進西洋地質學之第一本中文地質學書籍。

江南製造局《地學淺釋》原刊本可能印過二次，首次印行者疑無譯者華蘅芳之序，發行數百部，隨後譯者於同治十二年二月二十八日加一序，說明是書譯成之經過及艱辛，可能再印有相當數量，但究竟印一次或二次，目前尚不能確定。中央圖書館台灣分館所藏之一部無序，或經再裝訂。光緒辛丑年（光緒二十七年，1901 年）江南製造局將所譯成出版之有關科學技術方面的書籍重刻再版輯爲《西學富強叢書》，《地學淺釋》亦收錄在內。編入此一叢書內之《地學淺釋》改爲仿宋小字木刻版，圖亦縮小，裝訂成三冊，書前有華蘅芳序，但內容依舊。叢書爲小字本，每半葉二十行，分上下欄，半欄每行 22 字，形製與原刊大字本完全相同，僅每四葉合刻爲一葉，此一版本國立台灣師範大學圖書館藏有原國立東北大學寄存之一部。《地學淺釋》一書僅知只有江南製造局原刊大字本（1873）及江南製造局《西學富強叢書》小字本（1901）兩種，均在上海發行。圖 6 爲雷俠兒 *Elements of Geology* 第六版（1865）與其中譯本《地學淺釋》之同頁對照書影；圖 7 爲江南製造局《西學富強叢書》版《地學淺釋》書影。

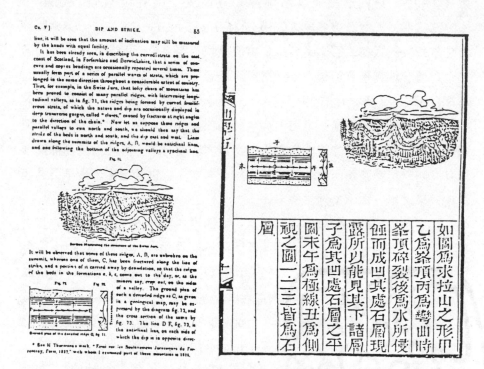

圖 6　《雷俠兒》 *Elements of Geology* 第六版（1865，倫敦）與其中譯
　　　本《地學淺釋》（1873，上海）同圖對照書影。附圖大小相同，
　　　但譯本省略圖名及圖號，且將英文字母改標爲甲子或中國數字。

六、繙譯館及《地學淺釋》譯成之艱辛

　　同治四年（1865）因曾國藩、李鴻章等之奏議，由蘇松太道道台丁日
昌在上海購入美商鐵廠在虹口開辦上海製造局：同治六年遷城南高昌廟，
分建各廠，改稱江南製造局，以求仿造洋槍、洋炮及銅鐵火器，以作“禦
侮之資，自強之本”。又因“繙譯一事係製造之根本，洋人製器出於算
學，其中奧妙皆有圖說可尋，特以彼此文義扞格不通，故雖日習其器，究
不明夫用器與製器之所以然”，乃於同治七年（1868）成立繙譯館，進行
“格致、化學、製造各書”之翻譯工作。其目的不外“師法外人之長
技”，以求中國“轉危爲安，轉弱爲強之道”。這是中國近代有系統、大

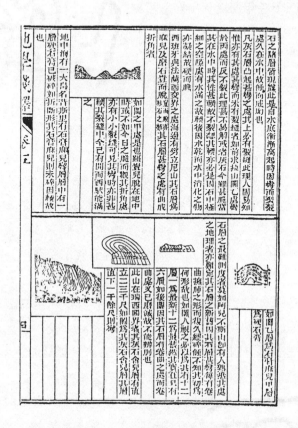

圖 7 清·光緒二十七年 (1901) 江南製造局重刊重刻之小字《西學富強叢書》(清·張蔭桓輯) 本《地學淺釋》卷五半葉之書影

規模翻譯西洋書籍的開始。

江南製造局繙譯館成立之初, 即聘請英國傅蘭雅 (John Fryer, 1839
-1928)、 德國金楷理 (Carl Kreyer) 及美國林樂知 (Young John
Allen, 1836-1907) 在館專任口譯, 同時又就近聘請上海租界英人偉烈
亞力 (Alexander Wylie, 1815—1887) 及美人瑪高溫協助口譯西書。 主
持譯事者則爲徐壽 (字雪村, 無錫人, 1818-1884) 與華蘅芳, 擔任中文
筆述者除徐、 華二人外, 早期尚有徐壽之子徐建寅。 由同治七年 (1868)
起繙譯館即積極進行 “汽機測算, 化電聲光” 等書之譯刻工作; 至同治末

（同治十三年，1874）譯就出版之書即有二十餘種，《地學淺釋》亦在
內，爲當時所譯重要書籍之一。江南製造局之譯書工作自開館起迄辛亥革
命前結束，四十餘年間總計出書逾百種，計分二十餘類，其中屬科學與技
術類者有兵學、工藝、農學、礦學、格致、算學、化學、天學、地學、醫
學等，所譯各書中在中國近代科技史上具有啟蒙貢獻者有：《化學鑑原》
（傅蘭雅、徐壽，1872）、《光學》（金楷理、趙元益，1879）、《電
學》（傅蘭雅、徐建寅，1880）、《汽機發軔》（偉烈亞力、徐
壽，1871）、《開煤要法》（傅蘭雅、王德均，1870）、《格致啟
蒙》（林樂知、鄭昌棪，1879）、《代數術》（傅蘭雅、華蘅
芳，1874）、《微積溯原》（傅蘭雅、華蘅芳，1874）、《地學淺
釋》（瑪高溫、華蘅芳，1873）、《金石識別》（瑪高溫、華蘅
芳，1872）等書。《金石識別》譯自老代那（James Dwight
Dana，1813－1895，美國）之礦物學著作（原本問題仍欠明，筆者正另
行查證中），爲中國引進西洋礦物學知識的第一本書。

　　《地學淺釋》一書是華蘅芳與瑪高溫合作譯成《金石識別》之後所共
同完成者，華氏在序中說：〝蓋自金石識別譯成之後，因金石與地學必互
相表裡，地之層累不明，則無從察金石之脈絡，故又與瑪君高溫譯此書。
〞江南製造局時代之譯書仍採明末清初耶穌會士所用方式，即由西人就原
本逐句口譯爲華語，再由華人逐字記錄，整理成文；倘文句費解難通，雙
方即加以推究，務使文詞清楚，含義明白，俾讀者領會。然後筆述人再斟
酌措詞用字，復加修飾，算是底稿，再交由口譯者復讀改訂，直至口譯
者認爲不失原書旨意，方作定稿。雙方如此縝密合作，一書之成，動輒經
年，其艱辛亦可由華氏序言中所說：〝余於西國文字未能通曉，瑪君於中
土之學又不甚周知，而書中名目之繁，頭緒之多，其所記之事迹每離奇恍
忽，迴出於尋常意計之外，而文理辭句又顛倒重複而不易明，往往觀其面
色，視其手勢，而欲以筆墨達之，豈不難哉！〞而略知其梗概。華氏譯此
書至十七卷，忽患血痢之症，〝氣息懨懨，無復人色〞，欲倩人代爲，又
皆以〝言語支離，猝不易解〞爲辭。華氏病中仍不忘所譯之書，〝甫一交
睫，則覺高山巨壑，水陸變遷，其中鱗介之蛻，奇獸之骨，種種可駭可噩
之物層見迭出，紛然並集於前〞，〝而魂魄亦爲之不安，則余之去死也幾

希。於是乞假而歸，調治數月，又扶病而出 "。讀譯者此段自序，即可想見我國前賢爲了介紹西方科學，努力翻譯西書，其所遇困難及阻力幾乎到了不可克服的程度，這種艱苦卓絕的奮鬥精神實在值得我們後人敬重與效法。

華蘅芳爲一數學家，不諳英文，對地質學更非所知，而瑪高溫爲一執業醫生，譯書時華氏每日前往瑪高溫之診所，晨往暮返，無一日曠廢，"有踵門求醫者，輒輟筆待之，及醫畢再譯"，"有時瑪君爲人延去治病，則坐而自理稿本，以待其歸"。十七卷後華氏因病乞歸調治，半年後復理舊業，改由瑪高溫親住華氏寓所，直至譯畢三十八卷，全書譯成可能費時達二年之久。而書之稿本、改本、清本以及草圖皆由華氏一手任之，清稿後又令人謄寫楷書，再請精於繪事之陽湖趙宏描寫繪圖，然後始募良工剖劂，由繪圖發刻，以至工竣又閱兩年。所以《 地學淺釋 》一書之譯成出版總計費時可能達四年之久。這是中國首次翻譯地質學書籍，內容既屬首見，名詞亦無參考，其成書之艱難實可想見，而華蘅芳與瑪高溫兩氏對譯書之毅力、任事之忠誠更屬難能可貴，深值後代景仰！

《 地學淺釋 》校刻既畢，初印數百部，旋即爭購一空。此書譯成出版於同治十二年（ 1873 ），距所據雷俠兒原本之出版（ 1865 ）僅八年，以十九世紀後期東西文化交流之境況而言，可謂十分迅速，亦可見當時中國引進 "西學"、力圖自強之積極。一百一十年前《 地學淺釋 》一書之出版爲中國近代地質學之發展種下了第一顆種子。此書在同光年間江南製造局之售價爲二元五角。

七、華蘅芳及瑪高溫小傳

華蘅芳（ 1833－1902 ）（圖 8），字畹香，號若汀，江蘇金匱（今無錫蕩口）人，十四歲通程大位《 算法統宗 》，後來對《 九章算術 》、宋、元各算書及《 數理精蘊 》等都曾下過功夫；同治七年（ 1868 ）受聘入江南製造局繙譯館負責任譯算學、地學諸門西書，並與徐壽共同主持繙譯館譯事。華氏居上海幾四十年，覃心譯述，成書十二種，都百六十卷；除官至直隸州知府外，並先後主講上海格致書院（光緒二年〔 1876 〕由在滬之西

人與國人共同創辦，為我國近代教學設置之前驅）、湖北自強學堂及西湖
書院等垂二十年。

圖 8　華蘅芳(1833-1902)肖像

華氏在地學方面的譯書共有三種，均由上海江南製造局刊行。

1.《金石識別》

十二卷六冊，譯自 James Dwight Dana 之礦物學，合譯者瑪高
溫，同治十一年（1872）出版。

2.《地學淺釋》

三十八卷八冊，譯自 Charles Lyell 之 *Elements of Geology*（
六版，1865），合譯者瑪高溫，同治十二年（1873）出版。

3.《金石表》

一冊，譯自 James Dwight Dana 之 *Vocabulary of Mineralo-
gical Terms*，合譯者傅蘭雅，光緒九年（1883）出版。"譯名
凡一千七百則，除音譯部分外，今尚多承用"（可惜此書筆者在
台尚未見到）。

以上三書都是中國同類書中譯為中文的最早本子。華氏在數學方面的譯書
重要者有五種，均與傅蘭雅合譯；除《決疑數學》外均由江南製造局出
版。

1.《代數術》　二十五卷六冊，同治十三年（1874）出版。

2.《三角數理》　十二卷六冊，光緒三年（1877）出版。

　　3.《微積溯源》 八卷六册，同治十三年（ 1874 ）出版。

　　4.《代數難題解法》 十六卷六册，光緒九年（ 1883 ）出版。

　　5.《決疑數學》 十一卷，光緒二十三年（ 1897 ）中國科學書局出版。其中《決疑數學》一書爲中國最早介紹"概率論"的書，除上述各書外，華氏後譯有《算式解法》、《防海新論》、《御風要素》、及《測候叢談》等書（前二書與傅蘭雅合譯，後二書與金楷理合譯），並另著有《行素軒算稿》及《行素軒文存》等行世。

　　華氏譯書，明白曉暢，以"淺顯平易之語，達精奧難解之思"，論者謂足兼信、達、雅三者之長，其在數學上的各種譯書及著作，在中國近代數學發展史上之貢獻早有定論，列名中國清代重要數學家，但其在翻譯中國最早地質學書籍方面的成就，則較少人知，尙未受到應得之重視。華氏因"五金之礦藏往往與強兵富國之事大有相關"，乃奮力譯書，幾至於死，其精神實在感人。華氏在《清代七百名人傳》中有傳；王渝生近著〈華蘅芳：中國近代科學的先行者和傳播者〉則爲目前介紹華氏生平之最完整者。

　　瑪高溫（ Daniel Jerome MacGowan ,1814－1893 ）美國人，學醫，爲美國浸信會海外傳敎會（ American Baptist Board of Foreign Missions ）醫學傳敎士（ medical missionary ）， 1843 年春奉派來華，經香港轉寧波開業行醫。1844年在華與一英國傳敎士之女成婚，其後多數時間在寧波辦報、行醫、及傳敎。1854 年曾一度赴廈門、香港、澳門等地，1859 曾短期訪問日本，並至英國。 1861 曾赴巴黎，旋回倫敦， 1862 回美國擔任軍中傳敎士，後再回中國，在上海行醫、傳授西洋科學知識及負責西書口譯之工作。咸豐年間瑪高溫曾在寧波創辦以新聞、宗敎、科學、文藝爲主的《中外新報》（ *Chinese & Foreign Gazette* ， 半月刊， 1854 創刊， 1856 改月刊， 後改 E.B. Inslee 主編， 1861 停刊 ）。同治年間移居上海， 在虹口開業行醫， 同治七年江南製造局成立翻譯館後受聘入館兼任口譯， 先後與華蘅芳合作譯成《金石識別》與《地學淺釋》兩巨著， 此二書亦爲筆者所僅知之瑪高溫在華之譯作。光緒二年（ 1876 ）在滬中西人士徐壽、傅蘭雅等合力創設"上海格致書院"（ Shanghai Polytechnic Institution and Reading Room ， 光緒二年開辦，民國三年停辦，是中國最早講授西洋科技知識之教育機構之一），光緒四年（1878）瑪高溫曾一度受聘主理院務。

瑪高溫有中文著作三種：《博物通書》（ *Philosophical Almanac*, 40 葉，寧波，1851，除曆書外尚有電報、磁學、及電流學之介紹，附圖 45 種）；《日食圖說》（ *Plate of the Solar Eclipse with Explanation*, 寧波，1852 ，原著 Shadwell，瑪氏中譯，記錄了 1852 年 12 月 11 日在北京、上海、寧波、福州、廈門、廣州、香港所見之日蝕及相關解說，並附有宗教性質之記註，又旁註英文，是早期中國木刻版印書籍中有英文字母的一個代表）；《航海金針》（ *Treatise of Cyclones*, 35 葉，寧波，1853，主要部分譯自 Reid 有關颱風之著作，附圖說明颱風在中國海行進之路徑）。瑪氏另有一英文著作 *Claims of the Mission Enterprise of the Medical Progessions* （24 頁，紐約，1842，為著者離美來華前之一篇英文演講稿），瑪氏另為當時上海地區西文報刊撰稿，成篇者亦有多種。瑪高溫為我國清朝末年引進西學著有貢獻的外籍人士之一。

八、《地學淺釋》之啟蒙貢獻

《地學淺釋》一書約於同治十年（1871）間完成譯稿，而由江南製造局於同治十二年（1873）間刻刊完竣出版，這是中國引進西洋近代地質學的第一木書，是為我國近代地質學發展所跨出的第一步。所據原本為當時歐州地質學大師的經典著作，選書可謂精到，而譯書人也全力以赴，務求存真達意。然而或因受當時中國客觀環境的限制，《地學淺釋》一書出版後對中國後來地質學的發展除具有啟蒙作用外,似乎並無太多直接的貢獻。這顯然因為地質學在當時中國仍為一門新而十分冷僻的學問，除與開採五金與煤有一些直接關聯外，可資應用的範圍尚不廣泛，所以未能受到當時國人的重視。因為清末中國引進 “ 西學 ” 的主要目的在求 “ 富強禦侮 ”，也就是講求 “ 實用 ”，對科學原理的探討尚缺乏真正的動力。另外因為《地學淺釋》刊刻精美，初印數百部旋即為藏書人蒐購一空。譯者華蘅芳在序中曾說： “ 如是今四方好事之家，既莫不爭致一編以備收藏之列，固不必復慮其湮沒矣! 但不知此書流播於世，果能有益斯世與否? 海內讀書之士見之而許可者，能有幾人；其屏棄不觀而指爲荒誕無稽之說未可知也！
或流覽一過以資矜奇炫博之助，亦未可知也！＂由華氏言語可知當時大眾
思想之一般。《地學淺釋》之未能成爲學術書籍而廣被流傳，自亦可想像。
《地學淺釋》因刊刻精美，篇幅甚巨，所以初印本售價可觀，這也可能是
不能廣傳的一項原因，但光緒中葉江南製造局再刊行小字普級本，似乎也
未達到推廣地質學知識的目的，思之不免令人遺憾！

　　雖然一般論者，尤其是中國地質學界，均偏向於認爲《地學淺釋》一
書除對中國近代地質學的發展具有不可泯沒的啟蒙貢獻外，並未產生多大
的實質影響，但如仔細察考，則仍有數點值得一述。

㈠ 譯書嚴謹，刊刻慎重

　　《地學淺釋》口譯者瑪高溫爲美國人，對中文的了解與應用自有其限
制；筆述者華蘅芳並無地質學基礎，而譯成之書不僅譯筆精要，而且辭意
兼達，實在難能可貴。試舉卷一〈總論〉之一小節如下，以供參閱。

> 地之定質爲泥、爲砂、爲灰、爲炭，其石或嫩、或堅，此故夫人
> 而知之者也。然不仔細察之，必以爲從古至今本是如此，惟究心
> 地理者，知其不是忽然而成，均有逐漸推移之據。

> All are aware that the solid parts of the earth consist
> of distinct substances, such as clay, chalk, sand, limestone,
> coal, slate, granite, and the like; but previously to observa-
> tion it is commonly imagined that all these had remained
> from the first in the state in which we now see them, – that
> they were created in their present form, and in their prese-
> nt position. The geologist soon comes to a different conclu-
> sion, discovering proofs that the external parts of the earth
> were not all produced in thd beginning of things in the sta-
> te in which we now behold them, nor in an instant of time.

　　或因當時缺乏工具書等客觀條件的限制，譯文與原文在內容上稍有省
略及出入（或可能爲口譯者在譯出時略有礙難），但整體的總譯文表達了

原著者的主要觀點。至於刊刻之精審，閱者由本文所附有關各圖，即可一見而知。就筆者閱過之全書多部分而言，即連明顯的誤字亦未見到。後來中國地質學界的學術論著，向以要求嚴格、出版認眞而享有令譽，而《地學淺釋》亦可謂創立典範最早的代表。

(二) 譯名的貢獻

《地學淺釋》雖然在地質學名詞的翻譯上大多採用音譯，但亦有很多採用意譯，而爲後來正式譯名所採用、或經稍事修正後採用，其中部分譯名甚或亦爲日本漢譯名詞所採用。完全譯音之名詞如："堪孛里安，Cambrian（寒武紀）"、"合拉尼脫，granite（花崗岩）"、"夕里開， silica（二氧化矽）"、"倍落客西能巴弗里，pyroxenic－porphyry（輝石斑岩）"等今已完全不用。意譯之名詞經修訂後成爲正式名詞者有："泥砂土石之鬆而未結者，alluvium（沖積層）"、"今時新疊層，Tertiary formation（第三紀地層）"，"平疊層，horizontal stratification（水平層）"、"熱變石，metamorphic rock（變質岩）"，"劈紋，cleavage,（劈開）"，"殭石，fossil（化石）"、"波浪紋，ripple mark（波痕）"、"磨痕，slickenside（擦面）"、"無脊骨，invertebrate（無脊椎）"、"黏合，cementing （膠結）"、"斜勢方向，dip and strike（傾斜及走向）"等等。當時之譯名後來正式訂爲中國地質名詞而一直沿用迄今者有："層（stratum, bed"、"冰期（glacial epoch）"、"脈（vein）；礦脈（mineral vein"、"斷層（fault）"、"火山石（岩）（volcanic rock）"、"淡水（fresh water）"、"壓力（pressure）"、"後（post－）；下（lower－）；上（upper－）"、"碟田（coalfield），煤田"、"沉積（deposit）"、"侵蝕（erosion）"；及儘量使用中國傳統"金石"名，不再另譯新名者如"石膏（gypsum）"等等。僅就以上所舉各例，亦可看出《地學淺釋》對後世中國地質學的發展僅在譯名一項上亦可謂有一定的貢獻。而後來將"geology"定名爲"地質"亦可能爲因此書之首闡其義③之結果。

(三) 對中國地質教育的啟蒙

我國之有正式地質教育課程乃爲民國成立以後之事，但在清末已知最少有三處中國最早期的科學教育機構指定《地學淺釋》一書爲"課藝"書目，例如上海江南製造局的"廣方言館"（同治二年創辦，同治八年併入製造局，光緒末年停辦）、"上海格致書院"（光緒二年創辦，民國三年停辦；1876－1914），及南京陸師學堂附設"礦務鐵路路學堂"（創立及停辦年代筆者不詳，但均在辛亥革命〔1911〕前）。周樹人（魯迅）青年時期即因在礦務鐵路學堂讀書時鑽研過《地學淺釋》，後來東渡日本求學方能於1903年在東京發表國人最早的一篇地質文章〈中國地質略論〉④。

《地學淺釋》是最早把生物進化觀念介紹到中國來的一本書，比嚴復譯成《天演論》（1898）還要早四分之一個世紀。在清末政治激盪及強烈要求改革的形勢中，傳統保守派以"天不變，道亦不變"的固有思想阻礙變革，而《地學淺釋》以大量古生物和地質的資料證明"天"（大自然）

---

③　"geology"一詞譯爲中文"地質"及其在中國正式使用之年代目前尚不清楚，就筆者所知推斷大約在光緒（1875－1908）中葉，也就是十九世紀末，時間上應較日本爲晚，因爲日本在明治15年（1882，相當於光緒8年）二月十三日已在農商務省創立"地質調查所"。雖然瑪高溫及華蘅芳在《地學淺釋》翻譯過程中尚未將此門科學譯爲"地質"，但已清楚表明此門科學所研究之對象爲"地球之質"，《地學淺釋》（1873）卷一起首〈總論〉即有"地球全體均爲土石之質疑成"及"及細考之，而知地質時有變化"的說明，此一陳述可能爲將"geology"譯爲"地質"之最早張本。《地學淺釋》之譯成出版亦可能較日本同類書籍之譯成出版爲早，日本有可能參考此書而將"geology"定譯爲"地質"，再反傳回中國而爲我國所採用。光緒12年（1886）在華西人艾約瑟（Joseph Edkins，字迪謹）在所編《西學啟蒙》十六種中有《地理質學啟蒙》一書，推想應屬地質學類書籍（此書筆者未見），但仍未用"地質"一詞，再後則有山陰樊炳清之《地質學教科書》（不分卷，排印本，出版時地不詳，或爲清末時書，筆者未見），此書可能爲中國最早之地質學教本，但尚待考明。

④　目前已知國人最早所寫的地質文章爲周樹人（魯迅）編寫之〈中國地質略論〉（《浙江潮》月刊第8期，1903年10月，日本東京出版），文言文約六千字，乃參考當時客卿地質家調查中國之資料及日本地質調查所的出版物彙編而成。周樹人十八歲時（1898）考入南京陸師學堂附設的礦務鐵路學堂（簡稱礦路學堂），在學三年多的時間內曾努力鑽研過《金石識別》及《地學淺釋》兩書，並恭敬地把《地學淺釋》抄寫了一遍，連插圖也依樣全部描繪。1902年赴日，考入東京弘文學院，1903年完成〈中國地質略論〉，以後周樹人以魯迅筆名享譽文壇。

是在變的，而生物也在不斷進化，所以"變"是"常道"，"不變"反而
是"非常道"。這一知識乃受到了當時中國維新思想家如：譚嗣同、唐才
常、康有爲、和梁啟超等的歡迎，並用之作爲求中國政治維新和體制變法
的一個理論根據。例如譚嗣同說："天地以日新，生物無一瞬不新也。今
日之神奇，明日即已腐臭，奈何自以爲有得，而不思猛進乎？"唐才常
說："大地之運，先起者蹶，後起者勝，錯綜參伍，莫知其由，又安能以
千萬年皇王之國，四百兆軒轅之種，龐然自大，所謂言種者奚爲挈徒犬羊
之族類相等論耶？"康有爲說："人道進化，皆有定位，自族制而爲部
落，而成國家，由國家而成大統，由獨人而漸立酋長，由酋長而漸正君
臣，由君臣而漸至立憲，由立憲而漸爲共和……蓋推進化之理而爲之。"
梁啟超說："地學家言土中層累皆有一定，不聞花崗石之下有物跡層，不
聞飛鼉大鳥世界以前復有人類，既有民權以後，不應改有君權……。"很
明顯的，當時的戊戌維新人物吸收了地質學中的科學觀點，並大力用之來
支持他們所倡導的政治維新論，而且也的確發揮了很大的作用，並加速了
中國的變革。這是《地學淺釋》在作爲中國地質學的第一本啟蒙書的另一
大貢獻。

　　由以上所舉各點，可知《地學淺釋》僅由可查考的史料也可見到其對
中國後來地質學的發展及地質學教育產生了相當的影響；至於在科學之外
又對中國政治維新思想作了有力的理論支持，在清末思想界展現了歷史階
段性作用，則可說是原著者和譯者們始料所不及的。而民國後因我國重視
地質學，其成就也贏得國際學術界的認同，則作爲中國第一本地質學書的
《地學淺釋》，不論其影響大小，直接或間接，應在中國地質學的發展史
中有其地位。

　　《地學淺釋》一書的譯成出版不僅影響了中國後來地質學的發展，同
時也影響了日本。日本於明治十四年（1881）重印《地學淺釋》，並由乙
骨太郎訓點，共 892 頁，但改爲洋裝。《地學淺釋》在 1959－1960 年間
由徐書曼再新譯一次，由科學出版社（北京）出版，但因筆者未見到原
書，尚無法詳加說明。

九、結　語

　　中國古代在地質現象的認知上確有很多了不起的 " 記錄 ", 例如在先秦著作《 詩經》中有 " 百川沸騰, 山冢崒崩。高岸爲谷, 深谷爲陵 ",《 莊子》中有 " 風之過河也有損焉 ", 日之過河也有損焉 "。晉·葛洪《 神仙傳》中有 " 麻姑自說云: 接侍以來, 已見東海三爲桑田。向到蓬萊, 水又淺於往者, 會時略半也, 豈將復還爲陵陸乎? 方平笑曰: 聖人皆言, 海中復揚塵也 "。宋·沈括《 夢溪筆談》中有 " 予觀雁蕩諸峰, 皆峭拔嶮怪, 上聳千尺, 穹崖巨谷, 不類他山, ……原其理, 當是爲谷中大水衝激, 沙土盡去, 唯巨石巋然挺立耳 "; " 予奉使河北, 遵太行而北, 山崖之間, 往往銜螺蚌殼及石子如鳥卵者, 橫石壁如帶。此乃昔之海濱, 今東距海已近千里。所謂大陸者, 皆濁泥所湮耳 "; 及 " 近歲延州永寧關大河岸崩, 入地數十尺, 土下得竹筍一林, 凡數百莖, 根幹相連, 悉化爲石。……延郡素無竹, 此入在數十尺土下, 不知其何代物。無乃曠古以前, 地卑氣濕而宜竹邪? "宋·朱熹《 朱子語錄》中有 " 嘗見高山有螺蚌殼或生石中, 此石即舊日之土, 螺蚌即水中之物, 下者卻變而爲高, 柔者卻變而爲剛 "。明·徐霞客《 徐霞客遊記》中有 " 江流擊山, 山削成壁 "。這些認識都是對自然界由正確觀察而得的寶貴結果, 是合乎科學知識原則的。中國古代由漢至明由於《 本草》(中國傳統藥物學書籍)對 " 礦物 "(古稱 " 金石 ")有持續的研究和發展, 所以中國古代的礦物知識是十分傑出的, 在十六世紀以前較之歐洲絕不遜色。但自此以後歐洲的礦物學有迅速的發展, 中國則停滯不進, 乃遠落人後。至於在地質學方面, 中國古代因爲只有片段的知識, 一直未能形成一種有系統的學問, 主要原因是我國傳統的學者比較不注重系統觀察及較不善長於作比較歸納, 所以始終只有對地質作用散漫事例的認知和解說, 而缺乏綜合及持續的研究發展來構成一門學問, 這是十分可惜的, 西洋地質學到十九世紀中葉, 在理論基礎上可謂已達到相當完整的程度。不久後在 1873 年《 地學淺釋》譯成出版, 歐洲當時最先進的地質學知識就到達中國, 中國的地質學從此正式開步, 而有後來中國在近代地質學上的輝煌成就。

中國自明末起因耶穌會會士利瑪竇（Matteo Ricci, 1552－1610, 義大利）之東來，而正式開始接觸西方科學。中國最早翻譯歐洲與地質有關的書籍爲明崇禎十三年(1640)譯成之《坤輿格致》（口譯湯若望［Johann Adam Schall von Bell, 1591-1666, 德國］，筆述楊之華、黃宏憲。計七卷，前三卷講"辨礦取金"，後四卷講"煎煉爐冶"），此書原本即十六世紀中葉歐洲文藝復興時期著名"礦學"及"地學"學者阿格利科拉（Georgius Agricola, 1494－1555, 德國）之 De Re Metallic（《論金屬》，（拉丁文，原刊本 1556 年在瑞士 Basêl 出版），這是中國首次接觸到歐洲有關地質方面的知識，但因《坤輿格致》譯成後未能刊印流傳，所以對中國近世在"礦學"的發展上未能產生可見的實質影響，十分可惜！距《坤輿格致》之後二百餘年間雖然傳入並譯成了多種"地學"書籍，但眞正屬於地質學的仍以《地學淺釋》最早，也最重要。這是中國第一本地質學書，也是中國近代地質學發皇的起點。

歐洲文藝復興以後因以經驗及可加印證者作爲知識的基礎，並注重邏輯解析及系統歸納，使自然科學得到了迅速的發展，這是當時中國所大大不及的。在十八世紀後期歐洲地質學家在利用化石來決定地層層序方面已具備了正確的知識，待哈籐的"地球的原理"（Theory of the Earth）於 1785 年提出後，地質學又再向前邁進了一大步。哈籐的理論有兩項基本法則，第一是因地球內部熱力作用造成岩漿侵入地殼，第二是前一時代的地層常爲次一時代的地層覆蓋，而二者間之關係即所謂的不整合（unconformability）。雷俠兒繼承了他同鄉哈籐的理論和事業，並進一步加以發揚，使地質學成爲一門可以印證並有獨立體系的科學。待雷俠兒的《地質學原理》（Principles of Geology）於 1833 首次出齊後，不僅地質學界有了一本很好的敎科書，即地質學內各科門的系統知識也可以說由此奠立。

《地學淺釋》（1873）譯自雷俠兒的 Elements of Geology 第六版（1865），這是當時歐洲，也是世界最主要的一部地質學著述。其中大部分論述含有化石地層的岩層系統，在當時是最新的理論和證據。雖然《地學淺釋》在譯成和出版後論者多認爲未能對中國近世地質學的發展造成可見的影響，這無非是受當時中國客觀環境所限，也就是當時中國知識界對科學理論的探討尚缺乏基礎與興趣，並非無書可讀，或書不好。雷俠兒以其超群的智力、堅強的意志和持久的毅力，終其一生從事調查研究，在一般地質學理論及地史學上完成劃時代的著作，並成爲新生代地層學專家。他以哈籐的原理爲基礎，以現在正進行的種種地質作用來測定過去的地質變化，並就他自己和當時歐洲地質學家觀察的結果，整理成爲一完美的系統來證明此原理即地質變化的原則，在地質學上的成就誠屬空前，也將永垂不朽的。雷俠兒又因對於人類最初出現及冰河堆積物問題也有論究及貢獻，地質學界乃定有“ lyell ”（由冰山運搬及棄置之岩塊，因筆者尚未見正式中文譯名，暫譯爲“冰遷岩塊”）及“ lyellite ”（鈣銅礬）二名詞以紀念雷氏在地質學上之成就及貢獻。

　　至於譯書人瑪高溫及華蘅芳在當時無工具書、無地質學基礎知識，加上語文的隔閡，而能譯成這一部巨著，並一絲不苟的加以刊刻出版，其任事之誠，譯書之苦，直可謂乃血汗積成，這也是深值中國地質界永遠紀念的。

參考文獻

1. Charles Lyell, *Elements of Geology or The Ancient Changes of the Earth and Its Inhabitants as Illustrated by Geological Monuments,* 6th. ed. (London: John Murray, 1865). 此書即《地學淺釋》所據之原本。
2. F. C. Adams, *The Birth and Development of the Geological Sciences* (New York: Dover Pub., 1954).
3. L. C. Eiseley, “ Charles Lyell ”, *Scientific American,* 201 (1959), 98-106.
4. A. A. Bennett, *John Fryer, The Introduction of Western Science and Technology into Nineteenth-Century China* (Harvard East Asian Monographs 24, Cambridge, Mass., 1967).
5. 雷俠兒著，瑪高溫口譯，華蘅芳筆述，《地學淺釋》（上海：江南製造局，清·同治 12 年［1873］）。此書即 Charles Lyell, *Elements*

of Geology 第六版（ 1865 ）之中譯本。

6. 魏允恭編,《 江南製造局記 》（ 上海：江南製造局, 清 · 光緒 31 年 [
　　1905] ）。再影印收入沈雲龍編,《 近代史料叢刊 》404 號（ 台北：
　　文海書局 ）。

7. 章鴻釗,《 中國地質學發展小史 》（ 台北：台灣商務, 民 61 年, " 人
　　人文庫 " 重印本。）

8. 蔡冠洛編,《 清代七百名人傳 》,現收入沈雲龍編,《 近代史料叢刊 》
　　63 輯, （ 台北：文海出版社 ）。

9. 李儼、杜石然,《 中國古代數學簡史 》（ 香港：商務,1976 ）。

10. 王爾敏,《 上海格致書院志略 》（ 香港：香港中文大學出版社,1980 ）。

11. 黃汲青, 〈 辛亥革命前地質科學的中國先驅 〉,《 中國科技史料 》,
　　第 1 期（ 1982 ）。

12. 張博,《 地質學名人傳 》（ 台北：台灣商務, 民 59 年, " 人人文庫 "
　　重印本。）

13. 龍村倪, 〈 西方礦學傳入中國史之一：阿格利科拉 De Re Metallica
　　與《 坤輿格致 》〉,《 礦業技術 》, 民 71 年 6 月（ 1982 ）, 頁 124 -
　　131。

14. 澤俊明, 〈 地質調查所創立一百週年にあたつて 〉,《 地質（ ニユニ
　　ス ）》, 1982 - 1（ 總號 329 ）, 日本地質調查所, 7。

15. 王渝生, 〈 華蘅芳：中國近代科學的先行者和傳播者 〉,《 自然辨證
　　法通訊 》, 1985 第 2 期, 頁 60 - 74。

16. A. Wylie, *Memorials of Protestant Missionaries to the Chinese*, 18
　　67。

17. 葉曉青, 〈 賴爾的《 地質學原理 》和戊戌維新 〉,《 中國科技史料 》,
　　1981 第 4 期, 頁 78 - 81。

CHARLES LYELL AND TI HSUEH CHEAN SHIN
《 地學淺釋 》

(Abstract)

Tsuen-Ni Lung

Sir Charles Lyell (1797-1875), a great geologist and a founder of historical geology, completed the publication of his three-volume monumental book *Principles of Geology* in 1833 (volume Ⅰ, 1830; volume Ⅱ,1832). The publication of this masterpiece marked a new era in the history of development of modern geological sciences. In 1834 the author added a 4th volume to the 3rd edition of *POG* to describe the systematic geology and the principal rocks composing the earth's crust and their organic remains. In the 4th (1835)and 5th (1837)editions of the *POG,* this 4th part was also included. However, in subsequent editions the 4th part was deleted. Later this part was further expanded into a separate treatise called *Elements of Geology*. The first edition of which came out in 1842. This book was again enlarged in 1851 and entitled *A Manual of Elementary Geology*. Based on this enlarged test, another edition, the 4th edition of *MEG,* was published in 1852 and later the 5th edition in 1855. The last or 6th edition was entitled *Elements of Geology*. It was greatly enlarged, containing 770 woodcut illustrations and appeared in 1865. In the late 19th century, this edition of *EOG* was introduced to China and translated into Chinese by Hwa Heng-Fang. (華蘅芳, 1833-1902, an eminent Chinese mathematician in 19th century) in close cooperation with Daniel Jerome MacGowan (瑪高溫, 1814-1893, an American missionary and a medical doctor who lived in Shanghai in late 19th century) as the oral translator. The Chinese edition of Sir Charles Lyell's *Elements*

of Geology was entitled *Ti Hsueh Chean Shih* (地學淺釋). The book
was published in 1873 by Chiangnan Arsenal Bureau (江南製造局) in
Shanghai in traditional Chinese book style with woodcut block
printing on bamboo papers. This is the first geological book ever
published in Chinese and marked the beginning of development of
modern geological sciences in China one hundred and ten years
ago.

歸國留學生 1949 年以後在中國科學、技術發展中的地位與作用

自然科學史研究所　李佩珊

　　從清末直到 1949 年前，西方對中國的經濟、政治、思想，特別是教育和科學的影響，與日俱增。這已經成為公認的事實。從 1949 年十月起直到 1978 年底，中國（編按：指中國大陸地區，不包括台灣，下同）幾乎完全與西方世界隔離。這種影響是否仍舊存在？這是一個值得研究的問題。本文主要從科學和技術方面進行一些初步的分析。

　　1949 年以後，中國的科學、技術工作直接地受著政治變化的影響。早期，政治上強調" 一邊倒，倒向蘇聯 "時，科學技術工作強調了" 學習蘇聯 "；中蘇關係破裂後，" 自力更生 "的政策貫徹到各方面，科學、技術也不例外。但是，中國科學技術水平同國際水平之間的差距是明顯的，於是又去探尋向西方學習的機會。六十年代前半期，有少數學者曾被送往西歐國家學習一兩年。但國內，包括科技界，批判" 帝國主義 "、" 資產階級及其思想 "的政治運動，一浪高過一浪，直到十年" 文化大革命 "而登峰造極。這些當然影響著向西方科學技術的學習。直到七十年代末，中國的科學家，除了很少數人有很少數機會參加一些國際學術會議外，幾乎與世界各國的科學家沒有什麼聯繫。

　　然而，就是在 1949 年到 1978 年這一段與西方相對隔離的期間，西方的科學技術的影響仍然存在。這是由於從 1910 年前後到五十年代中期從西方國家學習或工作的歸國留學生或學者大量存在，這種影響主要通過他們的工作而體現。他們是中國科學技術，包括理工科高等教育發展的力量。應當說明的是，在這期間仍繼續訂閱一定數量的西方國家中出版的高水平的科技期刊，雖然曾中斷數次。

　　本文通過一些統計數字來分析當代中國科學家的歷史社會背景和他們

所處的地位，同時也對他們所起的作用作了簡單的分析介紹。所採用的資料主要是：(1)山東科技出版社從 1982 年到 1986 年出版的 5 冊《中國科學家辭典》，(2)中國科學院歷屆學部委員，(3)1981 年中國科學院所屬生物學研究所的高級研究人員。通過這些分析，不僅從質的方面，也從量的方面得到一些明確的概念。

一、對中國科學家的年齡教育等方面的總體分析

中國科學家受西方教育影響的深度、廣度究竟如何？要取得這樣一個量的概念，必須有較大量的資料爲依據，才能作出較恰當的估計。這裡的一系列統計數字都是根據前面提到的《中國科學家辭典》作出的。之所以選擇這個辭典爲依據，是因爲：(1)其中包括了 877 位分布在全國各地方各大學、研究機構和一些廠礦的相當於教授（有極少數是副教授）級的科學家，他們在學術上都起著指導作用，這個數字雖然遠非全面，但這是在公開出版的資料中所能找到的最大數字。(2)每個辭條都給出科學家的簡歷和主要成就。(3)這是一本工具書，除了級別、知名度等外，沒有什麼其他目的。可以認爲，在其規定範圍內，具有隨機性。(4)在所列出的 877 名科學家中，有 660 名在 1988 年仍在世，占 75％。其中只有 6 名是 1949 年以前去世的，另外 29 名是 1966 年以前去世的。這些數字表明，這個辭典所列出的主要部分是 1949 年以後一直活躍在工作崗位上的科學家。這個辭典所提供的資料較爲可靠，大都是科學家所在單位提供的。

（一）877 名科學家的年齡分布

這是許多科學史學家和科學社會學家從許多方面關切的一個重要問題。表 1 所列出的數字表明，數目最多的年齡範圍是 68－77 歲（1988 年統計）的科學家，占總數的 40.02％，約 4 倍於 58－67 歲的年齡組，在 58 歲以下的年齡組內只有 21 人，占總數的 2.4％。這個年齡的分布類型是多方面因素造成的，如：過多的政治運動占用了許多時間，影響著科技人員做出更多的成績；提升的拖延影響著科學界對年輕科學家的承認；由於與國外相對隔絕，沒有機會與國外同齡人進行比較，因而缺乏進取的刺

激等等。但無論如何，這個年齡分布的統計說明，80％以上的科學家在1949年時爲18－48歲，1966年時爲35－65歲。這個年齡對於腦力勞動者正是充滿活力的時期。當然對年齡問題還可從多方面進行探討，本文只從列出數字來說明本文需要明確的問題。

表1　877名科學家的年齡分布

出 生 年 代	相當年齡 (1988)	數　　目	百 分 比	排　　次
1870年以前	117⁺	1	0.12°	8
1871～1880	108～117	3	0.34	7
1881～1890	98～107	26	2.69	5
1891～1900	88～97	119	13.57	3
1901～1910	78～87	266	30.33	2
1911～1920	68～77	351	40.02	1
1921～1930	58～67	90	10.26	4
1931～1940	48～57	20	2.28	6
1941～1950	30～47	1	0.12	8
總計		877	100％	

（二）對有海外學習經歷的科學家的分析

在877名科學家中，有662名過去曾在海外學習，占總數的75.5％。這662名科學家留學的國別，出國學習的年代和當時相當的年齡分別列於表2和表3中。

表2表明，在662位有海外學習經歷的科學家中，393名是留美學生，爲留學生總數的59.3％，占第一位。留學西歐和加拿大的總人數爲204人，占總人數的30.8％，其中留學英國的人數爲91人，爲總人數的13.7％，占國家中的第二位。由於在高等學校和科研機構中的高級人員中，3／4都有留學經歷，而主要集中在北美和西歐，占90％以上。這樣，西方的科學技術知識和研究方法，在1949年以後，主要是通過他們傳給年輕一些的科學技術人員，特別是那些同他們工作關係密切的人們。

表 2   662 名有留學經歷的科學家留學國家分布

排 次	國家（地區）	科 學 家 數	百 分 比
1	美　　　國	393	59.3
2	英　　　國	91	13.7
3	德　　　國	54	8.2
4	法　　　國	35	5.3
5	日　　　本	34	5.1
6	蘇　　　聯	28	4.2
7	比　利　時	6	0.9
	加　拿　大	6	0.9
	瑞　　　士	6	0.9
8	奧　地　利	2	0.3
	丹　　　麥	2	0.3
	印　　　度	2	0.3
9	荷　　　蘭	1	0.2
	意　大　利	1	0.2
	香　　　港	1	0.2
		662	100％

表 3   662 名科學家在國外學習的年代和年齡

年 代	科學家數目	出 生 年 代	相 當 年 齡	
			1949年時	1988年時
1950 年前	35	1891～1900	49～58	88～97
1921～1930	95	1901～1910	39～48	78～87
1931～1940	200	1911～1920	29～48	68～77
1941～1950	302[1]	1915～1925	24～34	63～73
1951～1960	28[2]	1920～1935	14～29	53～68
1961～1970	－	－	－	－
1971～1780	－	－	－	－
1981～	2	1932,1937	17,12	56,51
總數	662			

(1)這個數字包括 1950 年以後由西方國家回國的留學生。
(2)這個數字都是留蘇學生。

　　表 3 的數字表明，在 1949 年時，有留學經歷的 662 人中的 595 人（89.9％）年齡在 25～50 歲之間；到 1966 年，他們的年齡分別達到 42 －67 歲之間。十分明顯，在 " 文化大革命 " 開始時，他們仍然富於智力的活力。

（三）未留學的科學家的專業分布情況

　　《辭典》中所列出的 877 名科學家中有 215 名未曾留學，他們大都是在國內受完高等教育後，長期從事高等教育和科研工作的。表 4 的數字顯示，除了土生土長的中醫外，無留學經歷的科學家中，地質學家數字占了領先地位。技術科學家的數目僅次於地質學家，但是這是一個很大的領域，包括著許多學科，如果進一步分類，可發現其中土木、建築、機械等學科的人數較多。認眞分析這一學科和領域的排次，大體上是：哪裡在國外學習歸國的老一輩科學家力量強，哪裡的人才成長就快，未出國的成熟科學家相應的也較多。國內成長的地質學家之所以占有領先地位，正是因爲針對中國發展工業的需要，早期送出國學習採礦與地質學的人數較多的緣故。這其中有幾位成績突出、立志發展我國的地質學家，大力培養科學人才。在本世第二、第三個十年中，以地質週查所和北京大學地質系爲據點，集聚了一批回國留學生，培養了大批地質學人才，其中有相當數量的地質學工作者長期從事地質調查和研究，成爲作出重要成果的地質學家。這裡有 1911 年從日本回國的章鴻釗（1877－1951）、1911年從英國回國的丁文江（1877－1936）、1922 年以比利時學成歸國的翁文灝（1889－1971）和 1920 年從英國留學歸國的李四光（1889－1971），還有 1920 年從美國到中國北京大學地質系和地質調查所工作的美國地質學家葛利普（A. W. Grabau, 1870－1946，在中國 26 年，1941 年太平洋戰爭爆發後，入日本人在北京的集中營，1946 年病死於中國）。他們爲地質學在中國的創立和發展立下了不朽功勳。地質學的發展過程代表著現代科學移植於中國的一般模式，只不過它是移植最早的少數幾個學科之一。

表 4　215 名無留學經歷的科學家的專業分佈

排　　　　次	學　　　　科	科 學 家 數 目	百　分　比
1	中　醫	35	16.3
2	地 質 學	32	14.9
3	技術科學	30	13.9
4	醫學科學	23	10.7
5	化　學	22	10.2
6	生 物 學	17	7.9
7	數　學	17	7.9
8	物 理 學	12	5.6
9	業科學	12	5.6
10	氣 象 學	8	3.7
11	地 理 學	7	3.3
		215	100％

（四）877 名科學家在中國各大學學習的人數分布

　　除少數例外，877 名科學家中絕大多數都是在中國的大學學習畢業的，而且絕大多數都是畢業於 1949 年以前。表 5 以畢業生人數多少為序，列出前 20 個大學的校名和畢業生人數。這些數字表明，在 877 名科學家中，有 600 人畢業於這 20 所大學，占 68.4％。其餘的 31.6％畢業於另外 43 所大學，其中有省立大學、私立大學和外國教會或基金會辦的大學。表 5 中前 4 所大學，即前中央大學、清華大學、北京大學和抗日戰爭期間清華、北大、南開三校在昆明辦的西南聯合大學的畢業生總數為320 人，占 877 人的37％，占 600 人的 53.3％，可見實力雄厚。在這四所大學內任教的自然科學教授，幾乎都是歸國留學生，回國後仍同國外的科學家保持著密切的學術聯繫。在後面的 16 所大學中有 8 所大學是由外國的一些組織（教會、基金會）在中國建立或資助的，其中幾乎都是由外籍教授和歸國留學生任教，在學術上受西方影響更直接。這 8 所大學畢業生爲 141 人，爲 877 人的 16．1%，爲 600 人的 23．4%。其餘的大學也都直接或間接受到西方科學技術教育的影響。在 877 人中，有 40 人是在 1949 年以後畢業於清華大學、浙江大學和北京大學，其中有 25 人畢業於 1952 年教學改革以前。

表 5　877 名科學家在國內各大學畢業的人數
（列出前 20 所大學）

排次	大學名稱	畢業生人數	百　分　比 (600 人)	百　分　比 (600 人)
1	中央大學(南京) *	115	13.1	19.2
2	清華大學 **	108	12.3	18.0
3	北京大學	62	7.07	10.3
4	西南聯合大學 ***	35	4.0	5.8
5	燕京大學	34	3.9	5.7
6	交通大學(上海)	34	3.9	5.7
7	浙江大學(杭州)	32	3.6	5.3
8	南京(金陵)大學	26	3.0	4.3
9	協和醫學院	22	2.5	3.6
10	同濟大學	20	2.3	3.3
11	中山大學	19	2.2	3.2
12	廈門大學	13	1.5	2.2
13	東北大學	12	1.4	2.0
14	華西大學	11	1.3	1.8
15	北平大學	10	1.2	1.7
16	重慶大學	10	1.2	1.7
17	經約翰大學	10	1.2	1.7
18	東吳(蘇州)大學	9	1	1.5
19	齊魯大學(山東濟南)	9	1	1.5
20	上每醫學院	9	1	1.5
		600		100%

* 　包括原江蘇高等師范學院和東南大學的畢業生。
** 　包括清華留美預備班和後來的清華學堂。
*** 於 1938–1945 年的抗日戰爭期間，由清華、北大、南硏三所大學聯合建立的學。

　　總之，上述四個部分的分析表明，1949 年以後在各大學或研究機構中，在相當長的一段時間內起主要作用的自然科學和技術科學的教授或研究員，不論是在國內或在國外受教育，絕大多數都曾受到西方學術的較深影響。

二、對中國科學院學部委員的分析

　　中國科學院學部委員制建立於 1955 年，1957 年和 1981 年有過兩次增補。1955 年經過較長時間的評選和協商，選出了 172 名自然科學和技術科學的學部委員（另有 61 名社會科學的學部委員，共 233 名）。1956 年前後，一批有著愛國熱情的留學生回國參加祖國的社會主義建設，其中有部分高水平的科學家。因此，1957 年 5 月，中國科學院自然科學和技術科學的學部委員增加到 191 名，不久，由於"反右派鬥爭"，9 名學部委員因被劃爲"右派"而被除名。1958－1980 年間，不但未增加學部委員，在十年的"文化大革命"中，學部委員的權利反而被剝奪，許多學部委員遭到批判。1977 年以後，學部委員制恢復，這時，約三分之一的學部委員由於年老或受迫害而去世。1981 年再次增選學部委員，總數達 400 人。儘管學部委員的職責有過變化，學部委員在中國還是被公認爲是學術水平最高的稱號。

　　表 6 的數字表明，在 1957 年的 191 名學部委員中，1966 年以前去世的只有 20 人，占 10．5%。可見，在這段時間裡，絕大多數學部委員都在有影響地工作著。自"文化大革命"發生的 1966 年到 1981 年，去世的 70 人，占 37%。1982 至 88 年去世的達 109 人，占 57%。這些數字表明，在文革後的初期，多數學部委員還在起作用。1981 年增補到 400 名學部委員，平均年齡爲 63 歲，比 1957 年的學部委員的平均年齡小 10 歲。1988 年，在這 400 名學部委員中，57 人去世，其中 1957 年入選的較多，但也有相當部分是新選入的。

　　在學部委員中，留學西方國家人數的比例明顯地比前面 877 人中的比例高。在 1955 年的 172 名學部委員中，有 156 人（90%）曾在國外學習過；1957 年的 191 名學部委員中，有 174（91．1%）曾留學西方國家，

表 6　中國科學院學部委員有關情況的統計數字*

年代 學部委員** 學科	1955 年 學部委員數**	學部委員數	1966年以前去世的人數	1981年前去世的人數	1988年前去世的人數	1957 年 學部委員數	有留學經歷的人數	1966年以前去世的人數	1981年前去世的人數	1988年前去世的人數	1981 年 學部委員數	有留學經歷的人數	1988年以前去世的人數
數學	9	9	0	2	3	10	10	0	2		19	15(2人留蘇)	2
物理學	19	19	0	3	8	24	24	0	5	8	55	51(7人留蘇)	5
天文學	1	1	0	0	1	1	1	0	0	1	6	2	1
化學	19	18	3	8	12	21	20	3	6	13	67	62(4人留蘇)	10
生物學	33	32	7	16	24	35	34	7	18	25	55	51(1人留蘇)	12
醫學	15	10	2	4	10	18	13	3	7	13	16	13(1人留蘇)	8
農學	12	11	4	5	8	12	11	3	2		18	17	4
地學	24	19	2	14	17	27	22	2	15	19	75	51(5人留蘇)	8
技術科學	40	37	0	13	17	43	40	2	14	18	89	82(5人留蘇)	7
總數	172	155	17	66	101	191	174	20	70	109	400	344(25人留蘇)	57
百分比		90%	9.9%	38.4%	58.7%		91%	10.5%	37%	57%		86%86%	14%

資料來源：(1)1955 年，1957 年，1981 年，中國科學院年報。
　　　　　學部委員數包括 9 名 " 右派分子 "，1978 年後全部改正。
　　　　(2)《 中國科苑華錄 》上、下冊，科學普及出版社，1985，1988 年。

比 1955 年的百分比略高。1981 年增補後的 400 名學部委員中，這個數字有所下降，其中仍有 344 名（ 86% ）曾經在國外留學。

在有留學經歷的學部委員中，同前面一樣，以去美國留學的人數為最多。在 1957 年的有留學經歷的 174 名學部委員中，101 人（ 為 174 人的 58% ）曾留學美國。1981 年增補後，曾在美留學的人數並沒有像預期的那樣有所減少，反而有所增加。在 344 名有留學經歷的學部委員中，有 204 人（ 為 344 人的 59．7% ）曾留學美國，其中大多數是四十年代出國學習，四十年代後期至五十年代中期回國的。另一個值得注意的數字是，其中留蘇學生的比例不大，只有 25 人（ 7．3% ）。如果同五十年代大量選送學生或學者到蘇聯和東歐一些國家學習的情況相比，這個數字比預期的要小。

鑒於學部委員在中國學術界的威望，可以看到西方對中國科學技術發展的影響正是通過大量在西方受過教育的科學家的工作而有力地體現出來。雖然由於國內政治環境的變化，他們的作用有時是間接的，有時甚或間斷。

三、對中國科學院生物學研究所的生物學家有關情況的統計分析

　　1981 年中國科學院在全國範圍內所屬的25個生物學研究所中，共有102 名研究員和 360 名副研究員，他們在國內外學習的數字分別列於表 7 和表 8 中。

表 7　中國科學院生物各所高級研究人員留學數字(1981 年)

研 究 人 員 級 別	人　　　　數	未 留 學 人 數	留 學 人 數
研　　究　　員	102	28(27.5％)	74(72.5％)
副　研　究　員	360	241(66.9％)	119(33.1％)

表 8　生物學家留學國別

級　別	人數	留學西方國家				留學蘇聯及東歐國家		
		美　國	英　國	其　他	總　數	蘇　聯	東　歐	總　數
研究員	74	34 46％	14 18.9％	21 28.3％	69 93.2％	5 6.8％	－	5 6.8％
副研究員	119	44＊ 37％	19 15.9％		63 52.9％	50 42％	6 5.1％	56 47.1％

＊這 44 名留美的數字中，12 人是 1950 年前回國的，32 人爲 1978 以後留學回國。

　　表 7 和表 8 的數字顯示出了一些不同於學部委員的類型。在研究員中，有留學經歷的人數是無留學經歷的 2.6 倍，同學部委員的情況大體相同。他們留學的國家，除美、英、蘇三國外，還有 5 人留法，4 人留比利時，11 人分別留德國、荷蘭等國家。關於副研究員的各種數字情況則很不相同。在國內成長起來的生物學家為有留學經歷的 2 倍（241：119）；在有留學經歷的生物學家中，留蘇的比留美的多 6 人（50：44）；而留學西方國家的總人數（63 人），仍比留學蘇聯和東歐國家的總人數（56 人）多 7 人；在 44 名曾經赴美留學的人中，有 32 人（73%）是 1978 年，即對外發放政策實施後，去美國學習後回國的；在國內成長起來的 241 名副研究員中，有 63 人受過研究生的訓練。

　　有關生物學各所高級研究人員的情況，可能有一定的代表性。但這還是 1981 年時的情況，經過近幾年的提升，情況會有一定的變化，但主要由在國內成長的五十年代留蘇和八十年代留美的三類人員組成，在最近的將來大概不會有什麼變化。

四、1949 年以後，具有留學西方經歷的科學家的作用

　　從上述三種不同角度取得的統計數字看來，有著留學西方經歷的科學家，從 1949 年以後直到八十年代初，在中國長期占有重要的地位。他們在歐美各國的大學中，經過較長時間的學習，學到了較寬廣的科學知識和作研究工作的思想和方法，對科學工作的特點和發展的基本原則有所了解，也受到了堅持科學態度和科學精神等好傳統的影響。除了在高等教育和科學研究工作上的成就外，他們對科學在中國的發展，從許多方面起了積極的作用。從下述少數事例中可以看到他們的一些努力。

　　在 1952 年高等教育的改革中，浙江大學由原來的綜合性大學被改為多科性工業大學，文、理科方面的師資被拆散，分配到其他大學。這一改革當時就遭到校內許多教授（其中許多都是曾留學西方的）強烈地反對。他們認為，浙江大學已經建立成為一所有著堅實教學和研究基礎的大學，已經形成了一個良好的傳統，拆散這樣一所大學十分可惜。當然這種意見

並不能影響改革的過程。如今，三十多年過去了，事實證明，這些教授的意見是正確的。1978 年以後，在要求恢復浙大原來性質的強烈呼聲下，該校又在逐步加強文理科各系的教學，但恢復原來的水平又談何容易！1949 年以前浙江大學在國內是數得上的好大學，本文表 5 列出培養人才多的 20 所大學中，浙江大學居第七位，而 1988 年一個評比大陸和台灣各大學的資料表明，排在前 30 所的大學中，竟找不到浙江大學的位置 ＊。

在對中國科學、技術發展有較大影響的 1956 年長遠規劃的制訂中，有留學經歷的科學家起了重要作用，1956 年的規劃是在當時國務院的領導下，以學部委員爲核心，集中了四百多位科學家共同制訂的。這個規劃參考了蘇聯的經驗，也參考了世界各國科學發展的趨勢，結合我國的實際，確定了我國科學技術發展的方向和目標，其中建立某些新興的尖端技術，重視基礎科學等重要意見都是科學家們經過認眞考慮提出來的。

1949 年以後，每當科學、技術工作受到政治的干擾時，他們敢於對一些錯誤的政策和做法坦率地提出批評。在“學習蘇聯”期間，許多曾在西方學習過的生物學家對李森科的論點都持保留態度。首先用文字公開批判“李森科事件”的錯誤，是植物學家胡先驌（1894－1968 年，1912、1925 年兩次赴美學習，獲哈佛大學博士學位）在 1955 年出版的《植物分類學簡編》中作出的。＊＊該書出版不久，胡先驌即爲此受到批判，而事實證明，胡是正確的。1958 年“大躍進”中，狹隘的“理論聯繫實際”的觀點，大搞“群衆運動”的做法等，嚴重地干擾了教學和科學研究，許多科學家對此十分關注，指出了問題之所在，並批評了錯誤的政策。北京大學教授、化學家傅鷹（1902－1979 年，二十年代和四十年代兩次赴美學習，曾獲博士學位）對當時發生在北京大學的一些做法，提出了尖銳的批評，認爲這些既不符合科學工作的特點，也違反了科學發展的規律，當時傅鷹當然遭到了批判。但是事後證明傅鷹的意見是對的。他的坦率而勇敢的批評態度曾引起有關領導的重視，認爲他的這種態度對中

＊　《中國科技日報》1987 年 9 月 13 日發表了中國管理科學研究院科學研究所進行統計研究的“學術榜”，其中列出了 30 所大學，在台灣的有 6 所。

＊＊胡先驌，《植物分類學簡編》（高敎出版社，1955 年 3 月），頁 343。

國的高等教育是有益的，1961 年傅鷹被聘爲北京大學副校長。中國科學院的化學家黃鳴龍（ 1898 － 1979，多次到歐洲各國和美國學習和工作，1929 年獲博士學位 ）、植物生理學家羅宗洛（ 1898 － 1978，1930 年前在日本學習十餘年，獲博士學位 ）、神經生物學家馮德培（ 1907 －，三十年代赴美、英學習，獲博士學位 ）等許多科學家對 “ 大躍進 ” 中發生在中國科學院各研究所的作法，都提出過尖銳的批評，他們自己也不可避免地遭到批評。但是正是因爲有這樣一批敢於坦率批評的科學家，成爲中國科學院能夠從 “ 大躍進 ” 的干擾中較快地恢復正常工作的一個重要原因。“ 文革 ” 以後，由於一些科學家，其中包括留學歸國的科學家的強烈要求，停止了多年的大學入學考試得以立即在 1977 年恢復，促使新生的質量盡早地得到保證。開放政策以來，他們又成爲加速派遣年輕學者和學生去西方國家學習的關鍵聯繫者。

　　本文不可能詳細介紹這類事例，僅上述內容足以表明他們獻身祖國的科學、教育事業方面所作的努力，當然，列舉這樣一些事實，並不意味著他們都是 “ 完人 ”。

五、結　語

　　中國的現代科學已經被公認是從西方 “ 移植 ” 過來的。在移植的過程中，大量的、先後在西方學習過的歸國留學生起了主要的作用，這一事實也早爲歷史所證明。1949 年後，得到政府和社會的重視，取得一定的社會地位，使大量有留學經歷的科學家通過自己的努力，繼續發揮作用，也是歷史的必然。由於百年來的努力結果，應當承認，現代科學已經在中國生根發芽和成長。但如若同發達國家相比，則還不是根深葉茂的大樹；就是與同中國處於同時從西方引進現代科學、技術的國家相比，從總體上說，我國也不處於先進的行列。近年來，大量留學生被派出國學習，就是這一情況存在的證明。這一狀況正是值得認眞深思的。

　　根據目前的狀況，在一個相當長的時間內，派遣一定數量的留學生是不可避免的。就是中國的科學水平大大提高後，不同國家之間的學生、學者在一定數量上的交換，也是正常現象。但是，面對著有十一億人口的大國的現代化，盡一切努力來提高我們自己培養高水平科學人才的能力，依靠自己的力量從數量上也從質量上培養出基本滿足國家需要的人才，應該是可以做到的。不過這也並不是一件容易的事。從歷史的經驗和當前的狀況看，一些必要的條件還須具備，如：

要創造一個不受干擾、政策穩定、學術自由的有利於科學發展的環境，使科學研究人員能專心致力於研究探討和培養青年；

對科學家和他們的工作，包括他們對國家建設中的各種意見，應該有充分的評分。不尊重科學和不尊重科學家的現象並未完全消除，還需要政府和社會做許多工作；要盡一切努力，停止教育和研究經費的實際下降，然後設法盡可能合理地增加科研經費，以解決書刊、儀器經費的不足和難以支付科研成果發表費用的困難；

要認真提倡嚴謹、嚴格和平等、自由討論的科學學風，提高科學水平，這是科學界面臨的一個嚴肅的問題；

要撥出一定量的外匯專門供科研人員短期的、有目的的、有實效的參加國際學術交流，這是加速中國科學達到國際水平所絕對必需的，等等。

實際上，凡有利於促進科學研究人員工作熱情和創造力發揮的各種因素都需從多方面提出並考慮。這樣，當我們展望 21 世紀時，現代科學、技術的大樹將根深葉茂地展現在祖國的大地上。那時，中國的科學家將會盡一切努力同世界各國的科學家保持密切的聯繫，為人類的共同利益貢獻自己的力量。

——原載《自然辯證法通訊》第 11 卷第 4 期（1989），頁 26－34。

中國科技史論文集

84.02.1658

中華民國八十四年二月初版　　　　　　　定價：新臺幣380元
有著作權・翻印必究
Printed in R.O.C.

編　　者　中國科技史論文集編輯小組
執行編輯　方　　清　　河
發 行 人　劉　　國　　瑞

本書如有缺頁，破損，倒裝請寄回更換。

出 版 者　聯經出版事業公司
臺北市忠孝東路四段555號
電　　話：7627429・3620308
郵 撥 電 話：6 4 1 8 6 6 2
郵 政 劃 撥 帳 戶 第 0100559-3 號
印刷者　世和印製企業有限公司

行政院新聞局出版事業登記證局版臺業字第0130號

ISBN 957-08-1313-X (平裝)

國立中央圖書館出版品預行編目資料

中國科技史論文集／中國科技史論文集編輯
小組編.--初版.--臺北市：聯經，民84
面； 公分
ISBN 957-08-1313-X (平裝)

1.科學–中國–歷史–論文，講詞等
2.技術–中國–歷史–論文，講詞等

309.2   83012397